高等学校"十二五"电类实验与实践课程指导教材

电子技术实验与课程设计指导

王静波 刘丽萍 张 钧 李书杰 编著

電子工業出版社
Publishing House of Electronics Industry
北京·BEIJING

内 容 简 介

本书是为高等学校电类及其他相近专业编著的电子技术基础实验和课程设计教材。在内容的安排上不仅注重实验原理的阐述，还注重对学生基础实验技能的训练，以及对综合性和设计性实验能力的培养。书中编写的模拟电子技术实验、数字电子技术实验及课程设计内容，可根据教学课时及需要灵活选用。

全书分为5章，主要内容包括：电子技术实验的基础知识，模拟电子技术实验，数字电子技术实验，EDA技术，电子技术课程设计。实验和课程设计中引入了虚拟实验，加强了EDA技术的应用，做到软、硬件的有机结合。既满足了验证性、提高性、设计性实验和课程设计的需要，又为研究开发性实验和全国大学生电子设计竞赛提供了参考。

本书可作为电气、电子、仪器仪表、自动化和其他相近专业电子技术实验及课程设计教材，也可作为毕业设计、电子设计竞赛等的参考书。

图书在版编目（CIP）数据

电子技术实验与课程设计指导 / 王静波等编著. —北京：电子工业出版社，2011.11
ISBN 978-7-121-14879-8

Ⅰ. ①电… Ⅱ. ①王… Ⅲ. ①电子技术－实验－高等学校－教学参考资料 ②电子技术－课程设计－高等学校－教学参考资料 Ⅳ. ①TN-33

中国版本图书馆CIP数据核字（2011）第215038号

策划编辑：陈韦凯　　责任编辑：陈韦凯
特约编辑：吕晓琳　刘海霞
印　　刷：涿州市京南印刷厂
装　　订：涿州市桃园装订有限公司
出版发行：电子工业出版社
　　　　　北京市海淀区万寿路173信箱　邮编100036
开　　本：787×1092　1/16　印张：18.5　字数：468千字
印　　次：2011年11月第1次印刷
印　　数：3 000册　定价：35.00元

凡所购买电子工业出版社图书有缺损问题，请向购买书店调换。若书店售缺，请与本社发行部联系，联系及邮购电话：（010）88254888。

质量投诉请发邮件至 zlts@phei.com.cn，盗版侵权举报请发邮件至 dbqq@phei.com.cn。

服务热线：（010）88258888。

前　言

模拟电子技术基础与数字电子技术基础是电类专业非常重要的专业基础课。随着社会对人才的需求变化，对本科生的专业素质、工程能力和创新能力提出了更高的要求。尤其是实验和实践类的课程更能培养学生的自学能力、动手能力和严谨的科学态度。电子技术基础实验和课程设计在当前飞速发展的电子技术教学中占有重要地位。

本书是按照教育部颁布的高等学校模拟电子技术基础与数字电子技术基础实验教学及课程设计的基本要求，并结合当前基础电子领域中的一些新技术和新方法编写而成的。通过实验与课程设计环节的学习，旨在帮助学生掌握电子技术方面的基本实验知识、实验方法及实验技能，提高学生对电子电路的综合认知能力、分析问题及解决问题的能力，培养学生在电子技术应用中具有一定的创新性和严谨、踏实的工作作风。本书主要介绍了电子技术中的基本知识、模拟电子技术基础实验、数字电子技术基础实验、EDA 技术实验及课程设计几部分内容。

本书由导言和 5 个章节组成：第 1 章是电子技术实验的基础知识，主要介绍测量方法，常用仪器仪表原理及使用，常用电子元器件的识别、选用及安装调试技术；第 2 章为模拟电子技术实验；第 3 章为数字电子技术实验；第 4 章为 EDA 技术，对目前常用的 3 种 EDA 软件 OrCad、Multisim 和 Protel 进行了介绍，并分别设置了有针对性的实验；第 5 章为电子技术课程设计，收集整理了近几年来有关模拟和数字电路的综合应用的课程设计，可作为全国大学生电子设计竞赛前期训练的课题。其中，第 2、3 章将模拟电子技术基础、数字电子技术基础中的实验分成了基础、提高和设计 3 部分，每一章都含有 20 个实验供教师选择，同时注意模拟电子技术与数字电子技术的密切联系，设计了一些模电、数电混合的实验。

本书可作为本科生模拟和数字电子技术的单科实验指导教材及电子技术课程设计教材，同时也为本科生进行毕业设计、参加电子设计竞赛提供了极其有用的参考资料。

本书的编写得到了学校和学院领导的大力支持，本书的编写汇集了很多老师的教学经验，参考了国内外的大量文献和著作，成书前的讲义也已经过多年试用。本书的导言和第 1、4、5 章由王静波编写，第 2 章由刘丽萍编写，第 3 章由张钧编写，李书杰、赵静宜参与了部分图稿的整理，王静波负责全书的定稿工作。在编写过程中得到钱莉、李丽华等老师的帮助，在此表示衷心的感谢。

鉴于编者知识和经验所限，书中的错误和不妥之处，请广大读者不吝指正。

编著者

2011 年 8 月

目　录

导　言

0.1　电子技术实验课程介绍

实验是研究自然科学的一种重要方法，而电子学又是一门实践性很强的学科。因此，电子技术实验在电子学教学环节中更显得重要。电子技术实验除了进一步巩固理论知识之外，主要培养学生掌握电子实验的操作技能，树立工程实际观念和严谨的科学作风，提高分析问题、解决问题的能力，培养创造性思维，为将来从事科研工作打好基础。

电子技术实验课程的任务是使学生建立电子电路（包括模拟电子电路与数字电子电路）硬件实现的基本概念和方法。通过电子电路的基础实验和综合设计实验，培养学生基本测量技能和模拟电路、数字系统的整体概念，学习相应的实现方法。通过本课程的学习，学生可以掌握常用的电子元器件使用方法和参数测试，掌握模拟电路系统的调试方法，并了解到理论设计和实际实现之间的重要技术差别，为后续课程的学习打好基础。

通过电子技术实验课程，希望学生达到如下要求：

① 能较熟练地使用双踪示波器、函数发生器、交流毫伏表、数字万用表等常用的电子仪器、仪表。

② 能独立操作简单的实验，并能运用理论知识分析、解决实验中出现的一般问题。

③ 能熟练、准确地测量实验数据，绘制工整的实验曲线，分析实验结果，编写合格的实验报告。

0.2　电子技术实验课程要求

尽管每个电子技术实验的目的和内容不同，但为了培养良好的学风，充分发挥学生的主动精神，促使其独立思考、独立完成实验并有所创新，对电子技术实验的准备阶段、进行阶段、完成阶段和实验报告分别提出下列基本要求。

1. 实验前准备

为了避免盲目性，参加实验者应对实验内容进行预习。通过预习，明确实验目的和要求，掌握实验的基本原理，看懂实验电路图，查阅有关资料，拟出实验方法和步骤，设计实验表格，对思考题做出解答，初步估算（或分析）实验结果，最后写出预习报告。

2. 实验进行

① 参加实验者要自觉遵守实验室规则。

② 根据实验内容合理布置实验现场。仪器设备和实验装置安放要适当。检查所用器件和仪器是否完好，然后按实验方案搭接实验电路和测试电路。并认真检查，确保无误后方可通电测试。

③ 认真记录实验条件和所得数据、波形（并进行分析判断所得数据、波形是否正确）。发生故障应独立思考，耐心寻找故障原因并排除，记录排除故障的过程和方法。

④ 仔细审阅实验内容及要求，确保实验内容完整、测量结果准确无误、现象合理。

⑤ 实验中若发生异常现象，应立即切断电源，并报告指导教师和实验室有关人员，等候处理。

3. 实验完成

实验报告是对实验工作的全面总结，是学生做完实验后用简明的形式将实验结果和实验情况完整、真实地表达出来。

1）实验报告的内容

实验报告应包括以下几个部分：

① 实验的目的和要求。

② 实验电路、测试电路和实验的工作原理。

③ 实验用的仪器及其他主要工具。

④ 实验的具体步骤、实验原始数据及实验过程的详细情况记录。

⑤ 实验结果和分析。必要时，应对实验结果进行误差分析。

⑥ 实验小结。实验小结即总结实验完成情况，对实验方案和实验结果进行讨论，对实验中遇到的问题进行分析，简单叙述实验的收获和体会。

⑦ 参考资料。记录实验前、后阅读的有关资料，应记录资料的名称、作者和简单内容，为今后查阅提供方便。

2）实验报告的基本要求

实验报告的基本要求为：结论正确、分析合理、讨论深入、文理通顺、简明扼要、符号标准、字迹端正、图表清晰。在实验报告上还应注明：课题、实验者、实验日期、使用仪器编号等内容。

0.3 安全

0.3.1 用电安全

实验设备、测量仪器使用的电压为 220V（50Hz），这个电压对人体来说是有危险的。确切地说，造成伤害的主要原因是电流。当电流流过人体时造成人体内部器官，如呼吸系统、血液循环系统、中枢神经系统等发生变化，机能紊乱，严重时会导致休克乃至死亡。

通过人体的电流越大，人体的生理反应越明显，致命的危险性也就越大。按照工频交流电通过人体时对人体产生的作用，可将电流划分为以下 3 级：

① 感知电流。引起人感觉的最小电流称为感知电流。成年男性平均感知电流的有效值约为 1.1mA，女性为 0.7mA。感知电流一般不会对人体造成伤害。

② 摆脱电流。人触电后能自主摆脱电源的最大电流称为摆脱电流。男性的摆脱电流为 9mA，女性为 6mA，儿童较成人小。摆脱电流的能力是随触电时间的延长而减弱的。一旦触电后，不能摆脱电源，后果是比较严重的。

③ 致命电流。在较短时间内危及生命的电流称为致命电流。电击致命的主要原因是电流引起心室颤动。引起心室颤动的电流一般在数百毫安以上。

一般情况下可以把摆脱电流作为流经人体的允许电流。男性的允许电流为 9mA，女性的为 6mA。在线路或设备安装有防止触电的速断保护的情况下，人体的允许电流可按 30mA 考虑。

在实验室中，应注意以下几点：

① 不要在带电的环境下修理电源电路，务必要先关闭电源。

② 如果因检查、焊接等情况下需要接触断电的电路，一定要先对能量存储电容进行放电。

③ 在未加电前，进行多次检查，如查看电路中是否有短路的部分。

④ 在实验中，注意实验设备及元器件的变化，有过热、糊味、导线变软等情况，立即切断电源，仔细检查。

⑤ 在连接导线或安装元器件时，一定要关闭电源。

⑥ 如果使用单独的电路板，要在实验箱与电路板之间放置绝缘材料或利用绝缘柱支撑电路板。

0.3.2 静电

在干燥的环境中，摩擦容易产生静电。例如，人梳理头发时能产生 2500V 的静电。静电能使半导体器件损坏，尤其容易损坏的器件如场效应管，MOS 管的栅极与导电沟道之间的氧化物绝缘层很容易被击穿，管子很容易损坏。静电容易损坏的元器件类别如表 0-3-1 所示。

表 0-3-1 静电容易损坏的元器件类别

易损程度	元件类型
非常容易损坏的元件	MOS 场效应管、MOS 集成电路、结型场效应管、微波晶体管、金属膜电阻
比较容易损坏的元件	CMOS 集成电路、LSTTL 集成电路、肖特基集成电路、线性集成电路
容易损坏的元件	TTL 集成电路、小信号二极管和三极管、压电晶体
不易损坏的元件	电容、碳膜电阻、电感及其他模拟器件

使用各种元器件时的注意事项：

① 在带电情况下，请勿安装或拆卸电路中对静电敏感的器件。

② 请勿触碰对静电敏感的器件引脚。

③ 触摸元器件前，手先摸一下自来水管或仪器的接地外壳，放掉人体的静电。

④ 电烙铁和桌面接地。

⑤ 元器件放在导电的容器中或在导电泡沫里保存。

0.3.3 接地

1. 接地的含义

一般电子技术中的接地有两种含义。第一种含义是指接真正的大地，即与地球保持等电位，而且常常局限于所在实验室附近的大地。对于交流供电电网的地线，通常是指三相电力变压器的中线（又称零线），它是在发电厂接大地。第二种含义是指接电子测量仪器、设备、被测电路等的公共连接点。这个公共连接点通常与机壳直接连接在一起，或通过一个大电容（有时还并联一个大电阻——有形或无形的）与机壳相连（这在交流意义上也相当于短路）。因此，至少在交流意义上，可以把一个测量系统中的公共连接点，即电路的地线与仪器或设备的机壳看成同义语。

研究接地问题应包括两方面的内容：保证实验者人身安全的安全接地，以及保证正常实验、抑制噪声的技术接地。

2. 安全接地

绝大多数实验室所用的测量仪器和设备都由 50Hz、220V 的交流电网供电，供电线路的中线（零线）已经在发电厂用良导体接大地，另一根为相线（又称火线）。如果仪器或设备长期处于湿度较高的环境或长期受潮未烘烤、变压器质量低劣等，变压器的绝缘电阻就会明显下降。通电后，如人体接触机壳就有可能触电。为了防止因漏电使仪器外壳电位升高，造成人身事故，应将仪器外壳接大地。

为了避免触电事故的发生，可在通电后用试电笔检查机壳是否明显带电。一般情况下，电源变压器初级线圈两端的漏电阻是不相同的，因此，往往把单相电源插头换个方向插入电源插座中部，可削弱甚至消除漏电现象。

比较安全的办法是采用三孔插头座，如图 0-3-1 所示，三孔插座中间较粗的插孔与本实验室的地线（实验室的大地）相接，另外两个较细的插孔，一个接 220V 相线（火线），另一个接电网零线（中线），由于实验室的地线与电网中线的实际节点不同，二者之间存在一定的大地电阻 R_d（这个电阻阻值还随地区、距离、季节等变化，一般是不稳定的），如图 0-3-2 所示。

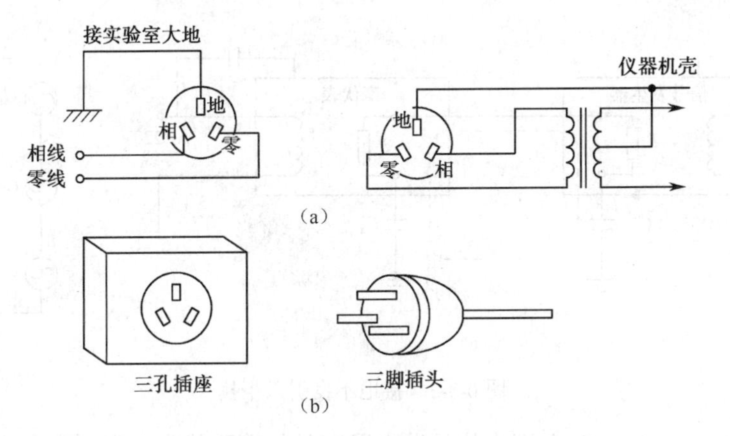

图 0-3-1　利用三孔插座进行安全接地

电网零线与实验室大地之间由于存在沿线分布的大地电阻，因此，不允许把电网中线与实验室地线相连。否则，零线电流会在大地电阻 R_d 上形成一个电位差。同样道理，也不能用电网零线代替实验室地线。实验室地线是将大的金属板或金属棒深埋在实验室附近的地下（并用撒食盐等办法来减小接地电阻），然后用粗导线与之焊牢再引入实验室，分别接入各电源插座的相应位置。

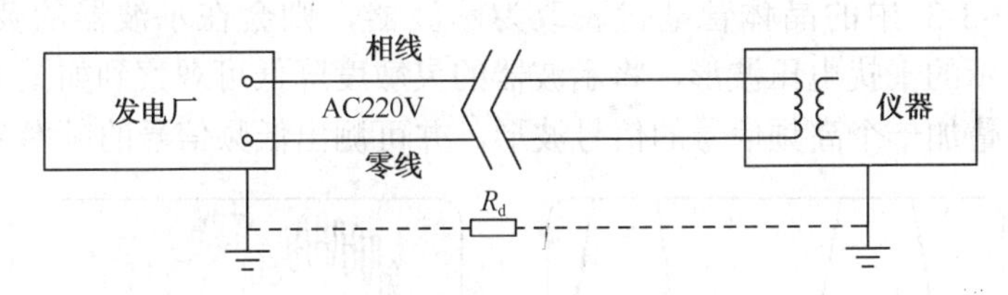

图 0-3-2　实验室的地线与电网电线间的电阻

三孔插头中较粗的一根插头应与仪器或设备的机壳相连，另外两根较细的插头分别与仪器或设备的电源变压器的初级线圈的两端相连。利用如图 0-3-1 所示的电源插接方式，就可以保证仪器或设备的机壳始终与实验室大地处于同电位，从而避免了触电事故。如果电子仪器或设备没有三孔插头，也可以用导线将仪器或设备的机壳与实验室大地相连。

3．技术接地

1）接地不良引入干扰

在电子电路实验中，由信号源、被测电路和测试仪器所构成的测试系统必须具有公共的零电位线（接地的第二种含义），被测电路、测量仪器的接地除了保证人身安全外，还可防止干扰或感应电压窜入测量系统或测量仪器形成相互间的干扰，以及消除人体操作的影响。接地是使测量稳定所必需的，抑制外界的干扰，保证电子测量仪器和设备能正常工作。如果接地不当，可能会产生实验者所不希望的结果。下面举几个常见的例子来说明。

如图 0-3-3 所示，用晶体管毫伏表测量信号发生器输出电压，因未接地或接地不良引入干扰的示意图。

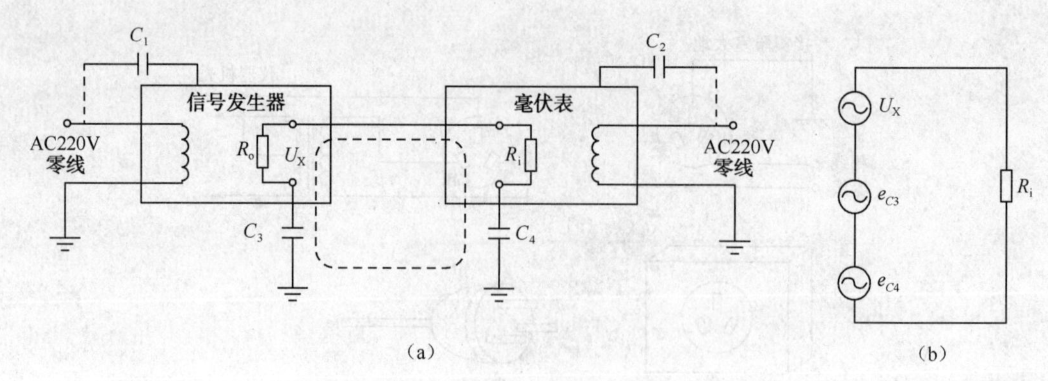

图 0-3-3 接地不良引入干扰

在图 0-3-3 中，C_1、C_2 分别为信号发生器和晶体管毫伏表的电源变压器初级线圈对各自机壳（地线）的分布电容，C_3、C_4 分别为信号发生器和晶体管毫伏表的机壳对大地的分布电容。由于图中晶体管毫伏表和信号发生器的地线没有相连，因此，实际到达晶体管毫伏表输入端的电压为被测电压 U_X 与分布电容 C_3、C_4 所引入的 50Hz 干扰电压 e_{C_3} 、e_{C_4} 之和（图 0-3-3（b）），由于晶体管毫伏表的输入阻抗很高（兆欧级），故加到它上面的总电压可能很大而使毫伏表过负荷，表现为在小量程挡表头指针超量程而打表。

如果将图 0-3-3 中的晶体管毫伏表改为示波器，则会在示波器的荧光屏上看到如图 0-3-4（a）所示的干扰电压波形，将示波器的灵敏度降低可观察到如图 0-3-4（b）所示的一个低频信号叠加一个高频信号的信号波形，并可测出低频信号的频率为 50Hz。

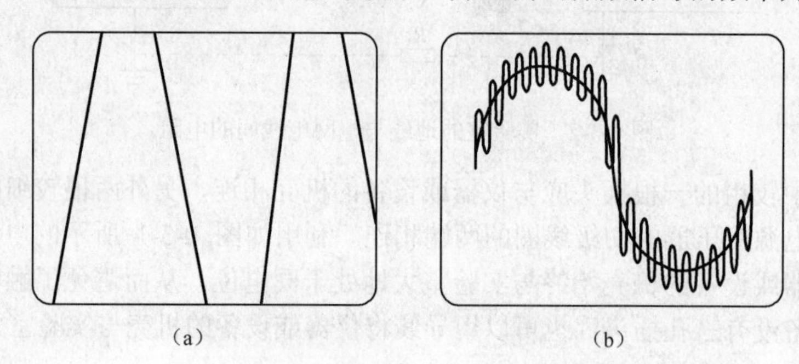

图 0-3-4 示波器观测 50Hz 干扰信号波形

如果将图 0-3-3 中信号发生器和晶体管毫伏表的地线相连（机壳）或两地线（机壳）分别接大地，干扰就可消除。因此，对高灵敏度、高输入阻抗的电子测量仪器应养成先接好地线再进行测量的习惯。

在实验过程中，如果测量方法正确、被测电路和测量仪器的工作状态也正常，而得到的仪器读数却比预计值大得多或在示波器上看到如图 0-3-4 所示的信号波形，那么，这种现象很可能就是地线接触不良造成的。

2）仪器信号线与地线接反引入干扰

有的实验者认为，信号发生器输出的是交流信号，而交流信号可以不分正负，所以信号线与地线可以互换使用，其实不然。

如图 0-3-5（a）所示，用示波器观测信号发生器的输出信号，将两个仪器的信号线分别与对方的地线（机壳）相连，即两仪器不共地。C_1、C_2分别为两仪器的电源变压器的初级线圈对各自机壳的分布电容，C_3、C_4分别为两仪器的机壳对大地的分布电容，那么图 0-3-5（a）可以用图 0-3-5（b）来表示，图中e_{C3}、e_{C4}为分布电容C_3、C_4所引入的 50Hz 干扰，在示波器荧光屏上所看到的信号波形叠加有 50Hz 的干扰信号，因而波形不再是平直的而是呈近似正弦的变化。

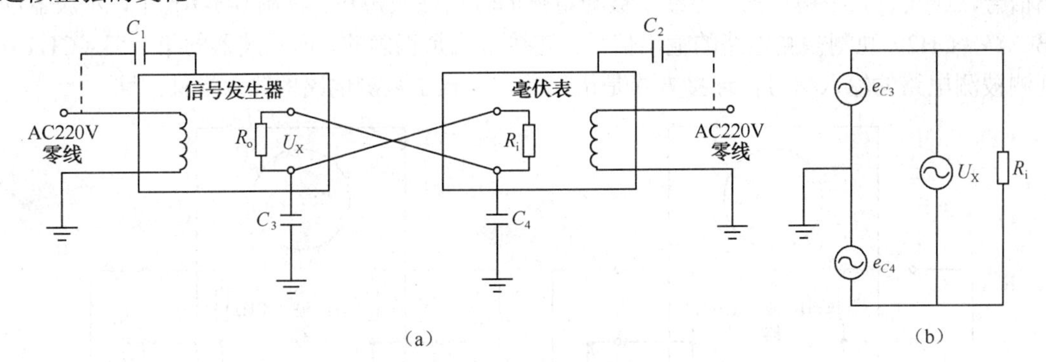

图 0-3-5　信号线与地线接反引入干扰

如果将信号发生器和示波器的地线（机壳）相连或两地线（机壳）分别与实验室的大地相接，那么，在示波器的荧光屏上就观测不到任何信号波形，信号发生器的输出端被短路。

3）高输入阻抗仪表输入端开路引入干扰

以示波器为例来说明这个问题。如图 0-3-6（a）所示，C_1、C_2分别为示波器输入端对电源变压器初级线圈和大地的分布电容，C_3、C_4分别为机壳对电源变压器初级线圈和大地的分布电容。此电路可等效为如图 0-3-6（b）所示电路，可见，这些分布参数构成一个桥路，当$C_1C_4=C_2C_3$时，示波器的输入端无电流流过。但是，对于分布参数来说，一般不可能满足$C_1C_4=C_2C_3$，因此，示波器的输入端就有 50Hz 的市电电流流过，荧光屏上就有 50Hz 交流电压信号显示。如果将示波器换成晶体管毫伏表，毫伏表的指针就会指示出干扰电压的大小。正是由于这个原因，毫伏表在使用完毕后，必须将其量程旋钮置 3V 以上挡位，并使输入端短路，否则，一开机，毫伏表的指针会出现打表现象。

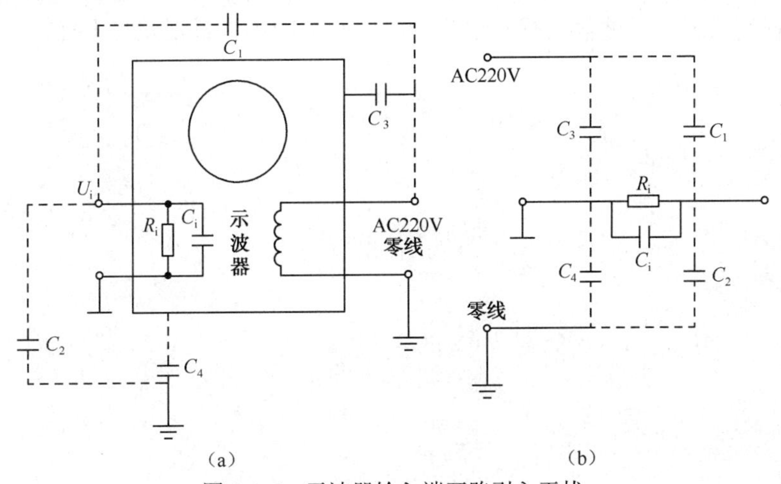

图 0-3-6　示波器输入端开路引入干扰

4．接地不当将被测电路短路

这个问题在使用双踪示波器时尤其应注意。如图 0-3-7 所示，由于双踪示波器两路输入端的地线都是与机壳相连的，因此，在图 0-3-7（a）中，示波器的第一路（CH1）观测被测电路的输入信号，连接方式是正确的，而示波器的第二路（CH2）观测被测电路的输出信号，连接方式是错误的，导致了被测电路的输出端被短路。在图 0-3-7(b)中，示波器的第二路（CH2）观测被测电路的输出信号，连接方式是正确的，而示波器的第一路（CH1），观测被测电路的输入信号，连接方式是错误的，导致了被测电路的输入端被短路。

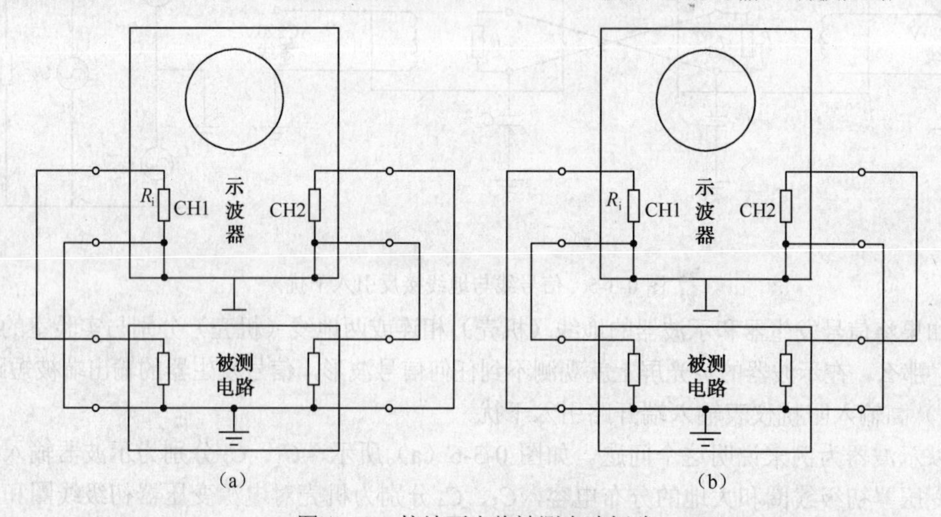

图 0-3-7　接地不当将被测电路短路

此外，接地时应避免多点接地，而采取一点接地方法，以排除对测量结果的干扰而产生测量误差。尤其多个测量电仪器间有两点以上接地时更需注意。如果实验室电源有地线，此项干扰可以排除，否则，由于两处接地，工作电流在各接地点间产生电压降或在接地点间产生电磁感应电压，这些原因也会造成测量上的误差。为此，必须采取一点接地措施。

在测量放大器的放大倍数或观察其输入、输出波形关系时，也要强调放大器、信号发生器、晶体管毫伏表及示波器实行共地测量，以此来减小测量误差与干扰。

第1章 电子技术实验的基础知识

电子技术实验离不开电子测量，在电子电路中需要测量电子元器件参数和电路的主要技术指标等多种有关电的量值。而电子测量仪器的种类繁多，常用的测量仪器（仪表）：万用表、示波器、信号发生器、交流毫伏表、直流稳压电源、晶体管特性图示仪、频率计、电桥、Q表等。根据不同测量对象和仪器的适用范围，实验者应合理选择测量仪器。当测量仪器选定之后，实验者应通过一定方法对目标进行测量，然后对测量数据进行处理、分析。

在实验中，选择正确的测量方法是非常重要的。它直接关系到测量工作能否正常进行和测量结果的有效性。测量方法主要可分为3种：直接测量、间接测量和组合测量。

1．直接测量

直接测量是指借助于测量仪器等设备可以直接获得测量结果的测量方法，例如，用电压表测电压、电流表测电流、欧姆表测电阻等。

2．间接测量

间接测量是指对几个与被测量有确定函数关系的物理量进行直接测量，然后通过公式计算、绘制曲线和表格或查表等求出被测量的测量方法。伏安法测量电阻 R 的方法即间接测量法，也就是先测出流过电阻的电流 I 及电阻两端的电压 V 后，再利用公式计算出电阻值 R。

3．组合测量

组合测量是建立在直接测量和间接测量基础上的测量方法，无法通过直接测量或间接测量得出被测量的结果，需要改变测量条件进行多次测量，然后按被测量与有关未知量间的函数关系组成联立方程组，求解方程组得出有关未知量，最后将未知量代入函数式而得出测量结果。例如，测量在任意环境温度 t℃时某电阻的阻值，已知任意温度下电阻阻值的计算式为

$$R_t=R_{20}+\alpha(t-20)+\beta(t-20)^2$$

式中：R_t、R_{20} 分别为环境温度为 t℃、20℃时的电阻值；α、β为电阻温度系数，α、β与 R_{20} 为不受温度影响的未知量。

显然，可以利用直接测量或间接测量的方法测出某温度下的电阻阻值，而以直接测量或间接测量法测出任意温度下的电阻阻值是不现实的。如果改变测试温度，分别测出3种不同测试温度下的电阻值，代入上述公式，求解由此得到的联立方程组得出未知量α、β、

R_{20}后，代入上式即可得出任意温度下的电阻阻值。

电子测量的方法还有很多，如人工测量和自动测量；动态测量和静态测量；精密测量和工程测量；低频测量、高频测量和超高频测量；模拟测量（分为时域测量和频域测量）和数据域测量等。

测量时应对被测量的物理特性、测量允许时间、测量精度要求以及经费情况等方面进行综合考虑，结合现有的仪器、设备条件，择优选取合适的测量方法。

1.1 电路基本参数的测量方法

1.1.1 基本元器件参数的测量

1. 电阻的测量

在电子电路中，电阻有两个基本作用：限制电路中的电流和调节电路中的电压。

电阻由于其结构上的特点，存在引线电感和分布电容，当工作于低频时电阻分量起主要作用，电抗分量可以忽略不计。但当工作频率升高时电抗分量就不能忽略不计了。此时，工作于交流电路的电阻的阻值，由于集肤效应、涡流损耗等原因，其等效电阻随频率的不同而不同。实验证明，当频率在 1kHz 以下时，电阻的交流阻值和直流阻值相差不过 1×10^{-4}，随着频率的升高，其间的差值随之增大。

1）固定电阻的测量

用万用表的电阻挡测量电阻时，先根据被测电阻的大小，选择好万用表电阻挡的倍率或量程范围，再将两个输入端（称表笔）短路调零，最后将万用表并接在被测电阻的两端，读出电阻值即可。

在用万用表测量电阻时应注意以下几个问题：

① 避免用双手把电阻的两个端子和万用表的两个表笔并联捏在一起，因为这样测得的阻值是人体电阻与待测电阻并联后的等效电阻的阻值，而不是待测电阻的阻值。

② 当电阻连接在电路中时，首先应将电路的电源断开，禁止带电测量。

③ 用万用表测量电阻时应注意被测电阻所能承受的电压和电流值，以免损坏被测电阻。例如，不能用万用表直接测量微安表的表头内阻，因为这样做可能使流过表头的电流超过其承受能力（微安级）而烧坏表头。

④ 万用表测量电阻时不同倍率挡的零点不同，每换一挡都应重新进行一次调零，当某一挡调节调零电位器不能使指针回到 0 处时，表明表内电池电压不足了，需要更换新电池。

⑤ 由于模拟式万用表电阻挡表盘刻度的非线性，测量误差较大，一般作粗略测量。数字式万用表测量电阻的误差比模拟式万用表的小，但当测量阻值较小的电阻时，相对误差仍然是比较大的。

2）电位器的测量

用万用表测量电位器的方法与测量固定电阻的方法相同，先测量电位器两固定端之间的总体固定电阻，然后测量滑动端对任意一端之间的电阻值，并不断改变滑动端的位置，观察电阻值的变化情况，直到滑动端调到另一端为止。在缓慢调节滑动端时，应滑动灵活，松紧适度，听不到“咝咝”的噪声，阻值指示平稳变化，没有跳变现象，否则说明滑动端接触不良，或滑动端的引出机构内部存在故障。

2. 电容的测量

在电子电路中，电容的功能主要是存储能量、耦合隔直或去耦旁路。

电容的主要作用是储存电能。它由两片金属和其间的绝缘介质构成。由于存在绝缘电阻（绝缘介质的损耗）和引线电感。而引线电感在工作频率较低时，可以忽略其影响。因此，电容的测量主要包括电容量值与电容器损耗（通常用损耗因数 D 表示）两部分内容，有时需要测量电容器的分布电感。

1）用万用表估测电容

用模拟式万用表的电阻挡测量电容器，不能测出其容量和漏电阻的确切数值，更不能知道电容器所能承受的耐压，但对电容器的好坏程度能粗略判别，在实际工作中经常使用。

（1）估测电容量

将万用表设置在电阻挡，表笔并接在被测电容的两端，在器件与表笔相接的瞬间，表针摆动幅度越大，表示电容量越大，这种方法一般用来估测 0.01μF 以上的电容器。

（2）电容器漏电阻的估测

除铝电解电容外，普通电容的绝缘电阻应大于 10MΩ，用万用表测量电容器漏电阻时，万用表置×1k 或×10k 倍率挡，当表笔与被测电容并接的瞬间，表针会偏转很大的角度，然后逐渐回转，经过一定时间，表针退回到 处，说明被测电容的漏电阻极大，若表针回不到 处，则示值即为被测电容的漏电阻值。铝电解电容的漏电阻应超过 200kΩ才能使用。若表针偏转一定角度后，无逐渐回转现象，说明被测电容已被击穿，不能使用了。

如果需要测量出电容的精确容值就需要使用谐振法测量电容量或交流电桥法测量电容量。这些内容可以参考电子测量课中的方法。

2）谐振法测量电容量

将交流信号源、交流电压表、标准电感 L 和被测电容 C_x 连成如图 1-1-1 所示的并联电路，其中 C_0 为标准电感的分布电容。

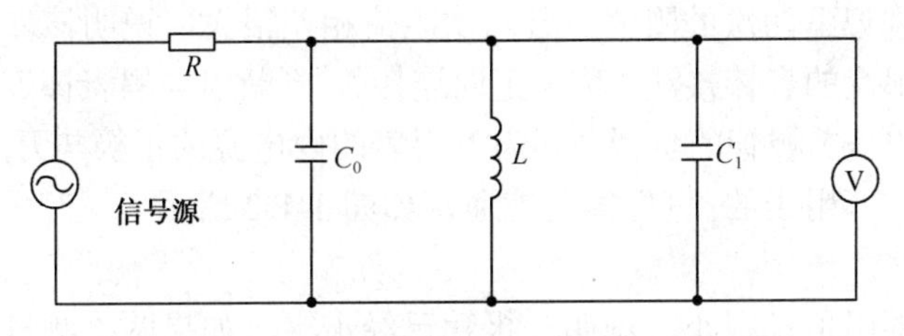

图 1-1-1　并联谐振法测量电容量

测量时，调节信号源的频率，使并联电路谐振，即交流电压表读数达到最大值，反复调节几次，确定电压表读数最大时所对应的信号源的频率，则被测电容值为

$$C_x = \frac{1}{(2\pi f)^2 L} - C$$

3. 二极管

二极管在电子电路中的作用主要是整流、限幅、倍压等作用。

二极管种类有很多，按照所用的半导体材料，可分为锗二极管（Ge 管）和硅二极管（Si 管）。根据其不同用途，可分为检波二极管、整流二极管、稳压二极管、开关二极管等。按照管芯结构，又可分为点接触型二极管、面接触型二极管及平面型二极管。

二极管最重要的特性就是单向导电性。在电路中，电流只能从二极管的正极流入，负极流出。

① 正向特性。在电子电路中，将二极管的正极接在高电位端，负极接在低电位端，二极管就会导通，这种连接方式，称为正向偏置。必须说明，当加在二极管两端的正向电压很小时，二极管仍然不能导通，流过二极管的正向电流十分微弱。只有当正向电压达到某一数值（这一数值称为门槛电压，锗管约为 0.2V，硅管约为 0.6V）以后，二极管才能直正导通。导通后二极管两端的电压基本上保持不变（锗管约为 0.3V，硅管约为 0.7V），称为二极管的正向压降。

② 反向特性。在电子电路中，二极管的正极接在低电位端，负极接在高电位端，此时二极管中几乎没有电流流过，此时二极管处于截止状态，这种连接方式，称为反向偏置。二极管处于反向偏置时，仍然会有微弱的反向电流流过二极管，称为漏电流。当二极管两端的反向电压增大到某一数值，反向电流会急剧增大，二极管将失去单向导电特性，这种状态称为二极管的击穿。

1）用指针式万用表判断二极管的电极和性能

检测原理：根据二极管的单向导电性这一特点，性能良好的二极管，其正向电阻小，反向电阻大，这两个数值相差越大越好。若相差不多说明二极管的性能不好或已经损坏。

（1）鉴别正、负极性

测量时，选用万用表的欧姆挡。一般用 R×100 或 R×1k 挡，而不用 R×1 或 R×10k 挡。因为 R×l 挡的电流太大，容易烧坏二极管，R×10k 挡的内电源电压太大，易击穿二极管。

测量方法：将两表棒分别接在二极管的两个电极上，读出测量的阻值；然后将表棒对换再测量一次，分别记下两次的阻值。若两次阻值相差很大，说明该二极管性能良好；并根据测量电阻小的那次的表棒接法（称为正向连接），判断出与黑表棒连接的是二极管的正极，与红表棒连接的是二极管的负极。因为万用表的内电源的正极与万用表的“-”插孔连通，内电源的负极与万用表的“+”插孔连通，如图 1-1-2 所示。

（2）鉴别性能

如果两次测量的阻值都很小，说明二极管已经击穿；如果两次测量的阻值都很大，说明二极管内部已经断路：两次测量的阻值相差不大，说明二极管性能欠佳，二极管失去单向导电作用。在这些情况下，二极管就不能使用了。

注意：由于二极管的伏安特性是非线性的，用万用表的不同电阻挡测量二极管的电阻时，会得出不同的电阻值；实际使用时，流过二极管的电流会较大，因而二极管呈现的电阻值会更小些。

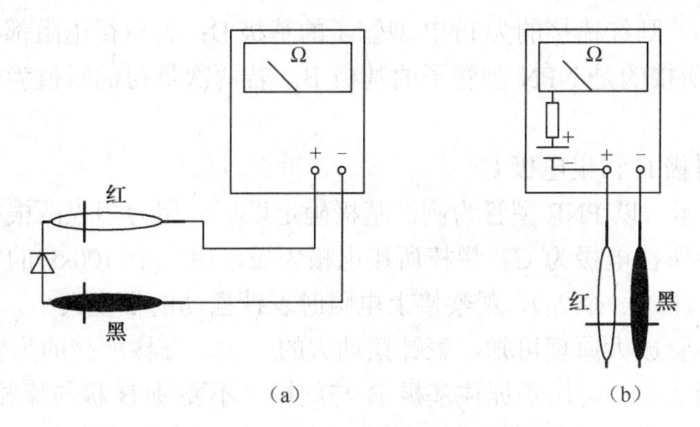

图 1-1-2　用万用表测试晶体二极管

2）用数字式万用表的二极管挡位测量二极管

测二极管时，使用万用表的二极管的挡位。若将红表笔接二极管阳（正）极，黑表笔接二极管阴（负）极，则二极管处于正偏，万用表有一定数值显示。若将红表笔接二极管阴极，黑表笔接二极管阳极，二极管处于反偏，万用表高位显示为 1 或很大的数值，此时说明二极管是好的。

在测量时若两次的数值均很小，则二极管内部短路；若两次测得的数值均很大或高位为 1，则二极管内部开路。

4．三极管

晶体三极管是半导体基本元器件之一，具有电流放大作用，是电子电路的核心元件，可以做电控开关或放大器。三极管是在一块半导体基片上制作两个相距很近的 PN 结，两个 PN 结把整块半导体分成 3 部分，中间部分是基区，两侧部分是发射区和集电区，排列方式有 PNP 和 NPN 两种，从 3 个区引出相应的电极，分别为基极、发射极和集电极。硅晶体三极管和锗晶体三极管都有 PNP 型和 NPN 型两种类型。

三极管的封装形式和引脚识别：常用三极管的封装形式有金属封装和塑料封装两大类，引脚的排列方式具有一定的规律。如图 1-1-3(a) 所示，对于小功率金属封装三极管，按图示底视图位置放置，使 3 个引脚构成等腰三角形的顶点上，从左向右依次为 E、B、C；对于中小功率塑料三极管按图使其平面朝向地面，3 个引脚朝下放置，则从左到右依次为 C、B、E。

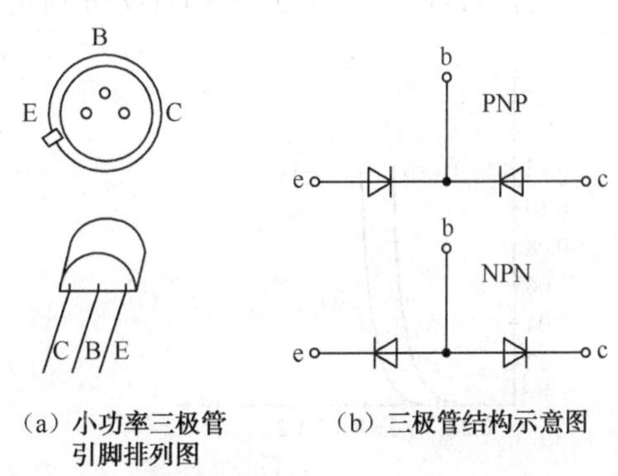

（a）小功率三极管引脚排列图　（b）三极管结构示意图

图 1-1-3　晶体三极管的引脚与示意图

1）利用指针万用表测试小功率晶体三极管

晶体三极管的结构犹如背靠背的两个二极

管，如图 1-1-3（b）所示。测试时用 R×100 挡或 R×1k 挡。

（1）判断基极 B 和管子的类型

用万用表的红棒接晶体管的某一极，黑棒依次接其他两个极，若两次测得电阻都很小（在几千欧姆以下），则红棒接的为 PNP 型管子的基极 B；若量得电阻都很大（在几百千欧姆以上），则红棒所接的是 NPN 型管子的基极 B。若两次量得的阻值为一大一小，应换一个极再测量。

（2）确定发射极 E 和集电极 C

如图 1-1-4 所示，以 PNP 型管为例，基极确定以后，用万用表两根棒分别接另两个未知电极。假设红棒所接电极为 C，黑棒所接电极为 E，用一个 100kΩ的电阻一端接 B，一端接红棒（相当于注入一个 I_B），观察接上电阻时表针摆动的幅度大小。再把两棒对调，重测一次。根据晶体管放大原理可知，表针摆动大的一次，红棒所接的为管子的集电极 C，另一个极为发射极 E。也可用手捏住基极 B 与红棒（不要使 B 极与棒相碰），以人体电阻代替 100kΩ电阻，同样可以判别管子的电极。对于 NPN 型管，判别的方法相类似。

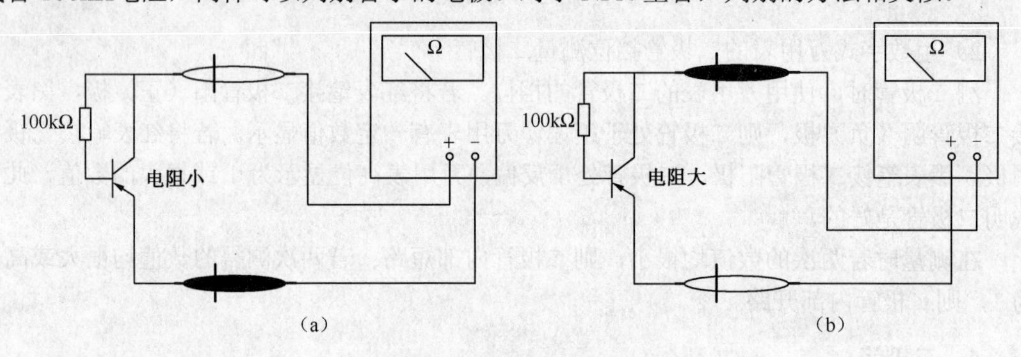

图 1-1-4　C 极和 E 极的判断

测试过程中。若发现晶体管任何两极之间的正、反电阻都很小（接近于零），或是都很大（表针不动），这表明管子已击穿或烧坏。

2）用逐点法测晶体管的输入和输出特性曲线

图 1-1-5、图 1-1-6、图 1-1-7 分别是共射电路的输入、输出特性曲线和测试电路。

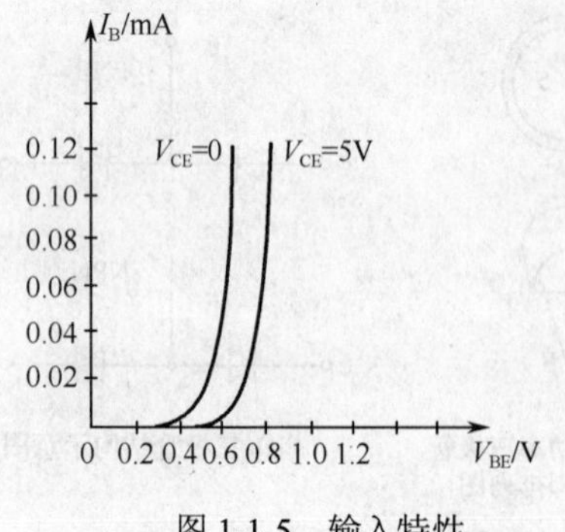

图 1-1-5　输入特性

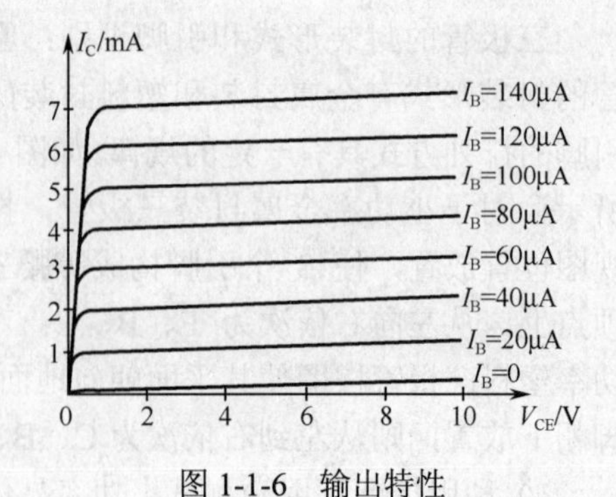

图 1-1-6　输出特性

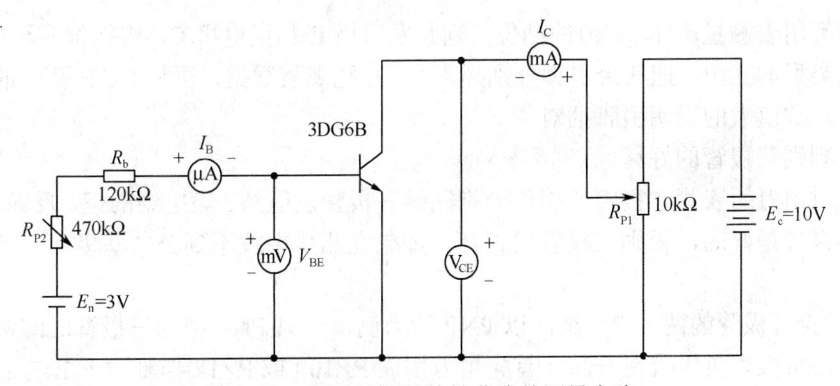

图 1-1-7　逐点法测绘特性曲线的测量电路

（1）输入特性曲线测量

维持 V_{CE} 为某一定值，逐点改变 V_{BE}（图 1-1-7 中调节 R_{P2}），测出若干 V_{BE} 和 I_B，根据测量数据描绘一条输入特性曲线。依次取不同的 V_{CE} 值，可获得一组输入特性曲线。实际上，当 $V_{CE}\geqslant 1V$ 后，特性曲线几乎都重叠在一起，因此，晶体管手册中仅给出对应 $V_{CE}=0$ 和 $V_{CE}>1V$ 的两条输入特性曲线，如图 1-1-5 所示。

（2）输出特性曲线测量

维持 I_B 为某一定值后，逐点改变 V_{CE}，测出若干对应的 I_C，根据测量数据描绘一条输出特性曲线。以此类推，取不同 I_B 值，如 I_B=0μA、20μA、40μA、…，即可获得图 1-1-6 所示输出特性曲线组。

（3）电流放大系数（或电流放大倍数）的测量

共射直流电流放大倍数为

$$\overline{\beta}=\frac{I_C-I_{CBO}}{I_B}\bigg|_{\Delta V_{CE}=0}\approx\frac{I_C}{I_B}\bigg|_{\Delta V_{CE}=0}$$

共射交流电流放大倍数为

$$\beta=\frac{\Delta I_C}{\Delta I_B}\bigg|_{\Delta V_{CE}=0}$$

维持 V_{CE} 为某一固定值（$\Delta V_{CE}=0$）情况下，调节 R_{P1}，测出某个 I_B 值和相应的 I_C 值，即可求得该工作点上的值；仍维持 V_{CE} 不变，调节 R_{P2}，使基极电流从 I_{B1} 变化到 I_{B2}，同时测出对应的 I_{C1} 和 I_{C2}，于是该工作点附近的交流电流放大倍数为

$$\beta=\frac{\Delta I_C}{\Delta I_B}=\frac{I_{C1}-I_{C2}}{I_{B1}-I_{B2}}$$

3）用数字式万用表测量三极管

（1）用数字式万用表的二极管挡位测量三极管的类型和基极 B

判断时可将三极管看成是一个背靠背的 PN 结，按照判断二极管的方法，可以判断出其中一极为公共正极或公共负极，此极即为基极 B。对 NPN 型管，基极是公共正极；对 PNP 型管则是公共负极。因此，判断出基极是公共正极还是公共负极，即可知道被测三极管是 NPN 或 PNP 型三极管。

（2）发射极 E 和集电极 C 的判断

利用万用表测量β（h_{FE}）值的挡位，判断发射极E和集电极C。将挡位旋至h_{FE}基极插入所对应类型的孔中，把其余引脚分别插入C、E孔观察数据，再将C、E孔中的引脚对调再看数据，数值大的说明引脚插对了。

（3）判别三极管的好坏

测试时用万用表测二极管的挡位分别测试三极管发射结、集电结的正、反偏是否正常，正常的三极管是好的，否则三极管已损坏。如果在测量中找不到公共基极、该三极管也为坏管子。

① 检查三极管的两个PN结。以PNP管为例，一只PNP型的三极管的结构相当于两只二极管，负极靠负极接在一起。首先用万用表R×100或R×1k挡测一下E与B之间和E与C之间的正反向电阻。当红表笔接B时，用黑表笔分别接E和C应出现两次阻值小的情况。然后把接B的红表笔换成黑表笔，再用红表笔分别接E和C，将出现两次阻值大的情况。被测三极管符合上述情况，说明这只三极管是好的。

② 检查三极管的穿透电流。可通过测三极管C、E之间的反向电阻来间接测穿透电流。用万用表红表笔接PNP三极管的集电极C，黑表笔接发射极E，看表的指示数值，这个阻值一般应大于几千欧，越大越好，越小则说明这只三极管稳定性越差。

③ 测量三极管的放大性能。分别用表笔接三极管的C和E，看一下万用表的指示数值；然后在C与B间连接一只50～100kΩ的电阻，看指针向右摆动多少，摆动越大说明这只管子的放大倍数越高。外接电阻也可以用人体电阻代替，即用手捏住B和C引脚。

1.1.2 电压的测量

电压、电流和功率是表征电信号能量大小的3个基本参数，其中电压信号最为常用。因为在标准电阻两端测电压就可以计算出电流和功率。此外，各种电路状态，如饱和、截止、谐振等均以电压形式描述，许多有关的电参数，如频率特性、增益、失真度等都可看作电压的派生量。许多电子测量仪器，如信号发生器、电桥、失真度分析仪等都用电压量作为指示。在非电量测量中，也多利用各类传感器装置，将非电量参数转化为电压参数。因此，电压测量是多种电参量的基础。

在电子测量中所遇到的被测电压的波形、频率、幅值等各不相同，针对不同的被测电压应采取不同的测量方法。

1. 直流电压的测量

电子电路中的直流电压分为两大类：一类是直流电源的电压它具有一定的直流电动势E的等效内阻R_0，另一类是直流电路中某元器件两端的电压差或各点对地的电位，如图1-1-8所示。

直流电压的主要测量方法如下：

① 直接测量法将电压表直接并联在被测支路的两端，如图1-1-8（a）所示，如果电压表的内阻为无限大，则电压表的示数即是被测两点间的电压值。实际电压表的的内阻不可能为无穷大，因此，直接测量法必定会影响被测电路，造成测量误差。测量时还应注意电压表的极性。它影响到测量值与参考极性之间的关系，也影响模拟式电压表指针的偏转方向。

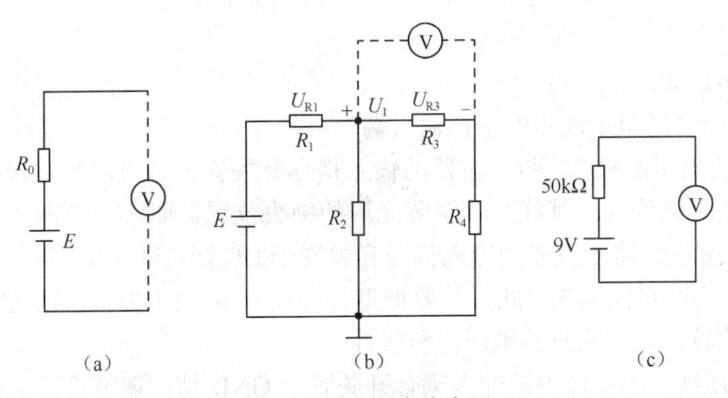

图 1-1-8　测量直流电压

② 间接测量法。如图 1-1-8（b）所示，若要测量 R_3 两端的电压，可以分别测出 R_3 对地的电位 U_1 和 U_2，然后利用公式 $U_{R_3}=U_1-U_2$ 求出要测量的电压值。

实际使用的测量方法如下：

（1）数字式万用表测量直流电压

数字式万用表的基本构成部件是数字直流电压表，因此，数字式万用表均有直流电压挡。用它测量直流电压可直接显示被测直流电压的数值和极性，有效数值位数较多，精确度高。一般数字式万用表直流电压挡的输入电阻较高，可达 10MΩ 以上，如 DT890 型数字式万用表的直流电压挡的输入电阻为 10MΩ，将它并接在被测支路两端对被测电路的影响较小。

用数字式万用表测量直流电压时，要选择合适的量程，当超出量程时会有溢出显示，如 DT-990C 型数字式万用表，当测量值超出量程时会显示 OL，并在显示屏左侧显示 OVER 表示溢出。

数字式万用表的直流电压挡有一定的分辨力，也就是它所能显示的被测电压的最小变化值，实际上不同量程挡的分辨力不同，一般以最小量程挡的分辨力为数字电压表的分辨力，如 DT890 型数字式万用表的直流电压分辨力为 100μV，即这个万用表不能显示出比 100μV 更小的电压变化。

（2）模拟式万用表测量直流电压

模拟式万用表的直流电压挡由表头串联分压电阻和并联电阻组成，因而其输入电阻一般不太大，而且各量程挡的内阻不同，各量程挡内阻 R_V=量程×直流电压灵敏度 S_V，因此，同一块表，量程越大，内阻越大。在用模拟式万用表测量直流电压时，一定要注意表的内阻对被测电路的影响，否则将可能产生较大的测量误差。例如，用 MF500-B 型万用表测量如图 1-1-8（c）所示电路的等效电动势 E，万用表的直流电压灵敏度 S_V=20kΩ/V，选用 10V 量程挡，测量值为 7.2V，理论值为 9V，相对误差为 20%，这就是由所用万用表直流电压挡的内阻 R_V 与被测电路等效内阻相比不够大所引起的，是测量方法不当引起的误差。因此，模拟式万用表的直流电压挡测量电压只适用于被测电路等效内阻很小或信号源内阻很小的情况。

（3）示波器测量直流电压

用示波器测量电压时，首先应将示波器的垂直偏转灵敏度微调旋钮置校准挡，否则电压读数不准确。

具体测量步骤如下：

① 将待测信号送至示波器的垂直输入端。

② 确定直流电压的极性。将示波器的输入耦合开关置于 GND 挡，调节垂直位移旋钮，将荧光屏上的水平亮线（时基线）移至荧光屏的中央位置，即水平坐标轴上。调整垂直灵敏度开关到适当挡位，将示波器的输入耦合开关置于 DC 挡，观察水平亮线的偏转方向（灵敏度不合适时，亮线可能消失，此时需要调整灵敏度）。若向上偏转，则被测直流电压为正极性，若向下偏转，则被测直流电压为负极性。

③ 定零电压线。将示波器的输入耦合开关置于 GND 挡，调节垂直位移旋钮，将荧光屏上的水平亮线（时基线）向与其极性相反的方向移动，置于荧光屏的最顶端或最底端的坐标线上，即被测电压为正极性，就将时基线移至最底端的坐标线上，反之，则将时基线移至最顶端的坐标线上，此时基线所在位置即为零电压所在位置，在此后的测量中不能再移动零电压线，即不能再调节垂直位移旋钮。

④ 将示波器的输入耦合开关置于 DC 挡，调整垂直灵敏度开关于适当挡位 S_Y，读出此时荧光屏上水平亮线与零电压线之间的垂直距离 Y（图 1-1-9），将 Y 乘以示波器的垂直灵敏度即可得到被测电压 U_x 的大小，即 $U_x=S_Y \cdot Y$。

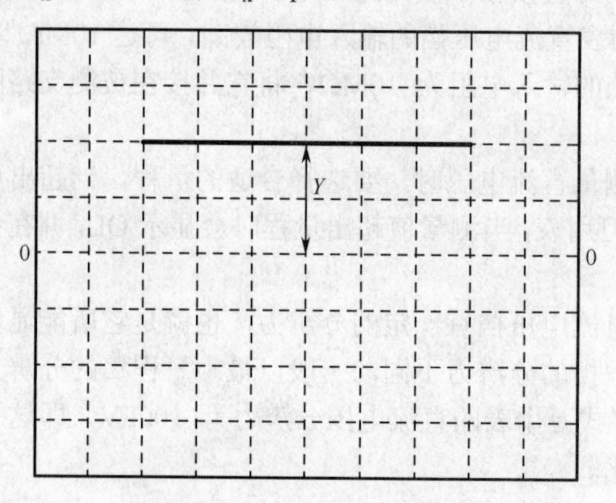

图 1-1-9 示波器测量直流电压

（4）含交流分量的直流电压的测量

由于磁电式电表的表头偏转系统对电流有平均作用，不能反映纯交流量，所以，含有交流成分的直流电压的测量，一种常用的方法就是用模拟式电压表直流挡直接测量。

如果叠加在直流电压上的交流成分具有周期性和幅度对称性，可直接用模拟式电压表测量其直流电压的大小。

由交流信号转换而得到的直流，如整流滤波后得到的直流平均值，以及非简谐波的平均直流分量都可用模拟式电压表测量。

一般不能用数字式万用表测量含有交流成分的直流电压，因为数字式直流电压表要求被测直流电压稳定，才能显示数字，否则数字将跳变不停。

2．交流电压的测量

电子技术实验中，交流电压大致可分为正弦和非正弦交流电压两类。交流电压测量一般可分为两大类：一类是具有一定内阻的交流信号源（图 1-1-10（a））；另一类是电路中任意一点对地的交流电压（图 1-1-10（b））。在此要注意用间接法测量电压 $V=V_1-V_2$ 时应为矢量差，只有当 V_1 和 V_2 同相位时，才能用代数差表示。

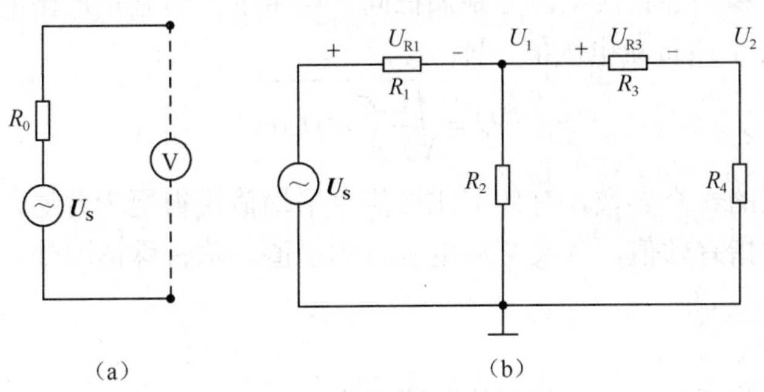

图 1-1-10　测量两种交流电压方法

在时间域中，交流电压的变化规律是各种各样的，有按正弦规律变化的正弦波、线性变化的三角波、跳跃变化的方波、随机变化的噪声波等。但无论变化规律多么不同，一个交流电压的大小均可用峰值（或峰-峰值）、平均值、有效值、波形因数、波峰因数来表征。

1）峰值 U_P

峰值是交变电压在所观察的时间或一个周期内所达到的最大值，记为 U_P，如图 1-1-11 所示，峰值是从参考零电平开始计算的，有正峰值 U_{P+}和负峰值 U_{P-}之分。正峰值与负峰值一起包括时称为峰-峰值 U_{PP}。常用的还有振幅 U_m，它是以直流电压为参电平计算的。因此，当电压中包含直流成分时，U_P 与 U_m 是不相同的，只有纯交流电压时，才有 $U_P=U_m$。

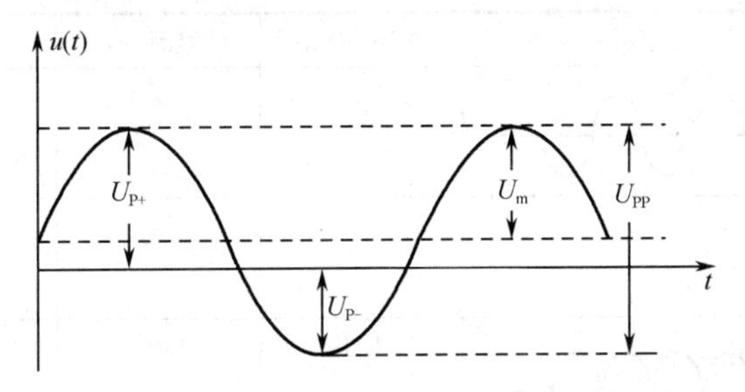

图 1-1-11　交流电压的峰值与幅度

2）平均值 $\bar{U}$

平均值在数学上定义为

$$\bar{U}=\frac{1}{T}\int_0^T u(t)\mathrm{d}t$$

原则上，求平均值的时间为任意时间，对周期信号而言，T 为信号周期。

根据以上的定义，若包含直流成分 U_-，则平均值为 U_-，若仅含有交流成分，则平均值为 0 。这样对纯粹的交流电压采说，由于电压等于 0，将无法用平均值来表征它的大小。由于在实际测量中，都是将交流电压通过检波器变换成直流电压后，再进行测量的，因此，平均值通常是指检波后的平均值。根据检波器的不同又可分为全波平均值和半波平均值，一般不加特别说明时，平均值都是指全波平均值，即

$$\bar{U} = \frac{1}{T}\int_0^T |u(t)|\mathrm{d}t$$

3）有效值 U

一个交流电压和一个直流电压分别加在同一电阻上，若它们产生的热量相等，则交流电压的有效值 U 等于该直流电压值，即

$$U = \sqrt{\frac{1}{T}\int_0^T u^2(t)\mathrm{d}t}$$

作为交流电压的一个参数，有效值比峰值、平均值用得更为普遍，当不特别指明时，交流电压的量值均指有效值，各类交流电压表的示值，除特殊情况外，都是按正弦波的有效值来刻度的。

4）波形因数 K_F

电压的有效值与平均值之比称为波形因数，即

$$K_F = \frac{U}{U}$$

5）波峰因数 K_P

交流电压的峰值与有效值之比称为波峰因数，即

$$K_P = \frac{U_P}{U}$$

几种典型交流电压波形的参数如表 1-1-1 所示。

表 1-1-1　几种典型交流电压的波形参数

序	名称	波形图	波形因数 K_F	波峰因数 K_P	有效值	平均值
1	正弦波		1.11	1.414	$U_P/\sqrt{2}$	$\frac{2}{x}U_P$
2	半波整流		1.57	2	$U_P/\sqrt{2}$	$\frac{1}{\pi}U_P$
3	全波整流		1.11	1.414	$U_P/\sqrt{2}$	$\frac{2}{\pi}U_P$
4	三角波		1.15	1.73	$U_P/\sqrt{3}$	$U_P/2$
5	锯齿波		1.15	1.73	$U_P/\sqrt{3}$	$U_P\sqrt{2}$
6	方波		1	1	U_P	U_P

续表

序	名称	波形图	波形因数 K_F	波峰因数 K_P	有效值	平均值
7	梯形波		$\dfrac{\sqrt{1-\dfrac{4\sigma}{3\pi}}}{1-\dfrac{\sigma}{\pi}}$	$\dfrac{1}{\sqrt{1-\dfrac{4\sigma}{3\pi}}}$	$\sqrt{1-\dfrac{4\sigma}{3\pi}}\,U_P$	$\left(1-\dfrac{\sigma}{\pi}\right)U_P$
8	脉冲波		$\sqrt{\dfrac{T}{t_w}}$	$\sqrt{\dfrac{T}{t_w}}$	$\sqrt{\dfrac{t_w}{T}}\,U_P$	$\dfrac{t_w}{T}U_P$
9	隔直脉冲波		$\sqrt{\dfrac{T-t_w}{t_w}}$	$\sqrt{\dfrac{T-t_w}{t_w}}$	$\sqrt{\dfrac{t_w}{T-t_w}}\,U_P$	$\dfrac{t_w}{T-t_w}U_P$
10	白噪声		1.25	3	$\dfrac{1}{3}U_P$	$\dfrac{1}{3.75}U_P$

在电子电路实验中，通常是对正弦交流电压的测量，一般测量其有效值，特殊情况下才测量峰值。由于万用表结构上的特点，虽然也能测量交流电压，但对频率有一定的限制。因此，测量前应根据待测量的频率范围，选择合适的测量仪器和方法。

（1）数字式万用表测量交流电压

数字式万用表的交流电压挡，是将交流电压检波后得到的直流电压，通过A/D转换器变换成数字量，然后用计数器计数，以十进制显示被测电压值。与模拟式万用表交流电压挡相比，数字式万用表的交流电压挡输入阻抗高，如DT890型数字式万用表的交流电压挡的输入阻抗为10MΩ（在40～400Hz的测量频率范围内），对被测电路的影响小，但它同样存在测量频率范围小的缺点。如DT890型数字式万用表测量交流电压的频率范围为40～400Hz。

（2）模拟式万用表测量交流电压

用万用表的交流电压挡测量电压时，交流电压是通过检波器转换成直流后直接推动磁电式微安表头，由表头指针指示出被测交流电压的大小。因此这种表的内阻较低，且各量程的内阻不同，各挡的内阻 R_V=量程×交流电压灵敏度 S_V，测量时应注意其内阻对被测电路的影响。此外，模拟式万用表测量交流电压的频率范围较小，一般只能测量频率在1kHz以下的交流电压。由于模拟式万用表的公共端与外壳绝缘胶木无关，与被测电路无共同机壳接地问题，因此，可以用它直接测量两点之间的交流电压。这是模拟式万用表测量交流电压的一大优点。

（3）示波器测量交流电压

用示波器法测量交流电压与电压表法相比具有如下优点：

① 速度快。被测电压的波形可以立即显示在屏幕上。

② 能测量各种波形的电压。电压表一般只能测量失真很小的正弦电压，而示波器不但能量失真很大的正弦电压，还能测量脉冲电压，已调幅电压等。

③ 能测量瞬时电压。示波器具有很小的惰性，因此它不但能测量周期信号峰值压，还能观测信号幅度的变化情况，甚至能够测量单次出现的信号电压。此外，它还能测量测信

号的瞬时电压和波形上任意两点间的电压差。

④ 能同时测量直流电压和交流电压。在一次测量过程中，电压表一般不能同时测量出被测电压的直流分量和交流分量。示波器能方便地实现这一点。

用示波器测量电压主要缺点是误差较大，一般达 5%～10%。现代数字直读式示波器，由于采用了先进的数字技术，误差可减小到 1%以下。

示波器测量交流电压的主要测量步骤如下：

① 将待测信号送至示波器垂直输入端。

② 输入耦合开关置于 AC 位置。

③ 调整垂直灵敏度开关于适当位置，微调旋钮顺时针旋到头（校正位置）。注意：屏幕上所显示的波形不要超出垂直有效范围。

④ 分别调整水平扫描速度开关和触发同步系统的有关开关，使屏幕上能稳定显示一至二个周期的波形。

⑤ 被测信号电压的峰值为波形在垂直方向上所偏移距离的 1/2 乘以垂直灵敏度指数 S_y。有效值还需进行换算。

例如，图 1-1-12（a）中，示波器的灵敏度开关置于 2V/cm，则此正弦波 A 的峰值 U_P 为

$$U_P=2\times2=4V$$

则有效值为

$$U=\frac{4}{\sqrt{2}}=2.828V$$

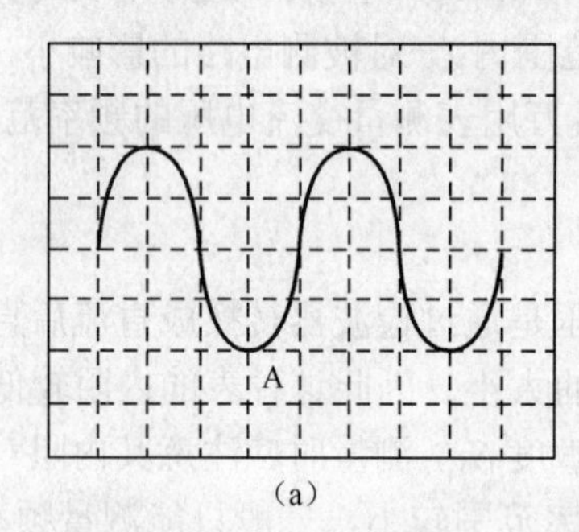

(a)

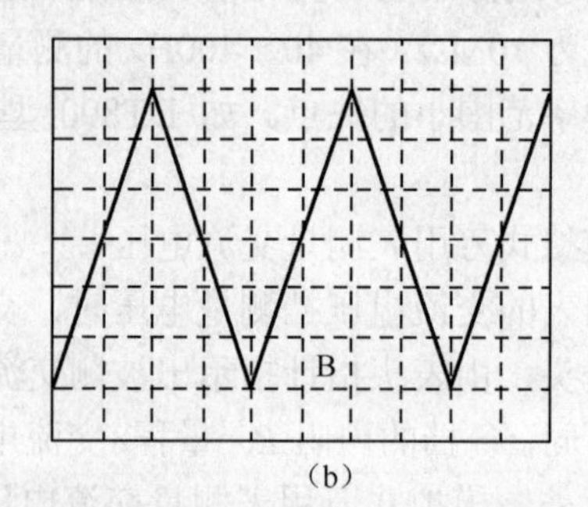

(b)

图 1-1-12　示波器测量交流电压

3. 非正弦交流电压的测量

电子技术实验中，非正弦交流量一般用的最多的是三角波、矩齿波、脉冲和方波等。根据这几种波形的特点，直接测量其有效值有难度。一般先测出示值后再进行换算。

1）用电压表测量

先用电压表测出其波形的示值 U_a（由于电压表的示值都是按正弦波的有效值刻度的，所以此时的示值并不是待测量波的有效值），再根据示值 U_a 与平均值、有效值 U 之间的转换关系，换算出该波形的有效值 U。

例如，某三角波的测量示值 U_a=8V，换算方法为先换算成正弦波的平均值，即

$$\bar{U}=U_a/K_F=8/1.11=7.2\text{V}（正弦波 K_F=1.11）$$

此值即为待测波的电压平均值，然后用该波的波形系数 K_F 换算成有效值，即

$$U=\bar{U}\times K_F=7.2\times1.15=8.28（三角波 K_F=1.15）$$

所以，该三角波的有效值为 8.28V。

2）用示波器测量

用示波器可以方便地测出振荡电路、信号发生器或其他电子设备输出的非交流电压的峰值。然后，换算出该波形的有效值 U 即可。

例如，图 1-1-12（b）中，示波器的灵敏度开关置于 2V/cm，则此三角波 B 的峰值为

$$U_P=3\times2=6\text{V}$$

根据有效值与峰值的关系 $K_P=\dfrac{U_P}{U}$，则有效值为

$$U=6/1.73=3.475\text{V}（三角波的波峰因数 K_P=1.73）$$

1.1.3　电流的测量

在电子测量领域中，电流也是基本参数之一，如静态工作点、电流增益、功率等的测量，许多实验的调试、电路参数的测量，也都离不开对电流的测量。因此，电流的测量也是电参数测量的基础。实验中电流可分为两类；直流电流和交流电流。测量方法有两种：直接测量和间接测量。直接测量法是将电流表串联在被测支路中进行测量，电流表的示数即为测量结果。间接测量法利用欧姆定律，通过测量电阻两端的电压来换算出被测电流值。与电压的测量相类似，由于测量仪器的接入，会对测量结果带来一定的影响，也可能影响到电路的工作状态，实验中应特别注意，不同类型电流表的原理和结构不同，影响的程度也不尽相同。一般电流表的内阻越小，对测量结果影响就越小，反之越大。因此，实验过程中应根据具体情况，选择合理的测量方法和合适的测量仪器，以确保实验的顺利进行。

1．直流电流的测量

1）用模拟式万用表测量直流电流

模拟式万用表的直流电流挡，一般由磁电式微安表头并联分流电阻而构成，量程的扩大通过并联不同的分流电阻实现，这种电流表的内阻随量程的大小而不同，量程大，内阻越小。用模拟式万用表测量直流电流时是将万用表串联在被测电路中的，因此，表的内阻可能影响电路的工作状态，使测量结果出错，也可能由于量程不当而烧坏万用表，所以，使用时一定要注意。

2）用数字式万用表测量直流电流

数字式万用表直流电流挡的基础是数字式电压表，它通过电流-电压转换电路，使被测电流流过标准电阻，将电流转换成电压来进行测量。如图 1-1-13 所示，由于运算放大的输入阻抗很高，可以认为被测电流 I_x 全部流经标准取样电阻 R_N，这样 R_N 上的电压与被测电流 I_x 成正比，经放大器放大后输出电压 U_o（$U_o=(1+R_3/R_2)R_NI_x$），就可以作为数字式电压表的输入电压来进行测量。

数字式万用表的直流电流挡的量程切换通过切换不同的取样电阻 R_N 及来实现。量程越小，取样电阻越大，当数字式万用表串联在被测电路中时，取样电阻的阻值会对被测电路的工作状态产生一定的影响，在使用时应注意。

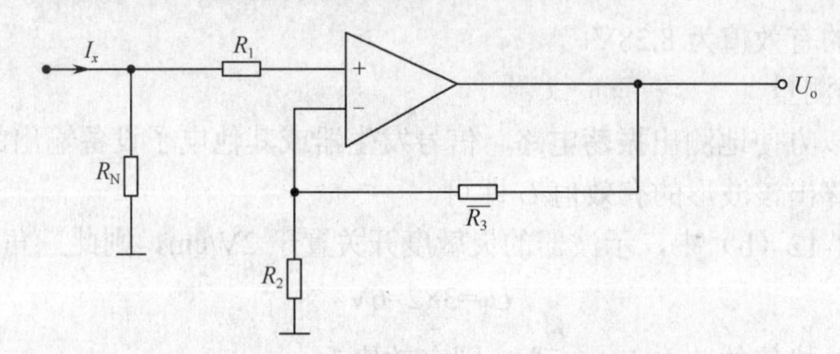

图 1-1-13　电流-电压转换电路

电流的直接测量法要求断开回路后再将电流表串连接入，往往比较麻烦，容易疏忽而造成测量仪表的损坏。当被测支路内有一个定值电阻 R 可以利用时，可以测量该电阻两端的直流电压 U，然后根据欧姆定律算出被测电流：$I=U/R$。这个电阻 R 一般称为电流取样电阻。

当然，当被测支路无现成的电阻可利用时，也可以人为地串入一个取样电阻来进行间接测量，取样电阻的取值原则是对被测电路的影响越小越好，一般为 1～10Ω，很少超过 100Ω。

2．交流电流的测量

按电路工作频率，交流电流可分为低频、高频和超高频电流。在超高频段，电路或元件受分布参数的影响，电流分布是不均匀的，因此，无法用电流表来直接测量各处的电流值。只有在低频（45～500Hz）电流的测量中，可以用交流电流表或具有交流电流测量挡的普通万用表或数字式万用表，串联在被测电路中进行交流电流的直接测量。而一般交流电流的测量都采用间接测量法，即先用交流电压表测出电压后，用欧姆定律换算成电流。

用间接法测量交流电流的方法与间接法测量直流电流的方法相同，只是对取样电阻有一定的要求。

① 当电路工作频率在 20kHz 以上时，就不能选用普通线绕电阻作为取样电阻。高频时应用薄膜电阻。

② 由于一般电子仪器都有一个公共地，在测量中必须将所有的地连在一起，即必须共地，因此取样电阻要安排连接在接地端，在 LC 振荡电路中，要安排在低阻抗端。

这种利用取样电阻的间接测量法，不仅将交流电流的测量转换成交流电压的测量，使得可以利用一切测量交流电压的方法来完成交流电流的测量，而且还可以利用示波器观察电路中电压和电流的相位关系。

1.1.4　频率和周期的测量

时间和频率是电子技术中两个重要的基本参量。目前，在电子测量中，时间和频率的测量精确度是最高的。在检测技术中，常常将一些非电量或其供电参量转换成频率进行测量。

与其他各种物理测量相比，时间与频率测量具有如下特点：

① 时频测量具有动态性质。

② 测量精度高。

③ 测量范围广。

④ 频率信息的传输和处理比较容易。

1．周期的测量

1）利用示波器测量时间

利用示波器测量信号周期的步骤如下：

① 观察信号的波形，使波形稳定。

② 将示波器扫描速度微调旋钮调到校准位置，扫描选择开关 *t*/div 的刻度值即为屏幕上 *X* 轴方向每格的时间值。根据示波管屏幕上所显示的一个周期的波形在水平轴上所占的格数可直接读出信号的周期。为了保证测量精度，被测波形在屏幕上所显示的一个周期应占有足够的格数，为此应将扫描开关置于合适的挡位（扩展位×10 开关应在按下的位置，否则，应将所得结果除以 10）。

2）用计数器测周期

电子计数器测周期电路构成与测频电路类似，包括输入整形电时标、时基产生电路、主门电路、计数显示及逻辑控制电路等。测量的原理框图如图 1-1-14 所示。

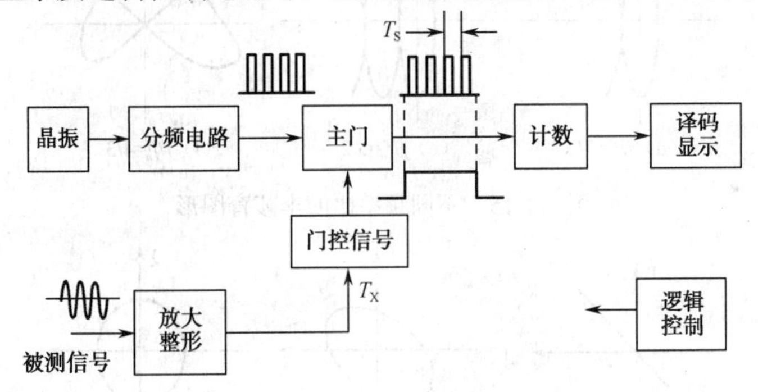

图 1-1-14 用计数器测量周期的原理框图

测量周期时，被测信号放大整形后成方波脉冲，形成时基，控制闸门，使主门开放的时间等于被测信号周期 T_x。晶体振荡器产生标准振荡信号 f_c，经 k 分频输出频率 f_s、周期为 T_s 的时标脉冲。时标脉冲在主门开放时间进入计数器，计数器对通过主门的脉冲个数进行计数。若计数值为 n，则

$$T_x = nT_s$$

式中：n 为通过主门的脉冲个数；T_x 为被测信号的周期；T_s 为标准晶振分频后形成的时标周期。

标准晶振分频后的频率为

$$f_s = \frac{f_c}{k}, \quad T_s = \frac{k}{f_c}$$

式中：k 为分频系数；f_c 为标准晶振的振荡频率；f_s 为标准晶振分频后的频率。

2．频率的测量

1）用示波器测量频率

（1）利用示波器测量周期来确定频率

测周期的方法在前面已经介绍，将被测信号加到示波器的 Y 通道，在荧光屏上侧量被测信号的周期。利用示波器测出周期 T，计算出 $f=1/T$。

（2）利用李莎育图形测量频率

将被测信号分别加到示波器的 X 通道和 Y 通道，在示波器显示屏上将出现一个合成图形，这个图形就是李莎育图形。李莎育图形随两个输入信号的频率、相位、幅度不同，所呈现的波形也不同。假定 Y 轴输入信号的频率是 X 轴输入标准信号频率的两倍，幅度相等，且是同时通过零点的正弦波，其李莎育图形如图 1-1-15 和图 1-1-16 所示。

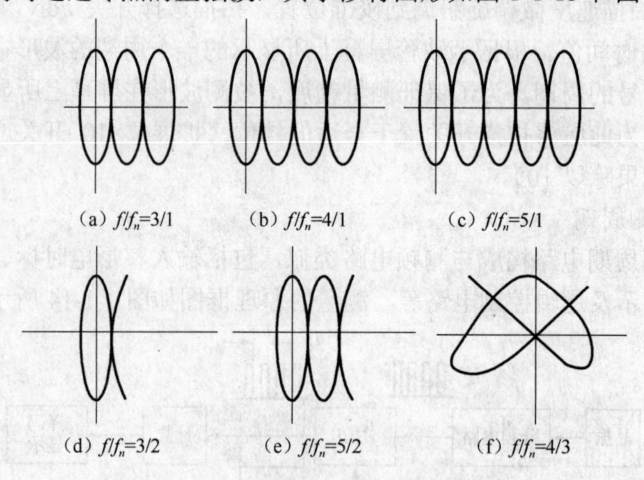

图 1-1-15　不同频率比的李莎育图形

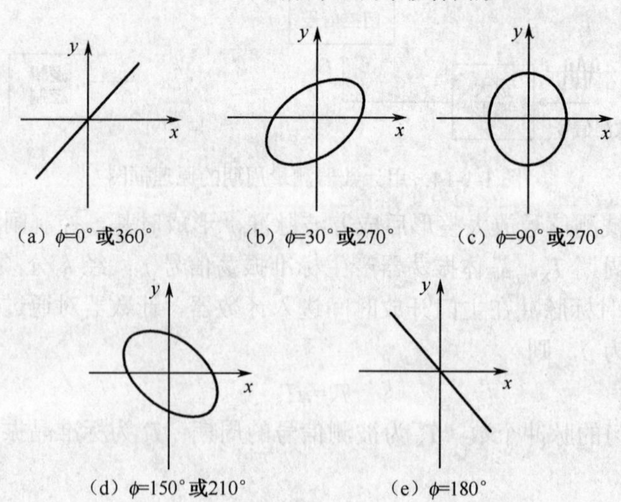

图 1-1-16　频率相同相位不同的李莎育图形

2）用计数器测量频率

电子计数器测频是严格按照频率的定义进行的。测量的原理框图如图 1-1-17 所示。

它在某个已知的标准时间间隔 T_s 内，测出被测信号重复的次数 N，然后由公式 $f=N/T_s$ 计算出频率。

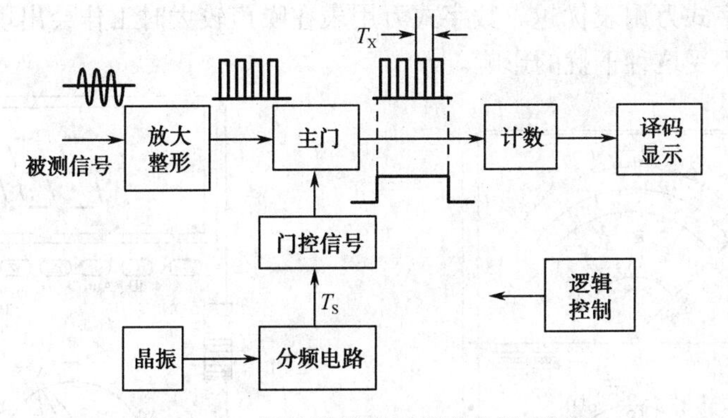

图 1-1-17 用计数器测量频率的原理框图

1.2 常用电子测量仪器

在使用各种测试设备时，离不开测试线。测试线是连接仪器与被测电路的桥梁，主要包括 BNC 同轴电缆接插件、钩式接头、香蕉插头、鳄鱼夹、耳机插头等（图 1-2-1）。实验时需要按需选用测试线。

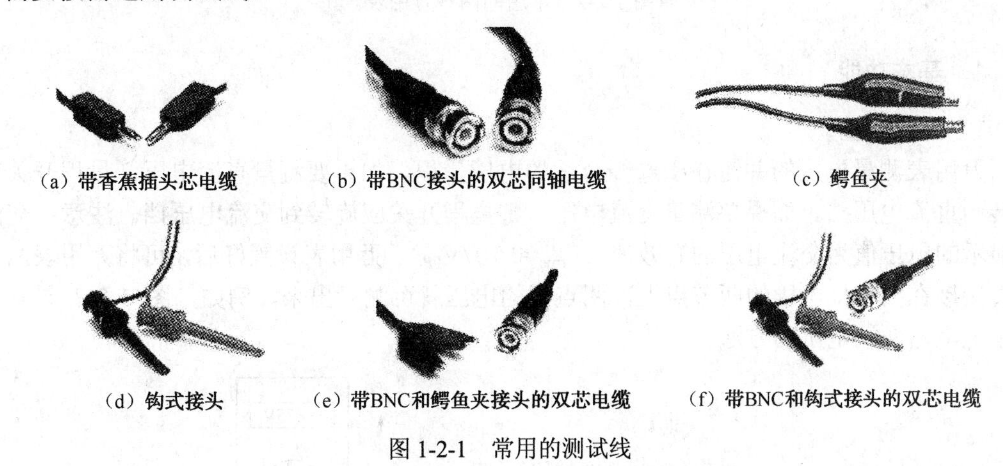

（a）带香蕉插头芯电缆（b）带BNC接头的双芯同轴电缆（c）鳄鱼夹

（d）钩式接头（e）带BNC和鳄鱼夹接头的双芯电缆（f）带BNC和钩式接头的双芯电缆

图 1-2-1 常用的测试线

1.2.1 万用表

万用表是一种可测量电流、电压和电阻的仪器。最常用的两种万用表是模拟式万用表和数字式万用表，如图 1-2-2 所示。

两种万用表之间最明显的差别在于模拟式万用表使用指针机构（指针沿校准刻度盘摆转），而数字式万用表则是使用数字电路将输入的测量值转化为数字值直接显示。从技术上说，模拟式万用表的精确度比数字式万用表低，而且读数比较麻烦。此外，模拟式万用表的分辨率为 1%，而数字表为 0.1%。尽管有这些局限性，在测量中要考虑噪声影响时，模拟式万用表比数字式万用表优越。数字式万用表在噪声较大时工作会出现异常，而模拟式万用表相对地就不受这种干扰的影响。

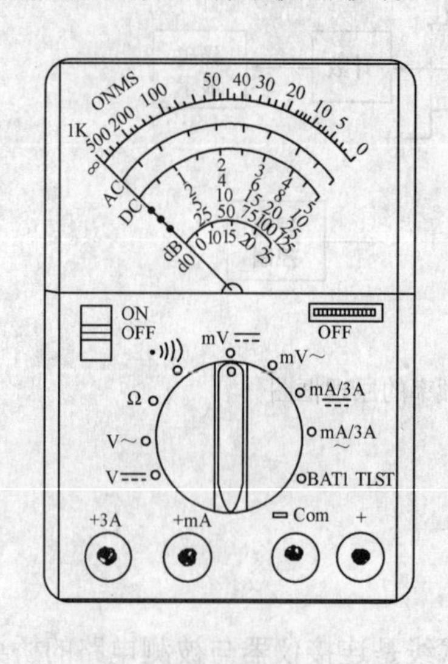

（a）模拟式万用表　　（b）数字式万用表

图 1-2-2　常用的两种万用表

1. 基本功能

1）电压测量

万用表测量电压的关键在于选择合适的电压量程。如果要测量直流电压，量程开关要旋转到直流电压挡。如果要测量交流电压，则量程开关应旋转到交流电压挡。注意：交流挡显示的电压值为交流电压的有效值（V_{rms}=0.707V_{PP}）。万用表设置好后，可将万用表两表笔直接接在要测量电压的两节点上，两点间的电压就可测量出来。例如，图 1-2-3 显示了测量电阻器两端电压的方法。

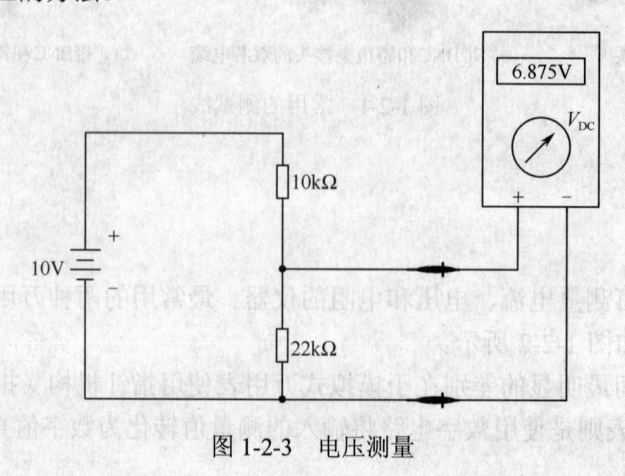

图 1-2-3　电压测量

2）电流测量

测量电流和测量电压一样简单，唯一不同的是必须将被测电流支路断开。电路开路后，将万用表的两根表笔连接到的两个断点上（万用表是串联接入的）。图 1-2-4 显示了测试电流的方法。测试交流电流时，万用表必须打到交流有效值挡。

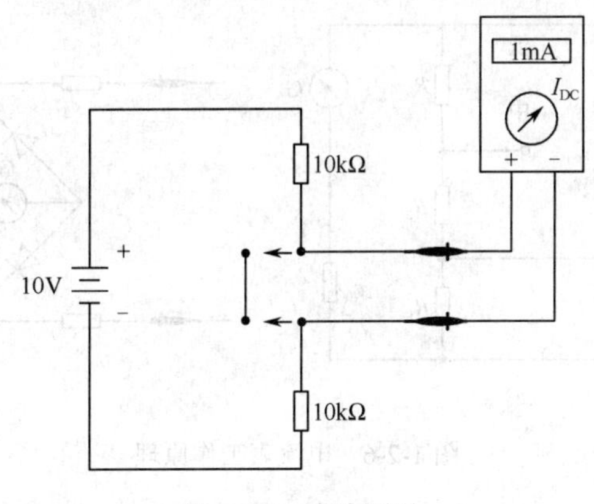

图 1-2-4　电流测量

3）电阻测量

万用表测试电阻的方法比较简单，断开被测电阻的电源，将两表笔跨接在被测电路两端即可，如图 1-2-5 所示。当然，要确认万用表的转换开关预先旋转到电阻挡上。

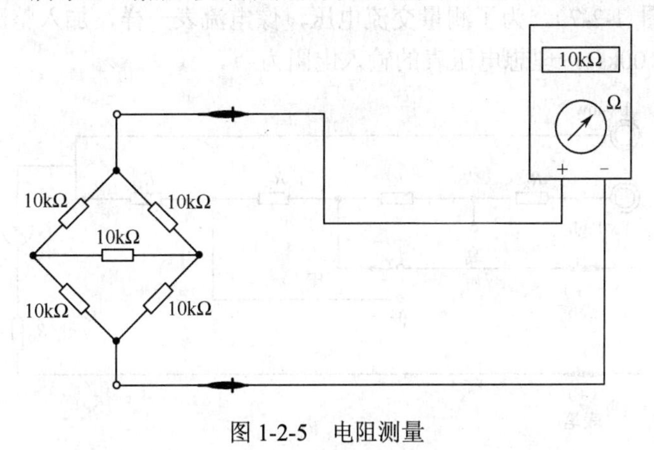

图 1-2-5　电阻测量

2. 模拟式万用表的工作原理

万用表是集电流表、电压表和欧姆表于一体的多用表。分析掌握这 3 种表各自的工作原理，对于理解整个万用表的工作原理是很有帮助的。

1）电流表

电流表使用一个直流检流计，检流计的偏转角与流过它的电流成正比。检流计的线圈有一定的内电阻 R_m，这个就意味着测量时 R_m（典型的 R_m 约为 2kΩ）要串联到电路中去，如图 1-2-6（a）所示。检流计可以单独用来测量电流；然而，如果输入的电流比较大时，它就会迫使指针偏转超出刻度盘的正常范围，为了避免这种影响，可并联一些适当的分流电阻，将可能导致指针超偏的电流从检流计分流。电流值可从刻度盘上直接读出，刻度盘和分流电阻的选择相对应。为了使检流计能够测量交流电流，可加入一个整流桥，如图 1-2-6（b）所示电路。在图 1-2-6（b）中，交流电流单方向地通过检流计，典型的电流表的输入电阻为 2kΩ，在理想情况下，电流表的输入电阻为 0。

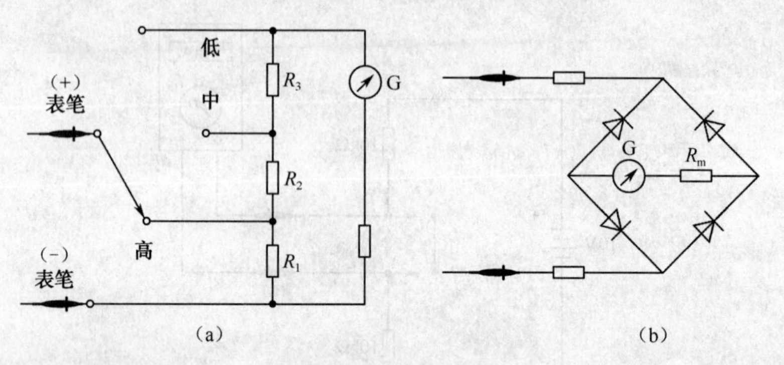

图 1-2-6　电流表工作原理

2）电压表

和电流表一样，模拟式电压表也使用直流检流计，其内阻为 R_m。当电压表的表笔跨接在被测电压两端时，电流将从高电压端通过检流计流向低电压端。在这个过程中，通过的电流和指针的偏转角与电压成正比。另外，同电流表似，这里使用分压电阻来校准和控制指针的偏转角（图 1-2-7）。为了测量交流电压，像电流表一样，加入整流桥。典型的电压表的输入电阻为 100kΩ。理想电压表的输入电阻为∞。

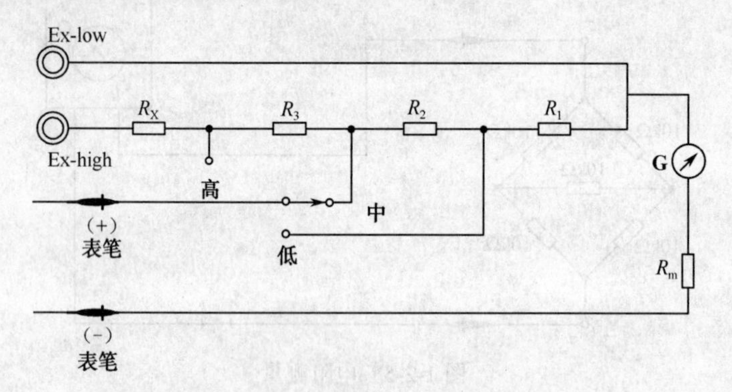

图 1-2-7　电压表工作原理

3）欧姆表

为测量电阻，欧姆表使用一个内置的电池为被测电阻和检流计提供电流（检流计和被测电阻是串联的）。如果被测电阻小，通过检流计的电流就大，产生的偏转角也大。而被测电阻大，通过检流计的电流就小，产生的偏转角也小。这样，流过检流计的电流和被测电阻一一对应。欧姆表使用前必须要短接两根表笔进行调零校准。像其他表一样，欧姆表也用分流电阻来控制和校准指针的偏转角。典型的欧姆表的输入电阻为 50Ω 左右。一个理想的欧姆表的输入电阻为 0（图 1-2-8）。

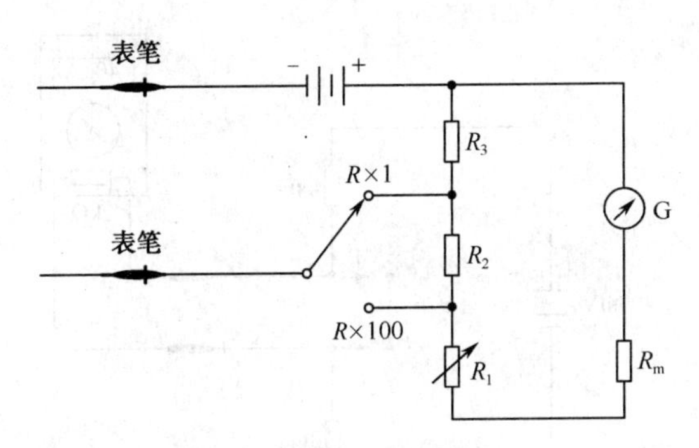

图 1-2-8 欧姆表工作原理

3. 数字式万用表的工作原理

数字式万用表由许多模块组成，如图 1-2-9 所示。信号定标电路是一个相当于选择开关的衰减器。信号调节器将定标后的输入信号转换为一个在 D/A 转换范围内的直流电压。在测量交流电压时，交流电压先通过精密的整流滤波器转换为直流电压。有源滤波器增益的设置原则是保证转换的直流电平和被测交流电压或电流的有效值相等。A/D 转换器将直流模拟输入信号转换数字输出信号。数字显示器显示出被测量的数值。控制逻辑电路用来使 A/D 转换器和数字显示电路同步工作。

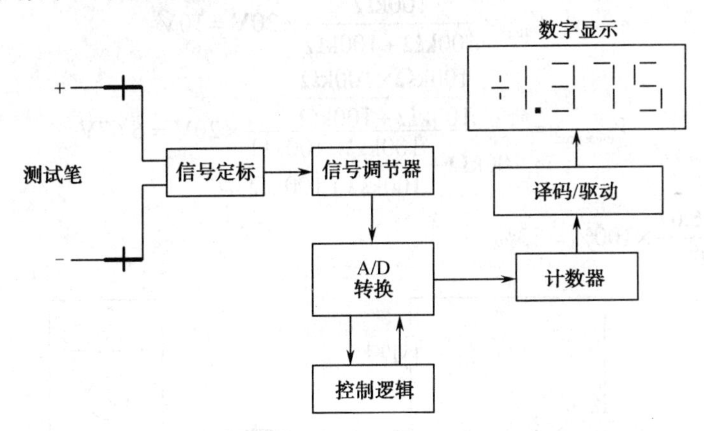

图 1-2-9 数字式万用表的工作原理

4. 测量误差

当测量流过负载电流(或电压/或跨接的电阻)时，从万用表上读取的值和被测量的实际值相比，总是有差别的。这个误差来自于万用表的内阻。对于不同的工作模式（电流/电压/电阻）来说，万用表的内阻是不相同的。实际电流表内阻的典型值约为 2kΩ，而电压表的输入内阻通常大于或等于 100kΩ，对于欧姆表来说，其内阻通常为 50Ω。为了获得精确测量，了解这些仪器的内阻是很必要的。下列例子表明在给定仪表内阻的条件下，读数的相对误差如此之大。

1）电流测量误差

如果电流表的内阻为 2kΩ，计算如图 1-2-10 所示电路的读数误差：

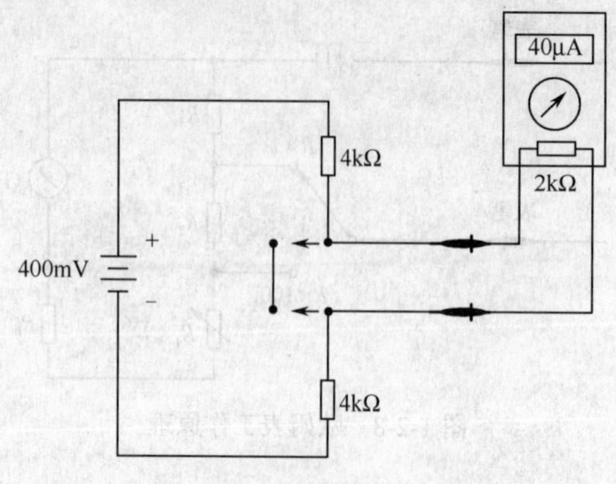

图 1-2-10　电流测量误差

$$I_{\text{true}}=50\mu\text{A}$$

$$I_{\text{measured}}=40\mu\text{A}$$

$$误差=\frac{50-40}{50}\times100\%=20\%$$

2）电压测量误差

如果电压表的输入电阻为 100kΩ，计算如图 1-2-11 所示电路的读数误差：

$$V_{\text{true}}=\frac{100\text{k}\Omega}{100\text{k}\Omega+100\text{k}\Omega}\times20\text{V}=10\text{V}$$

$$V_{\text{measured}}=\frac{\dfrac{100\text{k}\Omega\times100\text{k}\Omega}{100\text{k}\Omega+100\text{k}\Omega}}{100\text{k}\Omega+\dfrac{100\text{k}\Omega\times100\text{k}\Omega}{100\text{k}\Omega+100\text{k}\Omega}}\times20\text{V}=6.67\text{V}$$

$$误差=\frac{10-6.67}{10}\times100\%=33\%$$

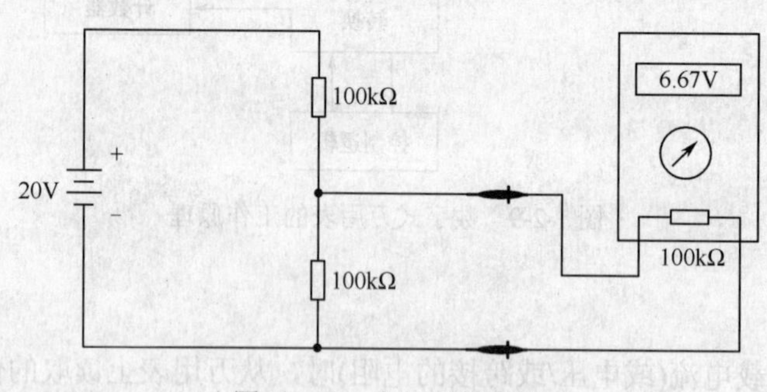

图 1-2-11　电压测量误差

3）电阻测量误差

如果一个欧姆表输入电阻为 50Ω，计算如图 1-2-12 所示电路的读数误差：

$$R_{\text{true}}=200\Omega$$

$$R_{\text{measured}}=200\ \Omega+50\ \Omega=250\ \Omega$$

误差=50/200×100%=25%

为了使误差尽可能小，电流表的输入电阻应小于被测电阻戴维南等效电阻的 1/20。相反地，电压表的输入电阻应大于被测电路戴维南等效电阻的 20 倍。欧姆表也一样，欧姆表的输入电阻也应小于被测电路的戴维南等效电阻的 1/20。在这些简单的原则下，将测量误差降低到 5%以下是可能的。另外一种方法就是查询或测量万用表的内阻值，利用加上或减去内阻的方法对误差进行修正。

5．使用方法

常见万用表的外观结构如图 1-2-13 所示。

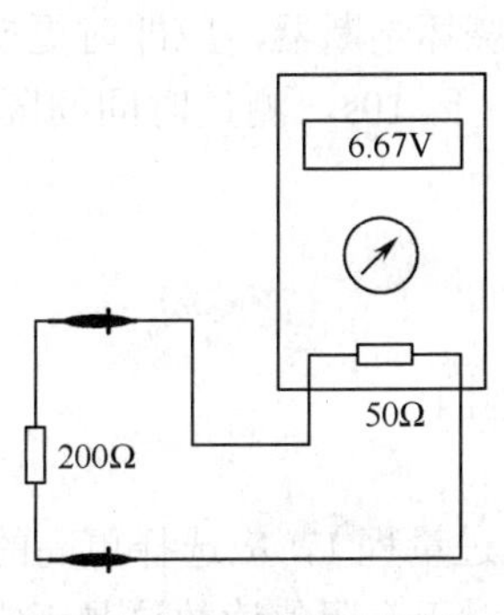

图 1-2-12　电阻测量误差

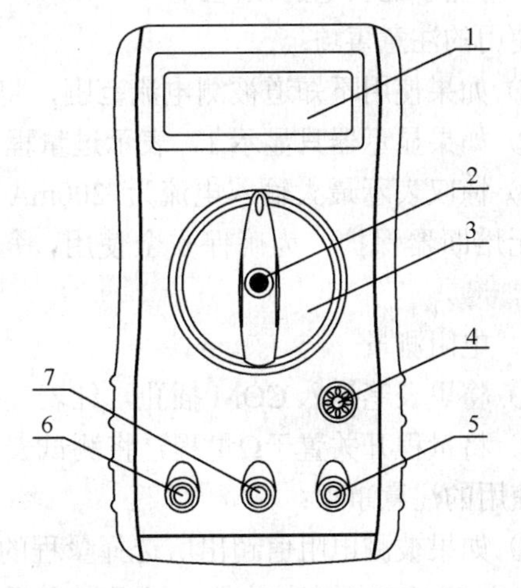

图 1-2-13　常见万用表的外观结构

1—液晶显示器；2—数据保持；3—量程开关；4—晶体管插座；5—公共输入端；6—10A 电流输入端；7—其余测量输入端

1）操作前注意事项

① 打开电源开关，检查 9V 电池，如果电池电压不足，电池符号将显示在显示器上，这时则需更换电池。

② 测试笔插孔旁边的惊叹符号，表示输入电压或电流不应超过示值，这是为了保护内部线路免受损伤。

③ 测试之前，量程开关应置于所需要的量程。

2）直流电压测量

① 将黑色笔插入 COM 插孔，红表笔插入 V 插孔。

② 将量程开关置于 V—量程范围，并将测试表笔并接到待测电源或负载上，红表笔所接端的极性将同时显示。

使用的注意事项：

① 如果不知被测电压范围．将量程开关置于最大量程并逐渐下调。

② 如果显示器只显示 1，表示过量程，量程开关应置于更高量程。

③ 当测量高电压时要格外注意避免触电。

3）交流电压测量

① 将黑表笔插入 COM 插孔，红表笔插入 V 插孔。

② 将量程开关置于 V～量程范围，并将测试表笔并接到待测电源或负载上。

使用的注意事项与直流电压测量相同。

4）直流电流测量

① 将黑表笔插入 COM 插孔，当测量最大值为 200mA 以下的电流时，红表笔插入 mA 插孔。当测量最大值为 10A 的电流时，红表笔插入 10A 插孔。

② 将量程开关置 A—量程，并将测试表笔串连接入到待测负载回路里，电流值显示的同时，将显示红表笔的极性。

使用的注意事项：

① 如果使用不知道被测电流范围，将量程开关置于最大的量程并逐渐下调。

② 如果显示器只显示 1，表示过量程，量程开关应置于更高量程。

③ 惊叹表示最大输入电流为 200mA，过量的电流将烧坏熔断器，应即时更换，10A 量程无熔断器保护，为确保安全使用，每次测量时间应小于 10s，测量时间间隔应大于 15min。

5）电阻测量

① 将黑表笔插入 COM 插孔，红表笔插入Ω插孔。

② 将量程开关置于Ω量程，将测试表笔并接到待测电阻上。

使用的注意事项：

① 如果被测电阻值超出所选择量程的最大值，将显示过量程 1，应选择更高的量程，对于大于 1MΩ或更高的电阻，要几秒种后读数才能稳定，对于高阻值读数这是正常的。

②当无输入时，例如，开路情况，仪表显示为 1。

③当检查内部线路阻抗时，被测线路必须所有电源断开，电容电荷放尽。

6）二极管测试

① 将黑色表笔插入 COM 插孔，红表笔插入Ω插孔（红表笔极性为+）将量程开关置于二极管挡，并将表笔连接到待测二极管，读数为二极管正向压降的近似值。

② 将表笔连接到待测线路的两端，如果两端之间电阻值低于约 70Ω，内置蜂鸣器发声。

7）晶体管 h_{FE} 测试

① 将量程开关置 h_{FE} 量程。

② 确定晶体管是 NPN 或 PNP 型，将基极，发射极和集电极分别插入面板上相应的插孔。

③ 显示器上将显示 hFE 的近似值，测试条件：I_B=10μA，V_{CE}=3V。

1.2.2 晶体管毫伏表

晶体管毫伏表是高灵敏度、宽频带的电压测量仪器。一般的晶体管毫伏表可测量频率 20Hz～1MHz 的交流正弦波，测量电压值为 100μV～300V，表头指示为正弦波有效值，其精度为 ±3%。晶体管毫伏表面板如图 1-2-14 所示。

晶体管毫伏表的使用方法：

① 为提高测量精度，晶体管毫伏表使用时应垂直放置，本仪器后部有一根电源线，把它接在220V交流电源插座上。

② 在晶体管毫伏表输入插座安装测试线（同轴电缆线）。

③ 调零：将测试线上的红夹子与黑夹子短接起来，再打开电源开关，电表指针来回摆动数次后趋于稳定。选定所用量程，调节调零旋钮，使指针调在“0”位置，消除其内部误差，调零后，关上电源开关。

④ 测量前先估计被测电压的大小，选择测量范围开关在适当的挡位（应略大于被测电压）。若不知被测电压的范围，一般应先将量程开关置于最大挡，再根据被测电压的大小逐步将开关调整到合适量程位置，为减小测量误差，在读取测量数据时应使表头的指针指在电表满刻度的1/3以上区域为好。

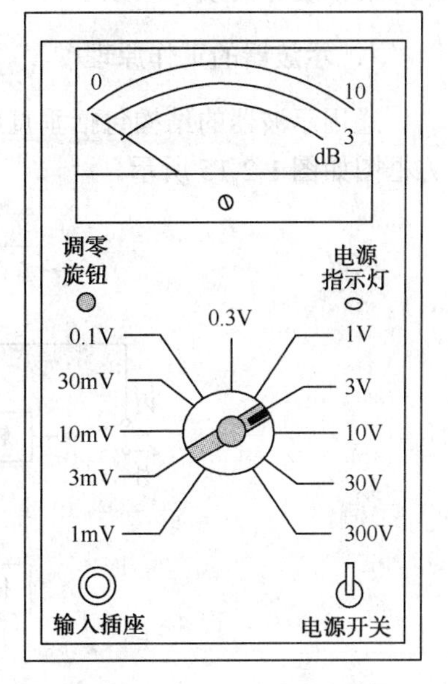

图1-2-14　晶体管毫伏表面板

⑤ 根据挡位选择对应的表盘指示。选用3V的挡位，读数时看表头中满刻度为3的表盘，当指针指示在1上，则实标测量电压为有效值1V；当选用0.3V的挡位，读数时仍看表头中满刻度为3的表盘，当指针指示在1上，则实际测量电压为有效值0.1V；其他3×10（为正或负整数）的挡位也都同理。当选用1×10^n电压挡位时，读数时则看表头中满刻度为10的表盘。

使用的注意事项：

① 电表指示刻度为正弦波有效值，故用该表测量失真波形，其读数无意义。

② 使用时，测试线上夹子接在被测信号两端，但表与被测线路必须共地。即黑夹子必须接被测信号的地端，红夹子接被测信号的正端。

③ 晶体管毫伏表在小量程挡位（小于1V）时，打开电源开关后，输入端不允许开路，以免外界干扰电压从输入端进入造成打表针的现象，且易损坏仪表。

④ 测量交流电压中包含直流分量时，其直流分量不得大于300V，否则会损坏仪表。

⑤ 测试线的黑夹子与毫伏表的外壳相通，故当用毫伏表测量市电时，应将火线接正（红夹子），中线接地（黑夹子），不得接反（避免机壳带电）。

⑥ 在使用完毕将仪表复位时，应将量程开关放在300V挡，测试线两夹子短接，并将表垂直放置好。

1.2.3　双踪示波器

示波器是一种用途很广的电子测量仪器。示波器是可快速绘制输入信号与时间或与另一个输入量关系的X-Y绘图仪。利用它可以测出电信号的一系列参数，如信号电压（或电流）的幅度、周期（或频率）、相位等。

1. 示波器的工作原理

通用示波器的结构包括垂直放大、水平放大、扫描、触发、示波管及电源这 6 个部分，方框图如图 1-2-15 所示。

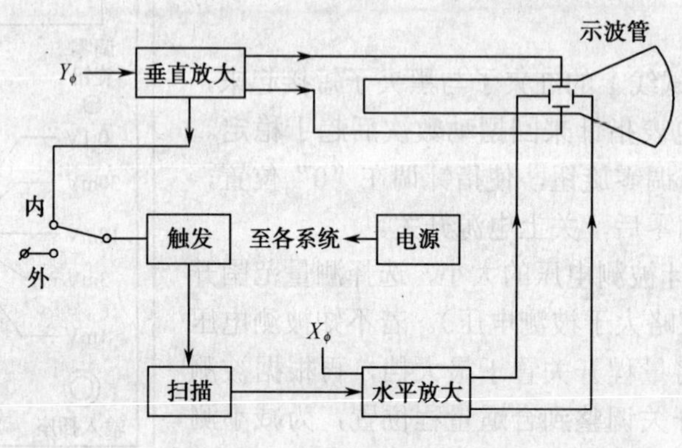

图 1-2-15　示波器结构方框图

现将各部分的主要作用简述如下。

1）电子示波管

图 1-2-16 所示，它主要由电子枪、偏转系统、荧光屏 3 部分组成。电子枪包括灯丝、阴极、控制栅和阳极。偏转系统包括 Y 轴偏转板和 X 轴偏转板两部分，它们能将电子枪发射出来的电子束，按照加于偏转板上的电压信号做出相应的偏移。荧光屏是位于示波管顶端涂有荧光物质的透明玻璃屏，当电子枪发射出来的电子束轰击到屏时，荧光屏被击中的点上会发光。

2）水平 X、垂直 Y 放大器

电子示波管的灵敏度比较低，假设偏转板上没有足够的控制电压，就不能明显地观察到光点的移位。为了保证有足够的偏转电压，必须设置放大器将被观察的电信号加以放大。

3）扫描发生器

它的作用是形成一线性电压模拟时间轴，以展示被观察的电信号随时间而变化的情况。

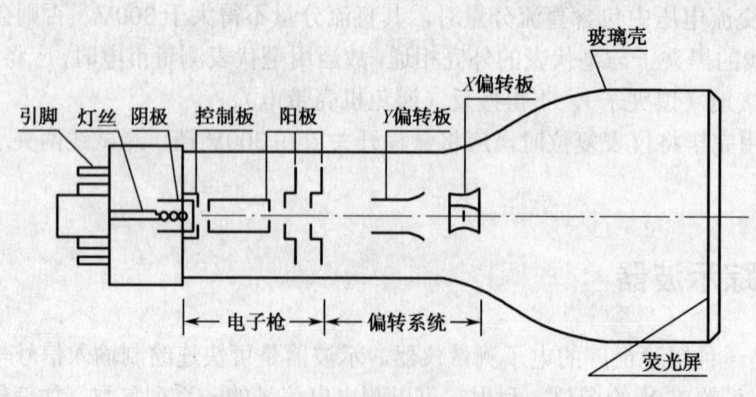

图 1-2-16　电子示波管结构图

4）波形的形成

在正常情况下,荧光屏光点的相对移位是和输入到示波器 X 轴或 Y 轴上的电压成正比的，如图 1-2-17 所示。

① 图 1-2-17（a）中 X、Y 轴上的电压均为 0，在显示屏中出现一个光点。

② 图 1-2-17（b）中 Y 轴上有直流电压，但 X 轴上没有加电压，在显示屏中光点位置出现上下偏移。

③ 图 1-2-17（c）Y 轴上有正弦变化电压，但 X 轴上没有加电压，正弦波电压持续加在垂直偏转板上，光点不断地上下来回移动，只要移动速度足够快，利用视觉暂留效应，在荧光屏上看到的将是一根竖直直线。光点移动距离与所加电压成正比，故可用来测量电压幅值。

④ 图 1-2-17（d）中 Y 轴上没有电压，X 轴上加锯齿波电压，在显示屏中出现一条水平直线。

⑤ 图 1-2-17（e）中 Y 轴上有直流电压，X 轴上加锯齿波电压，在显示屏中水平直线出现上下偏移。

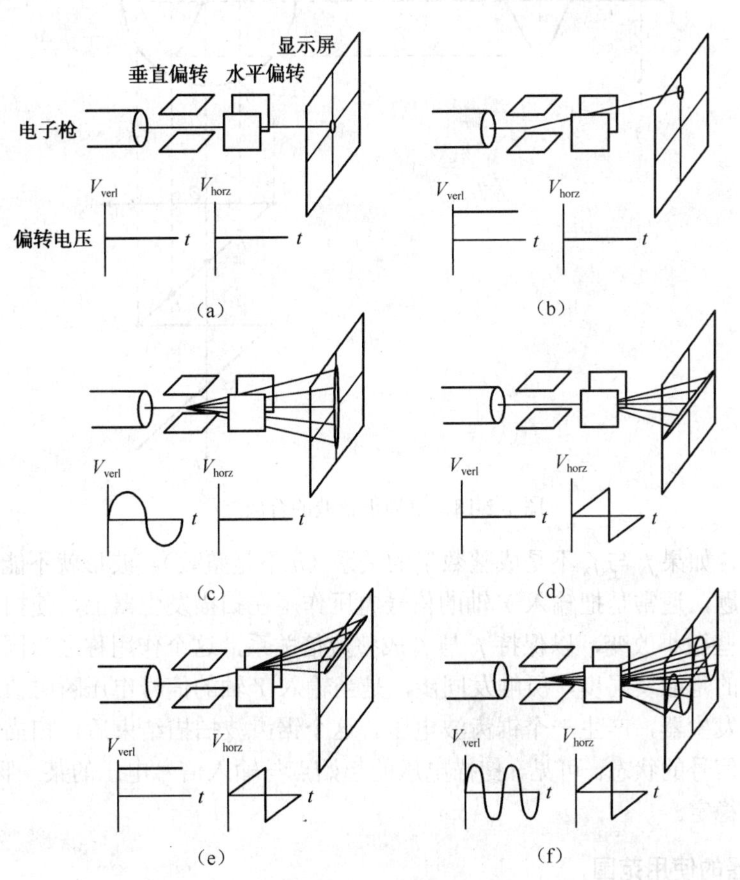

图 1-2-17　波形形成原理

⑥ 图 1-2-17（f）中 Y 轴上有正弦变化电压，X 轴上加锯齿波电压，使正弦波的频率与扫描电压波的重复频率相等，那么在荧光屏上就能观察到一个完整的正弦波，如果正弦波频率是扫描波重复频率的 2 倍时，即 $f_y=2f_x$，则在荧光屏上看到的将是 2 个周期的正弦波，从而可知，当倍数=n 时，在荧光屏上将呈现出 n 个周期的正弦波。

如图 1-2-18 所示，单周正弦波的合成过程如下：在 t_0 时，$U_y=0$，Y 轴方向无偏移，而 U_x 为负值，光点沿 X 轴向右偏移，位于荧光屏上的 A 点。在 t_1 时，U_y 上升，光点向上移，同时 U_x 也上升，光点又要向右移，合成结果使光点移至荧光屏上的 B 点。以后，在 t_2、t_3、t_4 各时刻，光点相继沿 C、D、E 各点移动。t_4 以后，由于迅速返回至原始状态，光点将从 E 点迅速返回 A 点。接着正弦波重新开始第二个周期，扫描电压开始第二次扫描，荧光屏上呈现与第一次相重叠的正弦波形。如此不断重复，荧光屏上可观察到一个稳定的正弦波。上述两者是在频率相同情况下，荧光屏显示出一个周期的正弦波。

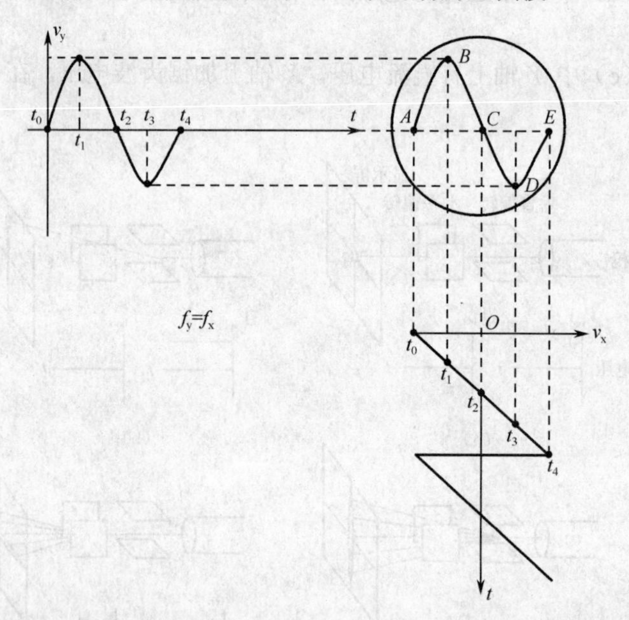

图 1-2-18　单周正弦波的合成过程

由此可知，如果 f_y 与 f_x 不是成整数倍的关系（n 不是整教），波形就不能完全重叠。为了解决这个问题，通常是把输入 Y 轴的信号电压作用在扫描发生器上，使扫描频率 f_y 跟随信号频率 f_x 作些微小改变，以保持 f_y 与 f_x 成整数倍关系，这个作用称之为同步。现代示波器中经常采用的是触发同步，所触发同步，是当输入 Y 轴的信号电压瞬时值达到一定幅值时，触动扫描发生器，产生一个锯齿波电压。这个锯齿波扫描结束后，扫描发生器将处于等待下次触发信号的状态。可见，扫描电压的起始点与输入信号电压的某一瞬时保持同步，保证了波形的稳定。

2．示波器的使用范围

直流电压测量，如图 1-2-19（a）所示。

交流电压、频率测量，如图 1-2-19（b）所示。

相位测量，如图 1-2-19（c）所示。

数字信号测量，如图 1-2-19（d）所示。

XY 模式，如图 1-2-19（e）所示。

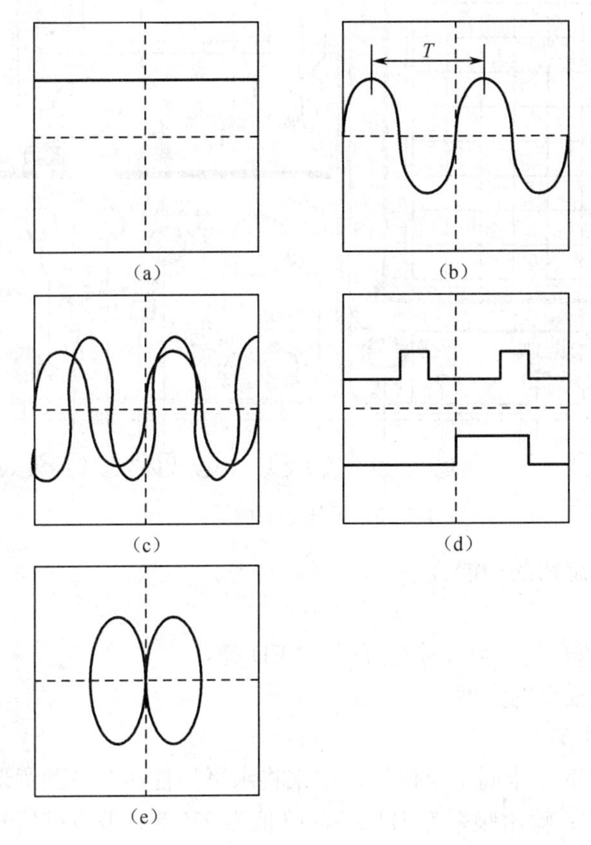

图 1-2-19　示波器的应用实例

3．示波器旋钮与开关的功能

如图 1-2-20 所示为示波器典型的控制面板。该示波器的面板也许与其他示波器稍有不同（旋钮位置，通道数等），但是基本组成部分是一样的。如果在本节中没有找到要了解的内容，可以参阅示波器用户手册。

示波器前面板示意图如图 1-2-20 所示，示波器的面板分为以下几个部分：

① 显示部分：此部分为 CRT 显示屏，用来显示波形。

② 垂直部分：此部分包含的旋钮、按钮通常用于控制示波器的垂直波形，通常与输入电压的幅值相连系。

③ 水平部分：此部分包含的按钮、旋钮用于控制示波器的水平波形，通常与示波器的时基相连系。

④ 触发部分：此部分包含的按钮、旋钮用于控制示波器阅读输入信号的方式。

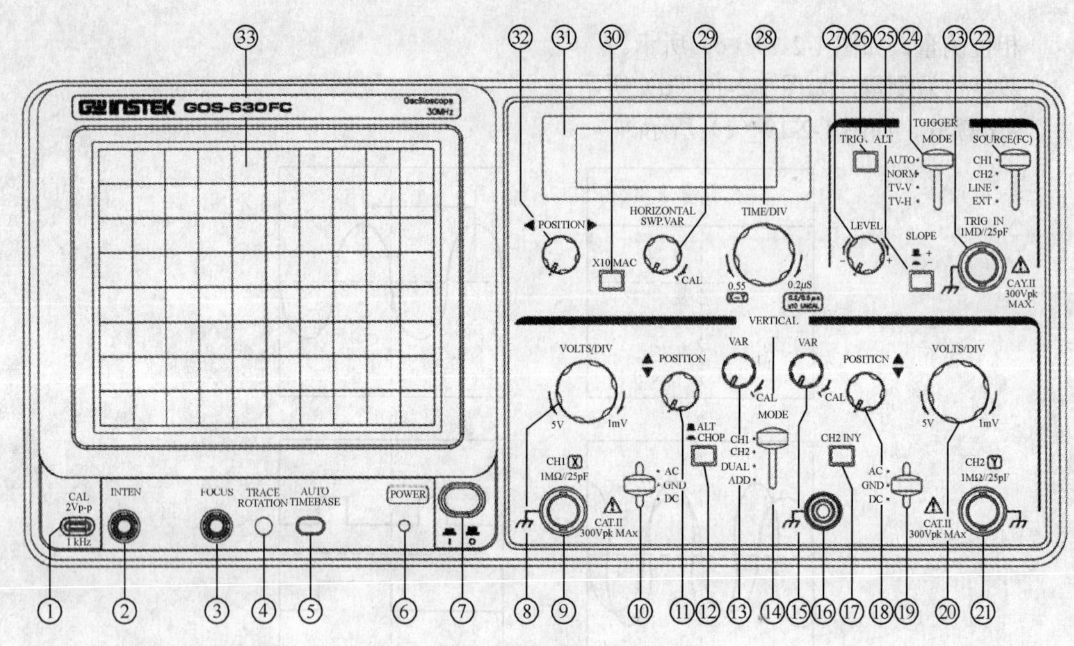

图 1-2-20　示波器前面板示意图

下面介绍各部分旋钮的功能。

1）显示部分

POWER：主电源开关，当开关打开时，LED 亮。

INTEN：控制扫描点的亮度。

FOCUS：聚焦调节。

TRACEROTATION：半固定电位计，用来将水平扫描线对齐到背景网格。

CAL（校正端子）：输出频率为 1kHz 峰-峰值为 2V 的方波校准信号。该信号用来校准垂直放大器和示波器探头的频率补偿。

2）垂直部分 VERTICAL

（1）CH1、CH2

CH1、CH2 为信号输入端。

（2）AC-GND-DC 开关

AC：阻止直流信号，只通过交流信号。

DC：直接测量输入信号的直流和交流分量。

GND：接地。使阴极射线管的垂直偏转板没有电压，因此电子束不能偏转。通过调节垂直位置旋钮，可以重新校准电子束垂直部分到显示屏的参考位置。

（3）CH1 VOLTS/DIV，CH2 VOLTS/DIV 旋钮

用于设置显示电压的比例。选择垂直轴灵敏度从 5mV/DIV 到 5V/DIV 有 10 挡。例如，5 VOLTS/DIV 表示每格 5V。

VARIABLE：灵敏度微调，至少可调至显示值的 1/2.5。当顺时针旋转到 CAL 挡，灵敏度被校准到指示值，此时垂直电压读数即为显示值。当被拉出时（×5MAG），放大灵敏度乘 5。

（4）MODE 开关

CH1,CH2,DUAL,ADD 开关：这个开关允许任选通道 1 和通道 2 显示，也可以两个通道同时显示或相加减。

CH1：示波器单独使用 CH1。

CH2：示波器单独使用 CH2。

DUAL：示波器使用 CH1 和 CH2。

ADD：示波器显示二者之和（CH1+CH2）或差（CH1-CH2），推入 CH2INV 按钮用来显示差。

CH2 INV：使通道 2 的信号以正常方式或反相方式显示，如图 1-2-21 所示。

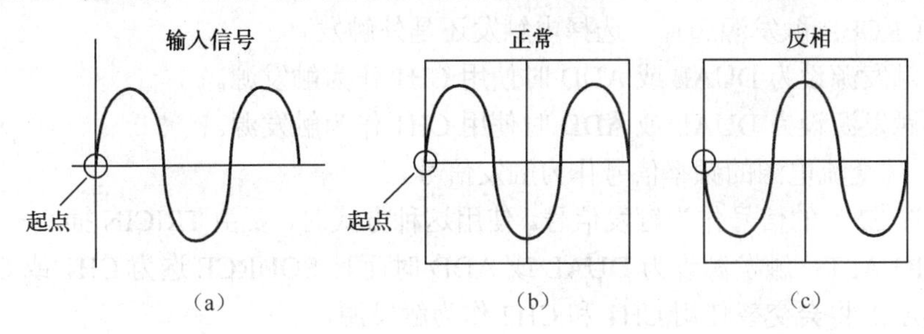

图 1-2-21　单通道显示

ADD：将通道 1 和通道 2 信号进行叠加（图 1-2-22）。

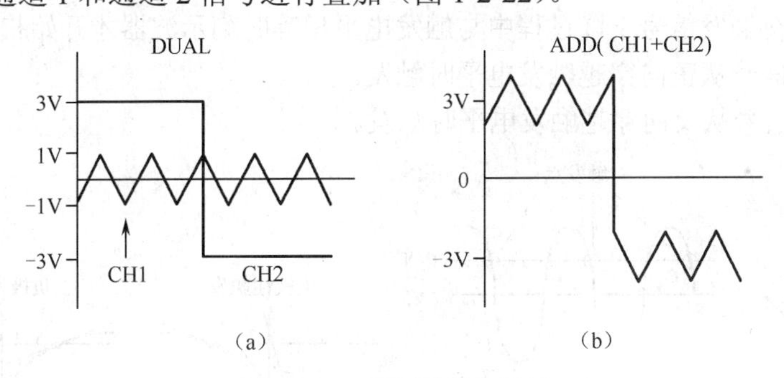

图 1-2-22　双通道叠加显示

（5）ALT 和 CHOP

ALT：双踪显示时，通道 1 和通道 2 波形交替显示，通常用在快速扫描，适用于测量较高频率的信号。

CHOP：双踪显示时，通道 1 和通道 2 的波形断续显示，信号被切碎并混合从而同时显示出来适用于测量频率较低的信号。

（6）POSITION（*Y* 轴位置）旋钮

该旋钮可以向上或向下移动荧光屏上的波形。

（7）GND

示波器地。

3）水平部分 HORIZONTAL

① TIME/DIV 旋钮：该旋钮控制扫描速度，从 0.2μs/DIV 到 0.5s/DIV 设置扫描时间。

例如，0.5ms/DIV 表示每格 0.5ms。

XY 模式：当用做 X-Y 示波器时使用，选择该模式，时基关闭，用输入通道 2 的外部信号电压代替扫描时基。

② POSITION（*X* 轴位置）旋钮：水平向左或者向右移动显示波形。该旋钮在比较两个输入信号时很有用处，可调整比较波形的位置。

③ SWP-VAR：扫描时间的微调。

④ ×10MAG：推进此按钮水平图像放大 10 倍。

4）触发部分 TRIGGER

① TRICIN 插座：外触发信号输入端。

② SOURCE：触发源选择。选择内触发还是外触发。

CH1：触发源设为 DUAL 或 ADD 时使用 CH1 作为触发源。

CH2：触发源设为 DUAL 或 ADD 时使用 CH1 作为触发源。

LINE：选交流电源的频率信号作为触发信号。

EXT：选 EXT 的信号作为触发信号。使用这种方式时，要由 TRICIN 插座输入触发源。

③ TRIG-ALT：触发源设为 DUAL 或 ADD 时而且 SOURCE 选为 CH1 或 CH2，此时选用 TRIG-ALT 将会交替使用 CH1 和 CH2 作为触发源。

④ SLOPE：选择示波器的触发极性。当选择正“+”极性触发时，只有在触发信号上升过程中与触发电平相等时刻示波器才开始扫描（触发电平电压可理解为几条直线）。而负“-”极性触发是在触发信号下降过程中与触发电平相等时刻示波器才开始扫描（图 1-2-23）。

+：当触发信号从正向穿越触发电平时触发。

-：当触发信号从反向穿越触发电平时触发。

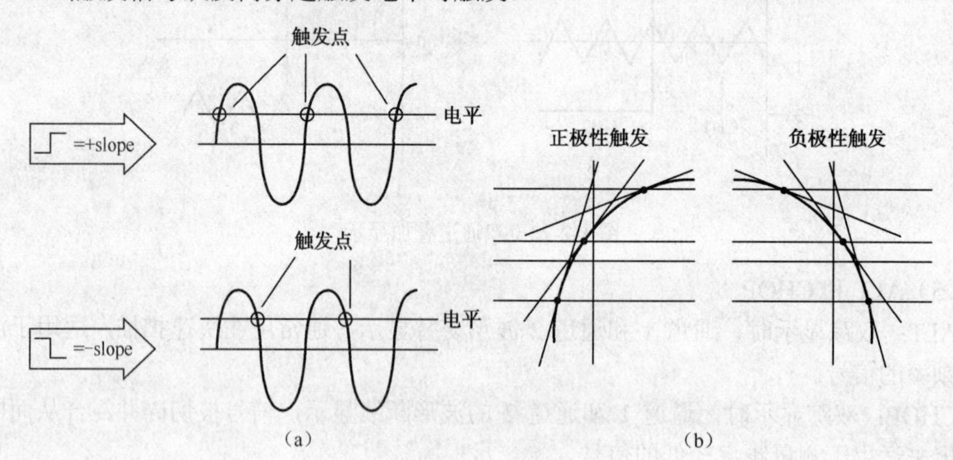

图 1-2-23　触发模式

⑤ LEVEL：显示一个同步的固定波形，并设置其开始点。在触发扫描模式下使用。根据观测信号的幅值来设定示波器的触发电平，触发电平可大可小，如图 1-2-24 所示。

指向+：触发电平向上。

指向-：触发电平向下。

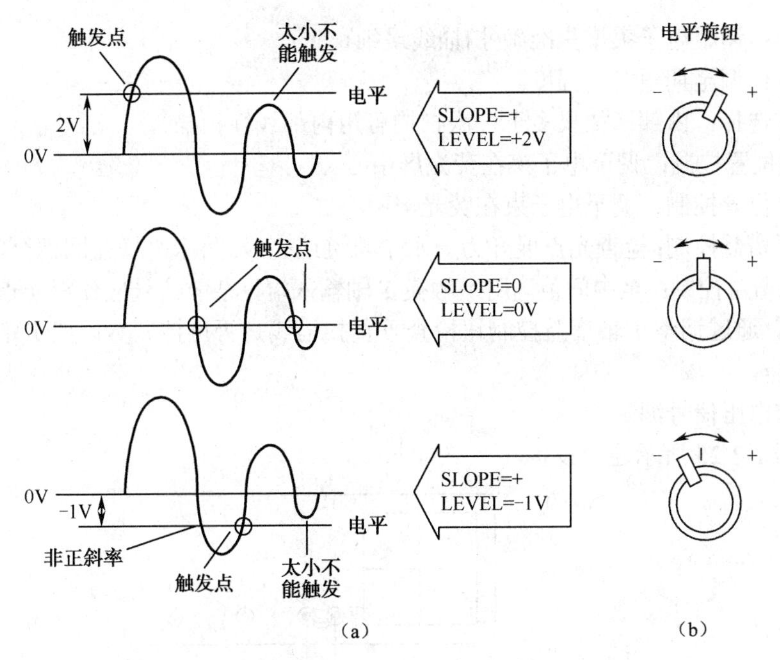

图 1-2-24　触发电平的控制

⑥ TRIGGERMODE：触发模式选择开关。

AUTO：当没有指定触发信号或者触发信号低于 25Hz，扫描处于自由模式。

NORM：当没有指定触发信号，扫描处于就绪状态主要用于观察小于 25Hz 的信号。

TV-V：用于观察整个电视信号的垂直图像。

TV-H：用于观察整个电视信号的水平图像（TV-V 和 TV-H 只有在同步信号为负时才同步）。

4．示波器的使用

在使用示波器测量时，示波器的按钮、旋钮必须设置到相应的位置上。只要一个旋钮或开关设置不当，示波器就不能正常工作。所以必须确保每个旋钮在正确位置。

下面介绍示波器的部分应用。先介绍用示波器测量两个信号之间的相位，这里将再次提到前面讲过的示波器的初始状态设置；然后，在介绍特殊应用时，再讲需要对示波器的哪些按钮、旋钮进行调整。

1）初始设置

步骤一：

① 电源开关：关闭。

② 内部周期性扫描（触发模式开关）：正常（NORM）或自动（AUTO）位置。

③ 聚焦：调至最小。

④ 增益：调至最小。

⑤ 亮度：调至最小。

步骤二：

① 电源开关：开启。

② 聚焦：调至电子束聚焦准确(扫描线最细)。

③ 亮度：调至期望发光强度。

④ 扫描选择：内部（如果多于一次扫描可用内部线性扫描）。

⑤ Y 轴位置控制：调至电子束在荧光屏中心。

⑥ 水平位置控制：调至电子束在荧光屏中心。

⑦ 水平增益控制：检查光点展开为一水平轨迹或亮线。将水平增益回调至零或最低挡。

⑧ Y 轴增益控制：至中间值。用手触摸 Y 轴输入端，杂散信号应使得光点为一倾斜轨迹或一直线。通过调整 Y 轴增益控制钮检查垂直扫描线是否可控。然后把 Y 轴增益回调至零或置最低位。

2）正弦电压信号测量

① 按图 1-2-25 所示连接设备。

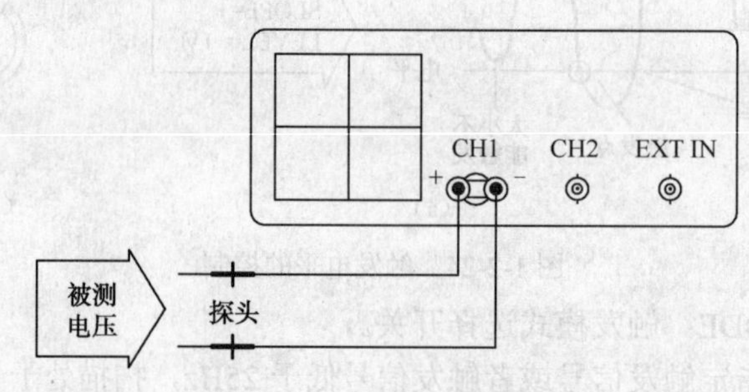

图 1-2-25　示波器测量输入电压

② 把示波器置于初始位置。

③ 调节 Y 轴 VOLT/DIV 旋钮直到有信号出现。

④ 把输入耦合选择器（AC/GND/DC）旋至地（GND）。

⑤ 将示波器设置为内部触发扫描。调节扫速（SEC/DIV）旋钮到所期望的位置。

⑥ 现在将可以看到一水平线。然后，通过调节 Y 轴位移旋钮，将水平线调至所期望的基准位置（确认在设置到期望位置后，不可再调节 Y 轴位移旋钮。如果无意间移动了该旋钮位置，就要把输入耦合选择器设置为地，重新再校准）。

⑦ 设置输入耦合选择器使 AC/GRD/DC 切换到 DC 位置，连接探头至被测信号。

⑧ 调节 Y 轴 VOLT/DIV 和 X 轴 TIME/DIV 旋钮，直到出现信号波形。

⑨ 一旦屏幕上出现信号波形，记录下 VOLT/DIV 和 TIME/DIV 旋钮的位置。使用荧光屏上的网格观测信号波形的周期和峰-峰值电压等。为了得到比较准确的电压和时间的测量值，可调节 Y 轴位移旋钮和 X 轴位移旋钮使测量的波形和刻度对准。如图 1-2-26 所示，表明如何计算正弦波的峰-峰值电压、均方根电压、周期和频率。

计算波形的峰-峰值为

$$V_{pp}=6\text{cm}\times 2\text{V/cm}=12\text{V}$$

有效值为

$$V_{rms}=V_{pp}/\sqrt{2}=8.5\text{V}$$

计算波形的周期为

$$T=4\text{cm}\times10\text{ms}/1\text{cm}=40\text{ms}$$

频率为

$$f=1/T=1/40\text{ms}=25\text{Hz}$$

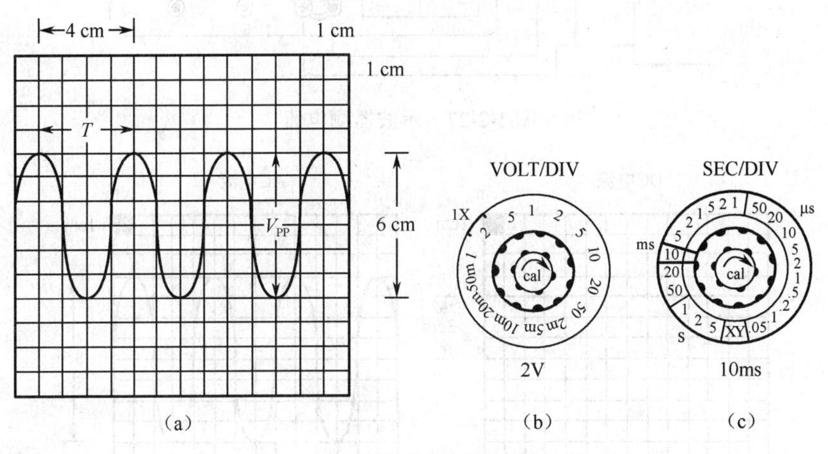

图 1-2-26 示波器显示图形的计算

计算波形的峰-峰值为

$$V_{pp}=6\text{cm}\times2\text{V/cm}=12\text{V}$$

有效值为

$$V_{rms}=V_{pp}/\sqrt{2}=8.5\text{V}$$

计算波形的周期为

$$T=4\text{cm}\times10\text{ms}/1\text{cm}=40\text{ms}$$

频率为

$$f=1/T=1/40\text{ms}=25\text{Hz}$$

3）电流测量

示波器仅能测量电压，不能直接测量电流。然而，利用电阻器和欧姆定律，可以间接地测量电流。简单地测量已知电阻值的电压降，通过计算得到电流，即电流=电压/电阻。为了避免干扰被测电路的工作状态，通常选用电阻值足够小的电阻器，例如选用高精度的1Ω电阻器。

下面介绍一个用示波器测量电流的例子：

① 按图 1-2-27 连接设备。

② 将示波器置于初始位置。

③ 将一待测量直流电流加于电阻器上，为简单起见和避免在测试时改变电路的动态特性，这里使用 1Ω的电阻器。电阻器的功率至少为最大电流平方的 2 倍。例如，待测的最大电流是 0.5A，则该电阻器的功率最小为 0.5W。

④ 使用示波器测量电阻器两端的电压降。如果串入 1Ω的电阻，那么待测电流值等于电压测量值。图 1-2-28 列举了一些测量的例子，其中介绍了如何测量交流电流有效值。

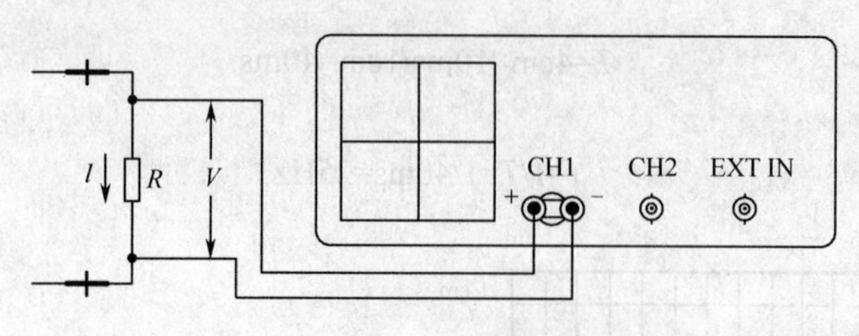

图 1-2-27 示波器测电流

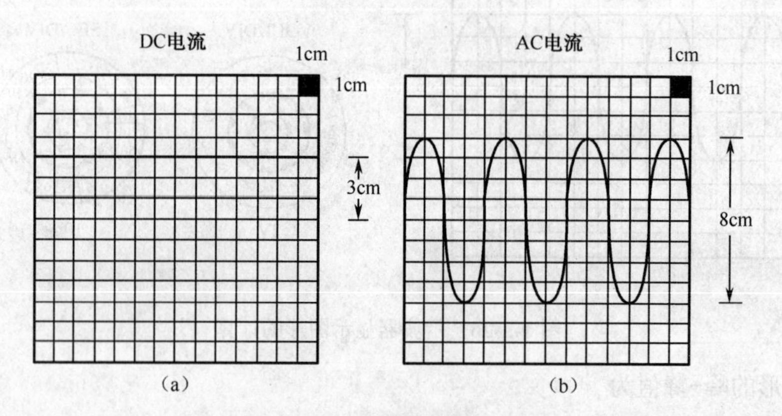

图 1-2-28 示波器测电路波形

图 1-2-28 中，图（a）中测量的直流电流，20mV/DIV，R=1Ω，有

$$I=V/R=3\text{cm}\times 20(\text{mV/DIV})/1\ \Omega=60\text{mA}$$

图（b）中测量的交流电流，20mV/DIV，R=1 Ω，电流有效值为

$$I_{\text{rms}}=V_{\text{rms}}/R=8\text{cm}\times 2(\text{mV/DIV})/(1\ \Omega\sqrt{2})=11.3\text{mA}$$

4）两个信号之间的相位测量

假设要比较两电压信号之间的相位关系，需要使一个信号到 CH1，另一个信号到 CH2，再将显示方式设置为双踪，这样就能够同时显示两信号的波形。使两波形肩并肩地排列，以便比较两信号之间的相位差。

操作步骤如下：

① 按图 1-2-29 所示连接设置。

② 把示波器置于初始位置。注意探头应短，长度相异或电特性的差异将会产生一定的测量误差。

③ 开启示波器的内部周期性扫描。

④ 把示波器置于双踪显示方式。

⑤ 调节 CH1 和 CH2 的 VOLT/DIV 旋钮直到两信号具有类似的幅值，以便比较测量相位差。

⑥ 测出参考信号的相位系数。如果信号的一个周期是 8cm，那么 1cm 相当于一个周期的 1/8，即 45°，这个 45°的值就是相位系数（图 1-2-29）。

⑦ 测量两个波形相应点的水平距离。用实测距离乘以相位系数即得到相位差（图 1-2-29）。例如，如果两信号之间的实测距离是 2cm，那么该相位差是 2×45°即 90°。

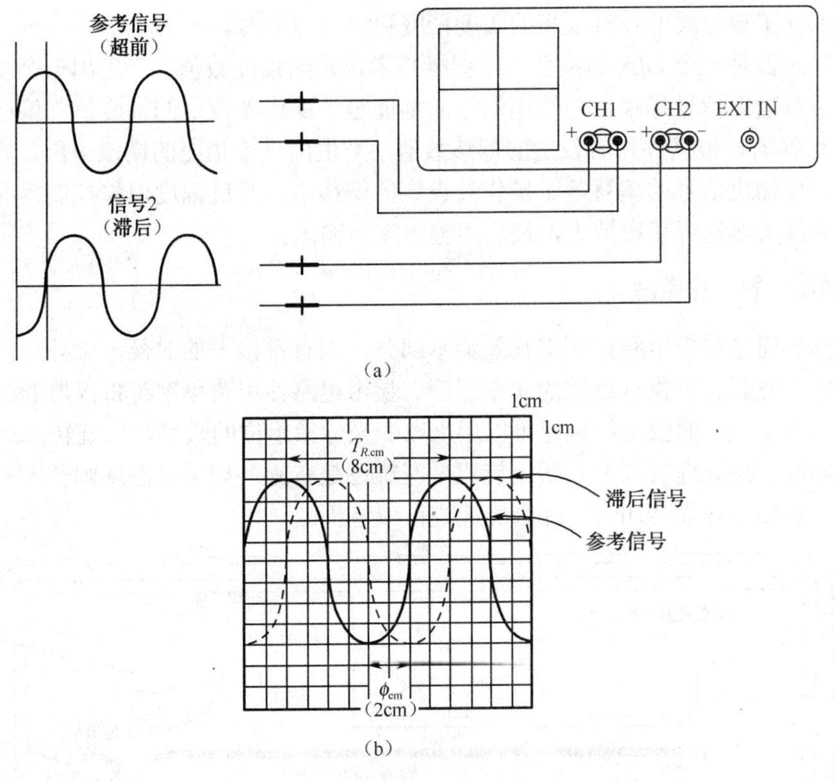

图 1-2-29 测量两波形相位差举例

1.2.4 信号发生器

信号发生器能产生实验需要的正弦、方波和三角波等信号。目前，常用的函数发生器是使用直接数字合成（DDS）技术构成的，如图 1-2-30 所示。

1. DDS 工作原理

要产生一个电压信号，传统的模拟信号源是采用电子元器件以各种不同的方式组成振荡器，其频率精度和稳定度都不高。而且工艺复杂，分辨率低，频率设置和实现计算机程控也不方便。DDS 是最新发展起来的一种信号产生方法。它完全没有振荡器元件；而是用数字合成方法产生一连串数据流，再经过 D/A 转换器产生出一个预先设定的模拟信号。

例如，要合成一个正弦波信号。首先将函数 y=sin$x$ 进行数字量化，然后以 x 为地址，以 y 为量化数据，依次存入波形存储器。DDS 使用了相位累加技术来控制波形存储器的地址，在每一个采样时钟周期中。都把一个相位增量累加到相位累加器的当前结果上。通过改变相位增量即可以改变 DDS 的输出频率值。根据相位累加器输出的地址，由波形存储器取出波形量化数据，经过 D/A 转换器和运算放大器转换成模拟电压。由于波形数据是间断的取样数据。所以 DDS 发生器输出的是一个阶梯正弦波形，必须经过低通滤波器将波形中所含的高次谐波滤除掉，输出即为连续的正弦波。D/A 转换器内部带有高精度的基准电压源，因而保证了输出波形具有很高的幅度精度和幅度稳定性。

幅度控制器是一个 D/A 转换器。根据操作者设定的幅度数值，产生出一个相应的模拟电压。然后与输出信号相乘，使输出信号的幅度等于操作者设定的幅度值。偏移控制器是一个 D/A 转换器。根据操作者设定的偏移数值，产生出一个相应的模拟电压。然后与输出信号相加，使输出信号的偏移等于操作着设定的偏移值。经过幅度偏移控制器的合成信号再经过功率放大器进行功率放大，最后由输出端口输出。

2. 操作控制工作原理

微处理器通过接口电路控制键盘及显示部分，当有键按下的时侯，微处理器识别出被按键的编码。然后转去执行该键的命令程序。显示电路使用菜单字符将仪器的工作状态和各种参数显示出来。面板上的旋钮可以用来改变光标指示位的数字，每旋转 15° 可以产生一个触发脉冲，微处理器能够判断出旋钮是左旋还是右旋。如果是左旋则使光标指示位的数字减一，如果是右旋则加一，并且连续进位或借位。

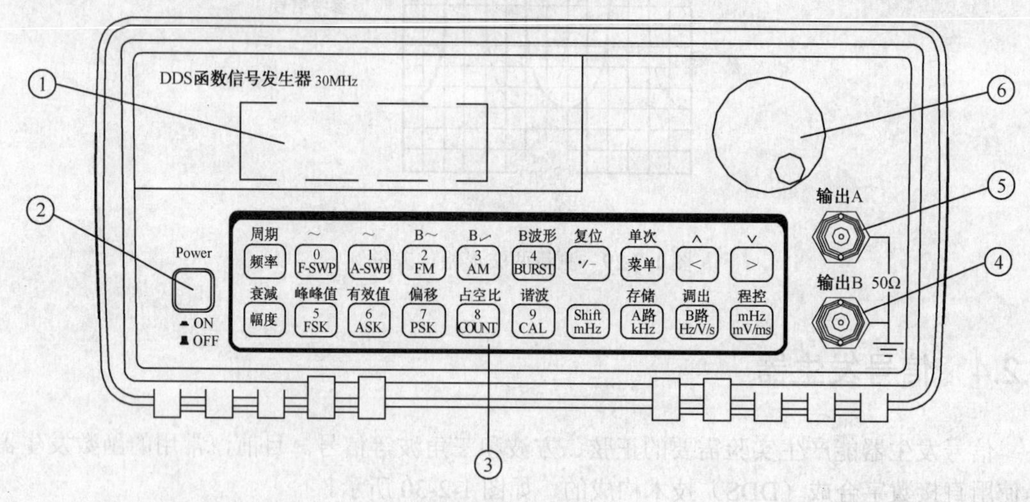

图 1-2-30　DDS 函数信号发生器

1—液晶显示屏；2—电源开关；3—键盘；4—输出 B；5—输出 A；6—调节旋钮

3. 操作通则

1）数字键输入

一个项目选中以后，可以用数字键输入该项目的参数值。10 个数字键用于输入数据，输入方式为自左至右移位写入。数据中可以带有小数点，如果一次数据输入中有多个小数点，则只有第一个小数点为有效。在偏移功能时，可以输入负号。使用数字键只是把数字写入显示区，这时数据并没有生效，数据输入完成以后，必须按单位键作为结束，输入数据才开始生效。如果数据输入有错，可以有两种方法进行改正。如果输出端允许输出错误的信号。那么就按任 个单位键作为结束，然后再重新输入数据。如果输出端不允许输出错误的信号，由于错误数据并没有生效，输出端不会有错误的信号产生。可以重新选择该项目，然后输入正确的数据，再按单位键结束，数据开始生效。

数据的输入可以使用小数点和单位键任意搭配，仪器都会按照固定的单位格式将数据显示出来。例如，输入 1.5kHz 或 1500Hz，数据生效之后都会显示为 1500.00Hz。

虽然不同的物理量有不同的单位，频率用 Hz，幅度用 V，时间用 s，相位用°，但在数据输入时，只要指数相同，都使用同一个单位键。

即“MHz”键等于 10^6，“kHz”键等于 10^3，“Hz”键等于 10^0，“mHz”键等于 10^{-3}。

输入数据的末尾都必须用单位键作为结束，因为按键面积较小，单位（°）、%、dB 等没有标注，都使用“Hz”键作为结束。随着项目选择为频率，电压和时间等，仪器会显示出相应的单位：Hz，V，ms，%，dB 等。

2）步进键输入

在实际应用中，往往需要使用一组几个或几十个等间隔的频率值或幅度值，如果使用数字键输入方法，就必须反复使用数字键和单位键，这是很麻烦的。为了简化操作，A 路的频率值和幅度值设置了步进功能，使用简单的步进键，就可以使频率或幅度每次增加一个步进值，或每次减少一个步进值，而且数据改变后即刻生效，不用再按单位键。

3）旋钮调节

在实际应用中，有时需要对信号进行连续调节，这时可以使用数字调节旋钮。在参数值数字显示的上方，有一个三角形的光标，按移位键“ < ”或“ > ”，可以使光标左移或右移，面板上的旋钮为数字调节旋钮，向右转动旋钮，可使光标指示位的数字连续加一。并能向高位进位。向左转动旋钮，可使光标指示位的数字连续减一，并能向高位借位。使用旋钮输入数据时，数字改变后即刻生效，不用再按单位键。光标指示位向左移动，可以对数据进行粗调，向右移动则可以进行细调。

4）输入方式选择

对于已知的数据，使用数字键输入最为方便。而且不管数据变化多大都能一次到位，没有中间过渡性数据产生，这在一些应用中是非常必要的。对于已经输入的数据进行局部修改，或者需要输入连续变化的数据进行观测时，使用调节旋钮最为方便，对于一系列等间隔数据的输入则使用步进键最为方便。操作者可以根据不同的应用要求灵活选择。

4．A 路输出

A 路输出端输出指定波形，同时可以波形、频率、幅度、占空比等主要参数。

① A 路能输出 3 种波形：正弦波和方波占空比固定为 50%、脉冲可以任意设定占空比。

② 可以选择直流的偏移量：在有些应用中，需要使输出的交流信号中含有一定的直流分量，使信号产生直流偏移。

③ 可以输出直流电压：如果 A 路衰减选择为固定 0dB。输出偏移值即等于偏移设定值，与幅度大小无关。如果将幅度设定为 0V，那么偏移值可在 ±10V 范围内任意设定，仪器就变成一台直流电压源，可以输出设定的直流电压信号。

④ 参数存储调出：在有些应用中，需要多次重复使用一些不同的参数组合，例如不同的频率，幅度，偏移，波形等，频繁设置这些参数显然非常麻烦，这时使用信号的存储和调出功能就非常方便。

⑤ 频率幅度步进：在 A 路频率功能时，可以使用频率或幅度步进的方法，产生出一

组等间隔的频率值或幅度值，使用起来非常方便。步进输入方法只能在 A 路频率或 A 路幅度时使用。

5．B 路输出

1）B 路波形选择

B 路具有 32 种波形，按 B 路波形选项，屏幕下方显示出当前输出波形的序号和波形名称。可用数字键输入波形序号，即可以选择所需要的波形，也可以使用旋钮改变波形序号，同样也很方便。对于 4 种常用波形正弦波、方波、三角波、锯齿波，可以使用面板上的快捷键选择。波形选择以后，输出 B 端口即可以输出所选择的波形。对于 4 种常用波形，屏幕左上方显示出波形的名称，对于其他 28 种不常用的波形，屏幕左上方显示为任意。32 种波形的序号和名称如表 1-2-1 所示。

表 1-2-1　B 路 32 种波形序号名称

序号	波形	名称	序号	波形	名称
00	正弦波	Sine	16	指数函数	Exponent
01	方波	Square	17	对数函数	Logarithm
02	三角波	Triang	18	半圆函数	Halfround
03	升锯齿波	Upramp	19	正切函数	Tangent
04	降锯齿波	Downramp	20	Sinc 函数	Sin(X)/X
05	正脉冲	Pos-pulse	21	随机噪声	Noise
06	负脉冲	Neg-pulse	22	10%脉冲波	Duty10%
07	三阶脉冲	Tri-pulse	23	90%脉冲波	Duty90%
08	升阶梯波	Upstair	24	降阶梯波	Downstair
09	正值流	Pos-DC	25	正双脉冲	Po-bipulse
10	负值波	Neg-DC	26	负双脉冲	Ne-bipulse
11	正弦全波整流	Allsine	27	梯形波	Trapezia
12	正弦半波整流	Halfsine	28	余弦波	Cosine
13	限幅正弦波	Limitsine	29	双向可控硅	Bidir-SCR
14	门控正弦波	Gatesine	30	心电波	Cardiogram
15	平方根函数	Squar-root	31	地震波	Earthquake

2）B 路频率、幅度

B 路频率、幅度与 A 路基本相同。

3）B 路谐波设定

B 路频率能够以 A 路频率倍数的方式设定和显示，也就是使 B 路信号作为 A 路信号的 *N* 次谐波。选中 B 路谐波，可用数字键或调节旋钮输入谐波次数值。B 路频率即变为 A 路频率的设定倍数。也就是 B 路信号成为 A 路信号的 *N* 次谐波，这时 AB 两路信号的相位可以达到稳定的同步。同时可调节A和B之间的相差，选中A、B相差。可用数字键或调节旋钮输入相差值，即可以设置A、B两路信号的相位差。相差设置在A路频率为10Hz～100kHz范围内有效。把两路信号连接到示波器上，使用相差设置改变A、B两路信号的相位差，可以做出各种稳定的李莎育图形。

如果不选中B路谐波，则A、B两路信号没有谐波关系。即使将B路频率设定为A路频率的整倍数。则A、B两路信号也不一定能够达到稳定的相位同步。所以，要保持A、B两路信号稳定的相位同步，可以先设置好A路频率，再选中B路谐波，设置谐波次数，则B路频率能够自动改变，不能再使用B路频率设定。

6. 频率扫描

选中扫频扫描功能，屏幕上方左边显示出扫频，输出A端口即可输出频率扫描信号。输出频率的扫描采用步进方式，每隔一定的时间，输出频率自动增加或减少一个步进值。扫描始点频率，终点频率，步进频率和每步间隔时间都可以都可由操作者来设定。

1）始点终点设定

频率扫描起始点为始点频率终止点为终点频率。选中始点频率显示出始点频率值，可用数字键或调节旋钮设定始点频率值；选中终点频率，显示出终点频率值，可用数字键或调节旋钮设定终点频率值，但须注意终点频率值需大于始点频率值，否则扫描不能进行。

2）步进频率设定

扫描始点频率和终点频率设定之后步进频率的大小应根据测量的粗细程度而定，步进频率越大，一个扫描过程中出现的频率点数越少，测量越粗糙，但一个扫描过程所需的时间也越短。步进频率越小，一个扫描过程中出现的频率点数越多，测量越精细，但一个扫描过程所需的时间也越长。选中步进频率，显示出步进频率值，可用数字键或调节旋钮设定步进频率值。

3）间隔时间设定

在扫描始点频率，终点频率和步进频率设定之后，每个频率步进的间隔可以根据扫描速度的要求设定，间隔时间越，扫描速度越快，间隔时间越大，扫描速度越慢。但实际间隔时间为设定间隔时间加上控制软件的运行时间，当时间间隔较小时，软件的运行时间将不可忽略，实际的间隔时间和设定的间隔时间可能相差较大。选中间隔时间，显示出间隔时间值，可用数字键或调节旋钮设定间隔时间值。

4）扫描方式选择

频率扫描有3种方式，用序号0，1，2表示：

① 扫描（0—UP）：输出信号的频率从始点频率开始以步进频率逐步增加，到达终点频率后，立即返回始点频率重新开始扫描过程。

② 反向扫描（1—DOWN）：输出信号的频率从终点频率开始以步进频率逐步减少，到达始点频率后，立即返回终点频率重新开始扫描过程。

③ 往返扫描（2—UP-DOWN）：输出信号以步进频率逐步增加，到达终点频率后，改变为以步进频率逐步减少，到达始点频率后，又改变为以步进频率逐步增加，就这样在始点频率和终点频率之间循环往返扫描过程。

选中扫描方式，显示出扫描方式序号和名称，可用数字键或调节旋钮设定扫描方式。

7. 幅度扫描

选中幅度扫描功能，屏幕上方左边显示出扫幅，输出 A 端口即可输出幅度扫描信号。各项扫描参数的定义和设定方法，扫描方式，单次扫描和扫描监视，均与 A 路扫频相同。为了保持输出信号幅度的连续变化，在扫描过程中，A 路使用固定衰减方式 0dB，这样可以避免在自动衰减方式中继电器的频繁切换。

1.3 电子电路安装技术

电子电路的安装与调试在电子技术中是非常重要的。这是把原理设计转变为产品的过程，也是对理论设计做出检验、修改，是指完善的过程。一个好的设计方案都是安装、调试后又经多次修改才得到的。电子电路的安装技术主要分为以下几种：

① 电路板的焊接：在电子工业中，焊接技术应用极为广泛，它不需要复杂的设备和昂贵的费用，就可将多种元器件连接在一起，在某种情况下，焊接时高质量连接最简易的实现方法。

② 面包板上插接：使用面包板做实验比用焊接方法方便，容易更换线路和器件，而且可以多次使用。但多次使用容易使插孔变松，造成接触不良。

③ 万能板上焊接：综合了以上两种的优点，使用灵活，适用各种标准集成电路，通过焊接连接，可靠方便。

1.3.1 元器件的引脚识别及使用中应注意的问题

1. 元器件的引脚识别

安装之前，一定要对元器件进行测试，参数性能技术指标应满足设计要求，要准确识别各元器件的引脚，以免出错造成人为故障甚至损坏元器件。

1）集成电路

数字电路实验中所使用的集成芯片都是双列直插式的，其引脚图一般是顶视图，集成电路上有缺口或小孔标记，它是用来表示引脚 1 位置的（图 1-3-1）。识别引脚的方法国产器件和国外器件相同。

双列直插式集成电路引脚的识别方法是：将芯片正面对着使用者，从左下角（芯片缺口或小圆点标记一侧）开始按逆时针方向依次为 1，2，…，*N* 脚（*N* 为芯片引脚数）。在标准型 TTL 集成电路中，电源端 V_{CC} 排在左上端，接地端一般排在右下端。若集成芯片引脚上的功能标号为 NC，则表示该引脚为空脚，与内部电路不连接，制作空脚的日的是集成芯片的引脚数要符合标准，常见的有 8、14、16、20、24 脚等。

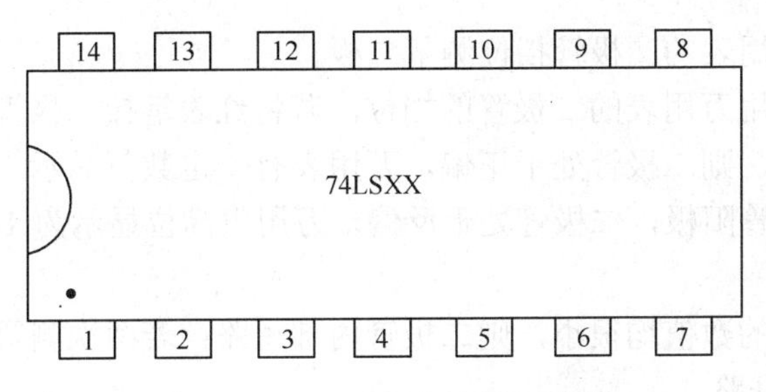

图 1-3-1　TTL 电路引脚识别图

2）二极管

二极管有多种不同封装，图 1-3-2 中列举了不同用途的二极管，其中一些是二引脚的，一些是带有散热片封装，还有一些是贴片封装的，不同功率水平就会有不同的封装尺寸。

二极管的识别：小功率二极管的 N 极（负极），在二极管外表大多采用一种色圈标出来，有些二极管也用二极管专用符号来表示 P 极（正极）或 N 极（负极），也有采用符号标志为 P、N 来确定二极管极性的。发光二极管的正负极可从引脚长短来识别，长脚为正，短脚为负。用数字式万用表去测二极管时，红表笔接二极管的正极，黑表笔接二极管的负极，此时测得的阻值才是二极管的正向导通阻值，这与指针式万用表的表笔接法刚好相反。

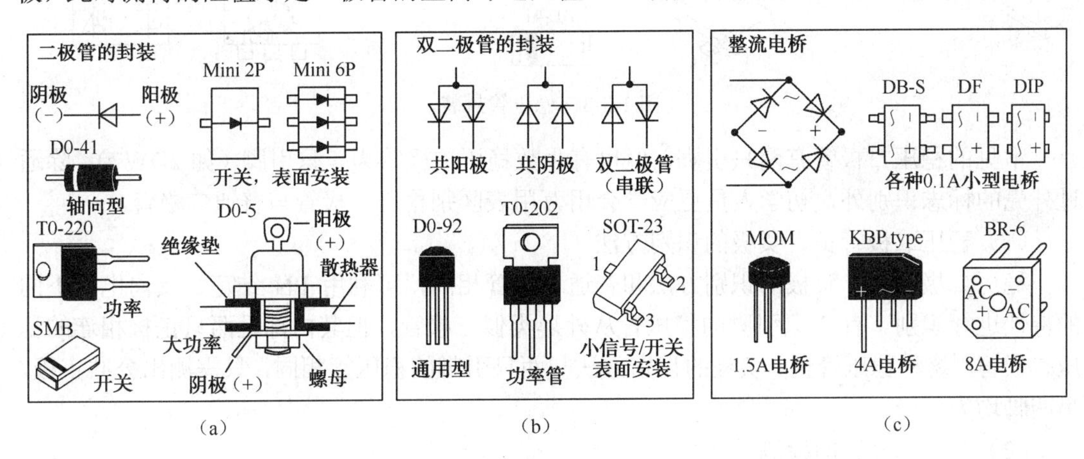

图 1-3-2　普通二极管、双向二极管和整流桥的封装

（1）用指针式万用表判断二极管的电极和性能

根据二极管的单向导电性这一特点性能良好的二极管，其正向电阻小，反向电阻大；这两个数值相差越大越好。若相差不多说明二极管的性能不好或已经损坏。

测量时，选用万用表的电阻挡。一般用 R×100 或 R×1k 挡，而不用 R×1 或 R×10k 挡。因为 R×1 挡的电流太大，容易烧坏二极管，R×10k 挡的内电源电压太大，易击穿二极管。

如果两次测量的阻值都很小，说明二极管已经击穿；如果两次测量的阻值都很大，说明二极管内部已经断路：两次测量的阻值相差不大，说明二极管性能欠佳。在这些情况下，二极管就不能使用了。

（2）用数字式万用表的二极管挡位测量二极管

测二极管时，使用万用表的二极管的挡位。若将红表笔接二极管阳（正）极，黑表笔接二极管阴（负）极，则二极管处于正偏，万用表有一定数值显示。若将红表笔接二极管阴极，黑表笔接二极管阳极，二极管处于反偏，万用表高位显示为 1 或很大的数值，此时说明二极管是好的。

在测量时若两次的数值均很小，则二极管内部短路；若两次测得的数值均很大或高位为 1，则二极管内部开路。

3）稳压二极管

稳压二极管是电子电路特别是电源电路中常见元器件之一，与普通二极管不同的是，它常工作于 PN 结的反向击穿区，只要其功耗不超过最大额定值，就不致损坏。

常用的稳压管封装如图 1-3-3 所示。

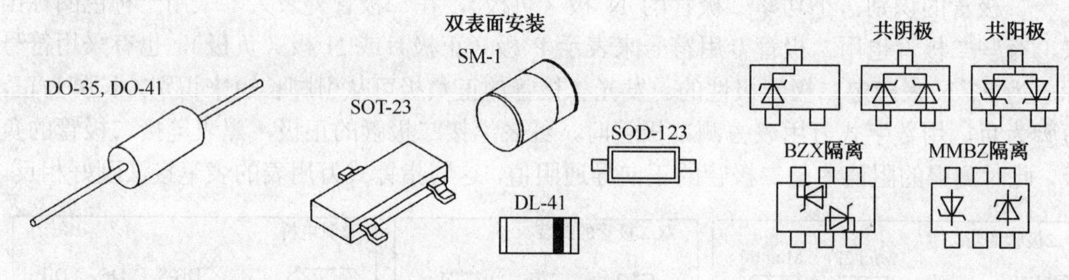

图 1-3-3　稳压管封装

常见的稳压二极管有两只引脚，但也有少数稳压二极管为三只引脚（如 2DW7），除通过外壳的标志识别外，初学人员更应学会用万用表区别稳压二极管与普通二极管。

（1）稳压二极管正、负极的识别方法

稳压二极管正、负极的识别方法和普通二极管相同，可利用 PN 结正、反向电阻不同的特性进行识别。有 3 只引脚的稳压管从外形类似三极管，但其内部是两只正极相连的稳压二极管。这种稳压管正、负极的识别方法与两只引脚的稳压管相同，只需测出公共正极，另两脚均为负极。

（2）稳压二极管的检测

用万用表 R×1k 挡测量其正、反向电阻，正常时反向电阻阻值较大，若发现表针摆动或其他异常现象，就说明该稳压管性能不良甚至损坏。用在路通电的方法也可以大致测得稳压管的好坏，其方法是用万用表直流电压挡测量稳压管两端的直流电压，若接近该稳压管的稳压值，说明该稳压二极管基本完好；若电压偏离标称稳压值太多或不稳定，说明稳压管损坏。

4）三极管

三极管常用于放大、电子开关等方面。常见的封装有以下几种，根据三极管的功率不同，它的封装也不同，如图 1-3-4 所示。

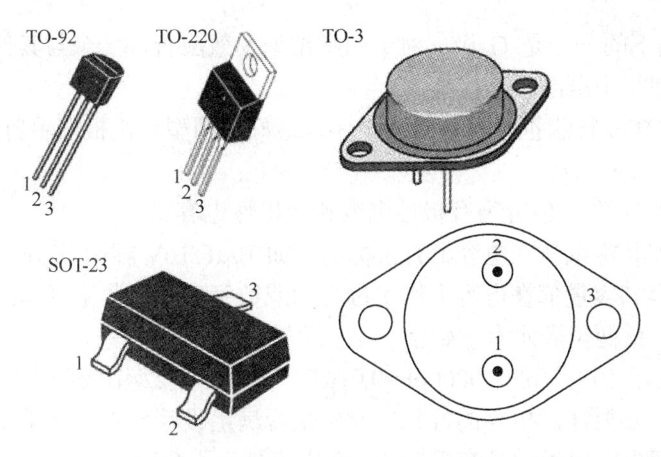

图 1-3-4 三极管封装

（1）用数字式万用表测量三极管极性的方法

步骤一：判断时可将三极管看成是一个背靠背的 PN 结，按照判断二极管的方法，可以判断出其中一极为公共正极或公共负极，此极即为基极 B。对 NPN 型管，基极是公共正极；对 PNP 型管则是公共负极。因此，判断出基极是公共正极还是公共负极，即可知道被测三极管是 NPN 或 PNP 型三极管。

步骤二：发射极 E 和集电极 C 的判断。利用万用表测量β（h_{FE}）值的挡位，判断发射极 E 和集电极 C。将挡位旋至 h_{FE} 基极插入所对应类型的孔中，把其于引脚分别插入 C、E 孔观察数据，再将 C、E 孔中的引脚对调再看数据，数值大的说明引脚插对了。

（2）用指针表测量三极管极性的方法

步骤一：选择万用表 R×1k 挡，测任意两引脚电阻值；若非常大，则更换某一引脚或交换表棒，直至有较小测量阻值为止。此时，黑表棒对应为 PN 结的 P 端，而红表棒对应为 PN 结的 N 端（检测时，使用的万用表为模拟式万用表）。然后，再通过以上测量方法判断出，第三脚的极性（是 P 端还是 N 端），而不同极性的引脚为三极管的基极。最后根据 3 个引脚构成材料，来判断三极管的类型。

步骤二：对于 NPN 型管，用手指同时捏住基极与黑表棒搭接的一引脚，如果表针向右方向偏转，就初步判断红表棒接的是发射极，黑表棒接的是集电极。黑、红表棒对调，且黑表棒接手与基极搭接，重新进行测试，表针基本不偏转（偏转很小），则引脚判断正确。对于 PNP 型管判别引脚的方法基本同上，主要区别在于手指搭接红表棒。

5）场效应管

（1）结型场效应管和 MOS 管的区别

① 从包装上区分：由于 MOS 管的栅极易被击穿损坏，因此，在包装上比较讲究，引脚之间都是短路的，或者用铝箔包裹着，而结型场效应管在包装上无特殊要求。

② 用万用表测量：用指针式万用表 R×1k 或 R×100 挡测量 G、S 引脚间的电阻，阻值很大近乎不通的，为 MOS 管，若为 PN 结的正、反向电阻值，则为结型场效应管。

（2）引脚识别

对于结型场效应管，任选两脚测得正、反向电阻均相同时（一般为几十千欧），该两脚分别为 D、S，剩下的一个是 G 极。对于四脚结型场效应管，一个与其他三脚都不通的引脚为屏蔽极，在使用中屏蔽极应接地。

注意：由于 MOS 管测量时容易造成损坏，最好查明型号，根据手册辨别引脚。

6）电容

电容按照极性分类:一般分为有极性电容和无极性电容。

容量大的电容其容量值在电容上直接标明，如 10μF/16V 容量 10μF、电容耐压 16V。

容量小的电容其容量值在电容上用字母表示或数字表示。数字表示法：一般用三位数字表示容量大小，前两位表示有效数字，第三位数字是倍率。

例如，103 表示 10×10^3pF=10000pF=0.01μF，224 表示 22×10^4pF=0.22μF。

使用电容时，还要注意电容的容量、耐压是否满足设计要求。如果是电解电容器，包括钽电容和铝电解电容器通常是有极性的，在电容外壳上标有正（+）极性或负（-）极性，加在电容器两端的电压不能反向。若反向电压作用在电容上，原来在正极金属箔上的氧化物(介质)会被电解，并在负极金属箔上形成氧化物，而且在这个过程中出现很大的电流，使得电解液中产生气体并聚集在电容器内，导致电容器损坏，甚至会引起爆炸。

7）电阻及电位器

（1）电阻

电阻的参数标注方法有 3 种，即直标法、色标法和数标法。

① 数标法：主要用于贴片等小体积的电阻，如 472 表示 47×100Ω（4.7kΩ）；104 则表示 100kΩ。

② 直标法：2.1k 表示 2100Ω，5R6 表示 5.6Ω。

③ 色标法：其优点是在装配、调试和修理过程中，不用拨动元件，即可在任意角度看清色环，读出阻值，使用方便。目前，电子产品广泛采用色环电阻。测量电阻时，注意不要把人体电阻并入测量，特别是阻值超过 1MΩ 时，测量不当将会造成较大的误差。

四色环电阻标注法中，第一、二条色环代表阻值的两位数字（黑=0，棕=1，红=2，橙=3，黄=4，绿=5，蓝=6，紫=7，灰=8，白=9）；第三条色环：数值的倍率（与第一、二色环基本相同，需注意金色：把小数点向前移动 1 位；银色：把小数点向前移动 2 位）；第四条色环：误差（金色为 5%；银色为 10%；无色为 20%）。

例如，黄 4、橙 3、红 2、金色。前两位数字是 43；第三位表示 10 的 2 次方，即 100；阻值为 4300Ω=4.3kΩ。

（2）电位器

电位器是一个可变电阻。它是由电阻材料制成的电阻轨道和电刷组成，电刷与轨道接触并沿电阻轨道滑动来改变电阻值。只有在它们保持良好接触的情况下，电位器才能很好地发挥作用。电位器比固定电阻故障多，常见的故障：电刷与轨道之间有灰尘或者被磨损下来的颗粒，使电刷和轨道之间电阻加大，导致使用中旋转噪声增加；或电路时通时断等。因此在使用电位器前，首先要找到固定端和滑动头。用万用表电阻挡判断时，若旋转电位器旋钮，所测得电阻不变，则这两个就是固定端，另一个为滑动端。另外还要检查电位器是否接触良好，随着电位器旋转位置的改变。动端和定端之间的阻值应平稳变化，如果发现空跳或时通时断的现象，说明电位器有故障。应修理或更换。

2. 使用 TTL 集成电路和 CMOS 集成电路应注意的问题

1）使用 TTL 集成电路应注意的问题

① TTL 电路的电源均采用+5V，因此电源电压不能高于+5.5V。使用时不能将电源与地颠倒错接，否则将会因为过大电流而造成器件损坏。

② 电路的各输入端不能直接与高于+5.5V 和低于−0.5V 的低内阻电源连接，因为低内阻电源能提供较大电流，会由于过热而烧坏器件。

③ 除输出为三态或集电极开路的电路外，输出端不允许并联使用。如果将集电极开路的门电路输出端并联使用而使电路具有线与功能时，应在公共输出端增加一个预先计算好的上拉负载电阻接到电源端。

④ 输出不允许与电源或地短路，否则可能造成器件损坏，但可以通过电阻与电源相连，提高输出高电平。

⑤ 在电源接通时，不要移动或插入集成电路，因为电源的冲击可能会造成其永久性损坏。

⑥ 多余的输入端最好不要悬空。虽然悬空相当于高电平，并不影响与门的逻辑功能，但悬空容易接受干扰，有时会造成电路误动作，在时序电路中表现的更为明显。因此，多余输入端一般不采用悬空的办法，而要根据需要处理。例如，与非门、与门的多余输入端可直接接到 V_{CC} 上；也可将不同的输入端通过一个公用电阻连接到 V_{cc} 上；或将多余的输入端与使用端并联。不用的或门和或非门输入端直接接地。为了使电路功耗最低，可将不使用的与非门和或非门等器件的所有输入端接地，也可将它们的输出端连到不用的与门输入端上。

⑦ 对触发器来说，不使用的输入端不能悬空，应根据逻辑功能接入电平。输入端连线应尽量短，这样可以缩短时序电路中时钟信号沿传输线传输的延迟时间。一般不允许将触发器的输出直接驱动指示灯、电感负载或长传输线，需要时必须加缓冲门。

2）使用 CMOS 集成电路应注意的问题

① CMOS 电路由于输入电阻很高，因此，极易接受静电电荷。为了防止产生静电击穿，生产 CMOS 时，在输入端都要加入标准保护电路，但这并不能保证绝对安全，因此使用 CMOS 电路时，必须采取以下预防措施。

② 存放 CMOS 集成电路时要屏蔽，一般放在金属容器中，也可以用金属箔将引脚短路。

③ CMOS 电路可以在很宽的电源电压范围内正常工作，但电源的上限电压（即使是瞬态电压）不得超过电路允许的极限值 U_{max}，电源下限电压（即使是瞬态电压）不得低于系统速度所必需的电源电压的最低值 U_{min}，更不得低于 U_{SS}。

④ 焊接 CMOS 电路时，一般用 20W 内热式电烙铁，而且烙铁要有良好的接地线。也可以利用电烙铁断电后的余热快速焊接。禁止在电路通电的情况下焊接。

⑤ 为了防止输入端保护二极管因正向偏置而引起损坏，输入电压必须处在 U_{DD} 和 U_{SS} 之间，即 $U_{SS} \leqslant U_I \leqslant U_{DD}$。

⑥ 测试 CMOS 电路时，如果信号电源和电路板用两组电源，则开机时应先接通电路

板电源，后开信号电源。关机时则应先关信号电源，再关电路板电源。即在 CMOS 电路本身没有接通电源的情况下，不允许有输入信号输入。

⑦ 多余端绝对不能悬空，否则不但容易受外界干扰，而且输入电平不定，破坏了正常的逻辑关系，也消耗了不少的功率。因此根据电路的逻辑功能，需要分别情况加以处理。例如，与门、与非门的多余输入端应接到 U_{DD} 或高电平；或门、或非门的多余输入端应接到 U_{SS} 或低电平；如果电路的工作速度不高，不需要特别考虑功耗时，也可以将多余的输入端与使用端并联。

以上所述的多余输入端，包括没有被使用的但已接通的 CMOS 电路的所有输入端。输入端连线较长时，由于分布电容和分布电感的影响，容易构成 LC 振荡，也可能使保护二极管损坏，因此必须在输入端串联一个 10～20kΩ的电阻。CMOS 电路装在印制电路板时，印制电路板上总有输入端，当电路从整机中拔出时，输入端必然出现悬空，所以应在各输入端上接入限流保护电阻。如果要在印制电路板上安装 CMOS 集成电路，则必须在与它有关的其他元器件安装之后，再装 CMOS 电路，避免 CM0S 电路输入端悬空。

⑧ 插拔电路板电源插头时，应注意先切断电源，防止在插拔过程中烧坏 CMOS 电路的输入保护二极管。

⑨ CMOS 电路并联使用。在同一芯片上两个或两个以上同样器件并联使用（与门、或非门、反相器等）时，可增大输出供给电流和输出吸收电流，若容性负载增加不大时，则既增加了器件的驱动能力，也提高了速度。使用时输出端之间并联，输入端之间也必须并联。防止 CMOS 电路输入端噪声干扰方法。在 CMOS 电路的输入端常接有按键开关、继电器触点等机械接点，或有传感器等元件。CMOS 电路具有很高的输入阻抗，只要微小的电流就能驱动 CMOS 电路工作。当接入到 CMOS 电路输入端的电路输出阻抗高时，抗干扰能力就极差，尤其是连线较长时就更易受干扰，采取的办法是减小输入电路的输出电阻。其具体办法是：在接入的电路与 CMOS 电路输入端之间接入施密特触发器整形电路，通过回差改变输出电阻。也可以加入滤波电路滤掉噪声。为了防止由于按键开关和继电器触点抖动所造成的误动作，可在接点上并联电容或接 RS 触发器。

1.3.2 覆铜板、面包板和万能板的使用

1. 覆铜板

印制电路板的基板（PCB）是敷铜板，是用铜箔覆在绝缘板(基板)之上的一种电工材料。

根据标准厚度敷铜板通常分为 3 种，即 1.0mm，1.5mm，2.0mm，一般常选用 1.5mm 和 2.0mm 的敷铜板。

敷铜板按其结构可分为单面印制电路板、双面印制电路板、多层印制电路板和软性印制电路板。手工制作的电路板通常采用的是单面印制电路板和双面印制电路板。

单面印制电路板是最早使用的印制电路板，仅一个表面具有导电图形，主要用于一般电子产品中。

双面印制电路板两个表面都具有导电图形，并且用金属化孔使两面的导电图形连接起

来。双面印制电路板的布线密度比单面印制电路板高，使用更为方便，主要用于较高挡的电子产品和通信设备中。

多层印制电路板是将 3 层以上相互连接的导电图形层的层间用绝缘材料相隔，再经黏合后形成的印制电路板。多层印制电路板导电图形虽制作比较复杂，但其适合集成电路的需要，可使整机小型化；同时提高布线密度，缩小了元器件的间距和信号的传输路径，也减少了元器件的焊接点，降低了故障率，提高了整机的可靠性，广泛用于计算机和通信设备等高挡电子产品中。

软性印制电路板是以聚四氟乙烯、聚酯等软性材料为绝缘基板制成的印制电路板。可折叠、弯曲、卷绕；在三维空间里可实现立体布线；它的体积小、重量轻，装配方便；容易按照电路要求成型，从而提高了装配密度和板面利用率，主要用于高档电子产品中，如笔记本电脑、手机和通信设备。

2．面包板

面包板是由于板子上有很多小插孔，很像面包中的小孔，因此得名，如图 1-3-5 所示。面包板可不用焊接和手动接线，将元件插入孔中就可测试电路及元件，使用方便。现在已经有些厂商生产面包板的连接线，如图 1-3-6 所示。使用前应确定哪些元件的引脚应连在一起，再将要连接在一起的引脚插入同一组的 5 个小孔中。

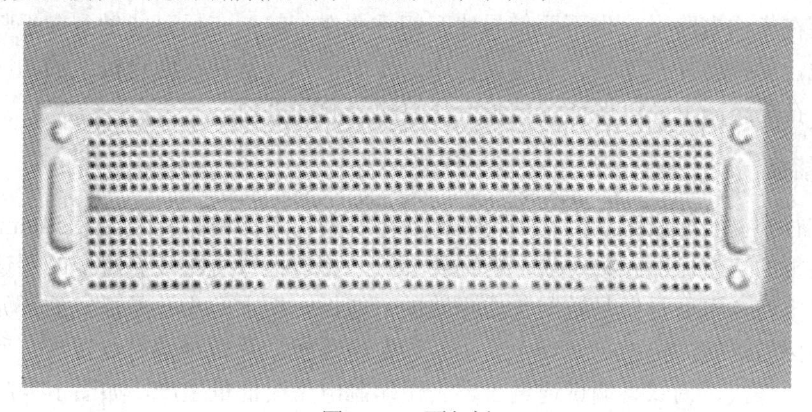

图 1-3-5　面包板

整板使用热固性酚醛树脂制造，板底有金属条，在板上对应位置打孔使得元件插入孔中时能够与金属条接触，从而达到导电的目的。一般将每 5 个孔板用一条金属条连接。板子中央一般有一条凹槽，这是针对需要集成电路、芯片试验而设计的。板子两侧有两排竖着的插孔，也是 5 个一组。这两组插孔是用于给板子上的元件提供电源。

使用时应该先通电。将电源两极分别接到面包板的两侧插孔，然后就可以插上元件实验了（插元件的过程中要断开电源）。遇到多于 5 个元件或一组插孔插不下时，就需要用面包板连接线把多组插孔连接起来。

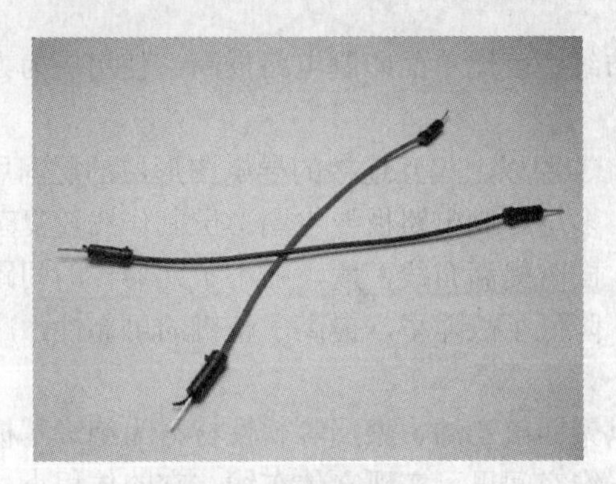

图 1-3-6 面包板的连线

面包板的优点是体积小，易携带，但缺点是比较简陋，电源连接不方便，而且面积小，不宜进行大规模电路实验。若要用其进行大规模的电路实验，则要用螺钉将多个面包板固定在大木板上，再用导线相连接。

面包板的连线通常用 0.60mm 的单股导线，有些厂商还给连线加上了插针，如图 1-3-6 所示。为了查找方便，连线应该使用不同的颜色。例如，正电源一般用红色绝缘皮的导线，负电源用蓝色，地线用黑色，信号线用黄色。也可根据条件选用其他颜色的导线。导线要紧贴在面包板，以免碰撞弹出面包板，造成接触不良。必须使连线在集成电路周围通过，不允许跨接在集成电路上，也不要使导线互相重叠在一起，应尽可能做到横平竖直，这样有利于查找，更换器件及连线。布线过程中，要求把各元器件在面包板上的相应位置及所用引脚号标在电路图上，以保证调试和查找故障的顺利进行。

3. 万能板

需要进行小型实验或组装简单的电路时，可以利用上面钻有间隔为 2.54mm 小孔的万能板。万能板的连接比面包板可靠，但需要焊接。万能板意思是没有特定的用途，可以用于制作任何电路，可以看做是数字集成电路的万能板，板上的小孔是孤立的，元器件可以插在上面，然后焊接，再把导线焊上。由于印制电路板，片数少的时候很贵，所以开发初期就用万能板焊接、调试。调试通过了再去做印制电路板批量生产，如图 1-3-7 所示。

图 1-3-7 万能板

例如：一块万能板大小为 95mm×72mm，适合于制作大约 10 个数字集成电路（14 根引线或者 16 根引线的电路块）的电路。

1.3.3 电子电路中布线原则

布线在实验操作中非常重要，其原则应便于检查、排除故障和更换器件。

在电子电路实验中，有错误布线引起的故障，常占很大比例。布线错误不仅会引起电路故障，严重时甚至会损坏器件，因此，注意布线的合理性和科学性是十分必要的，正确的布线原则大致有以下几点：

① 接插集成电路时，先校准两排引脚，使之与实验底板上的插孔对应，轻轻用力将电路插上，然后在确定引脚与插孔完全吻合后，再稍用力将其插紧，以免集成电路的引脚弯曲，折断或者接触不良。

② 不允许将集成电路方向插反，一般集成电路的方向是缺口（或标记）朝左，引脚序号从左下方的第一个引脚开始，按逆时钟方向依次递增至左上方的第一个引脚。

③ 导线应粗细适当，一般选取直径为 0.6～0.8mm 的单股导线，最好采用各种色线以区别不同用途，如电源线用红色，地线用黑色笔。

④ 布线应有秩序地进行，随意乱接容易造成漏接错接，较好的方法是接好固定电平点，如电源线、地线、门电路闲置输入端、触发器异步置位复位端等，其次，在按信号源的顺序从输入到输出依次布线。

⑤ 连线应避免过长，避免从集成元件上方跨接，避免过多的重叠交错，以利于布线、更换元器件以及故障检查和排除。

⑥ 当实验电路的规模较大时，应注意集成元器件的合理布局，以便得到最佳布线，布线时，顺便对单个集成元件进行功能测试。这是一种良好的习惯，实际上这样做不会增加布线工作量。

⑦ 应当指出，布线和调试工作是不能截然分开的，往往需要交替进行，对大型实验元器件很多的，可将总电路按其功能划分为若干相对独立的部分，逐个布线、调试（分调），然后将各部分连接起来（联调）。

1.4 电子电路的调试和故障分析

我们把测试和调整电子电路的一些操作技巧称为电子电路的调试技术。测试是指对电子电路有关的参数及工作状态进行测量，调整是指在测试的基础上对电路的参数进行修正。电子电路的调试，也就是依据设计技术指标的要求对电路进行测量—分析、判断—调整—再测量的一系列操作过程。测量是发现问题的过程，而调整则是解决问题、排除故障的过程。通过调试，应便电子电路达到预期的技术指标。

调试工作的主要内容：明确调试的目的和要求；正确合理地使用测量仪器仪表；按调试工艺对电路进行调整和测试；分析和排除调试中出现的故障；调试时，应做好调试记录，准备记录电路各部分的测试数据和波形，以便于分析和运行时参考；编写调试总结，提出改进意见。

1.4.1 电子电路的调试

1. 调试前的准备

电路连接好后，未通电调试之前，应将必要的工具、技术文件等准备齐全。

1）技术文件的准备

通常需要准备的技术文件：电路原理图、电路元器件布置图、技术说明书（要包含各测试点的参考电位值，相应的波形图以及其他主要数据）、调试工艺等。调试人员要熟悉各技术文件的内容，重点了解电子电路（或者整机产品）的基本工作原理、主要技术指标和各参数的调试方法。

2）未通电时对电子电路的检查

对于新设计的电子电路，在通电前先要认真检查电源、地线、信号线、元器件的引脚之间有无短路；连接处有无接触不良二极管、三极管、电解电容等引脚有无错接等。对在印制电路板上组装的电子电路，应将组装完的电子电路各焊点用毛刷及酒精擦净，不应留有松香等物，铜箔不允许有脱起现象，应检查是否虚焊、漏焊，焊点之间是否短接。对安装在面板上的电路还要认真检查电路接线是否正确，包括错线（连线一端正确，另一端错误），少线（安装时完全漏掉的线）和多线（连线的两端在电路图上都是不存在的）。多线一般是因接线时看错引脚，或在改接线时忘记去掉原来的旧线造成的。多线在实验中时常发生，而查线时又不易被发现，调试中往往会给人造成错觉，以为问题是元器件故障造成的。

通常采用两种查线方法：一种是按照设计的电路图检查安装好的线路，根据电路图按一定顺序逐一检查安装好的线路，这种方法比较容易找出错线和少线；另一种是按照实际线路来对照电路原理图进行查找，把每个元器件引脚连线的去向一次查清，检查每个去处在电路图上是否都存在，这种方法不但可以查出错线和少线，还很容易查到是否多线。不论用什么方法查线，一定要在电路图上把查过的线做出标记，并且还要检查每个元器件引脚的使用端数是否与图纸相符。

查线时最好用指针式万用表的 R×1 挡，或用数字式万用表的电阻挡的蜂鸣器来测量，而且要尽可能直接测量元器件引脚，这样同时可以发现接触不良的地方。

3）测试设备及仪表的选择

常用的设备及仪表有稳压电源、数字式万用表（或指针式万用表）、示波器、信号发生器。根据被测电路的需要还可选择其他仪器，如逻辑分析仪、失真度仪、扫频仪等。

调试中使用的仪器仪表应是经过计量并在有效期之内的，其测试精度应符合技术文件规定的要求。但在使用前仍需进行检查，以保证能正常工作。使用的仪器仪表应整齐地放置在工作台或小车上，较重的放在下部，较轻或小型的放在上部。用来监视电路信号的仪器、仪表应放置在便于观察的位置上。所用仪器应接成统一的地线，并与被测电路的地线接好。根据测试指标的要求，各仪器应选好量程，校准零点。需预热的仪器必须按规定时间预热。如果调试环境窄小、有高压或者有强电磁干扰等，调试人员还要事先考虑是否需要屏蔽、测试设备与仪表如何放置等问题。

4）器件的准备

调试过程难免发现某些设计参数不合适的情况，这时就要对设计进行一些修正，更换个别的元器件。这些可能要用到的元器件在调试前要准备好，以免影响了调试。

2．调试电子电路的一般步骤

1）通电

被测电路通电之后不要急于测量数据和观察结果。首先要观察有无异常现象，包括有无冒烟，是否闻到异常气味，手摸元器件是否发烫，电源是否有短路现象等。如果出现异常，应该立即关掉电源，待排除故障后方可重新通电。然后测量各路电源电压和各器件的引脚电压，以保证元器件正常工作。通过通电观察，认为电路初步工作正常，方可转入后面的正常调试。

2）静态调试

一般情况下，电子电路处理、传输的信号是在直流的基础上进行的。电路加上电源电压而不加入输入信号(振荡电路无振荡信号时)的工作状态称为静态；电路加入电源电压和输入信号时的工作状态称为动态。电子电路的调试有静态调试和动态调试之分。静态调试一般是指在没有外加信号的条件下所进行的直流测试和调整过程。例如，通过静态测试模拟电路的静态工作点、数字电路的各输入端和输出端的高低电平值及逻辑关系等，可以及时发现已经损坏的元器件，判断电路工作情况，并及时调整电路参数，使电路工作状态符合设计要求。

对于运算放大器，静态检查除测量正、负电源是否接上外，主要检查在输入为零时，输出端是否接近零电位，调零电路起不起作用。如果运算放大器输出直流电位始终接近正电源电压值或者负电源电压值时，说明运算放大器处于阻塞状态，可能是外电路没有接好，也可能是运算放大器已经损坏。如果通过调零电位器不能使输出为 0，除了运算放大器内部对称性差外，也可能运算放大器处于振荡状态，所以，直流工作状态的调试时最好接上示波器进行监视。

3）动态调试

动态调试是在静态调试的基础上进行的。动态调试的方法：在电路的输入端加入合适的信号或使振荡电路工作，并沿着信号的流向逐级检测各有关点的波形、参数和性能指标。如果发现故障现象，应采取不同的方法缩小故障范围，最后设法排除故障。

测试过程中不能凭感觉和印象，要始终借助仪器观察。使用示波器时，最好把示波器的信号输入方式置于 DC 挡，通过直流耦合方式，可同时观察被测信号的交、直流成分。

通过调试，最后检查功能块和整机的各项指标（如信号的幅值、波形形状、相位关系、增益、输入阻抗和输出阻抗等）是否满足设计要求，如有必要，再进一步对电路参数提出合理的修正。

在定型的电子整机调试中，除了电路的静态、动态调试外，还有温度环境实验、整机参数复调等调试步骤。

1.4.2 电子电路的故障分析与处理

实验中，如果电路不能完成预定的逻辑功能时，就称电路有故障。

在调试过程中，故障常常是不可避免的，因此需要掌握故障的一般诊断方法。故障诊断过程，就是从故障现象出发，通过反复测试，做出分析判断，逐步找出故障的过程。对于一个复杂的系统来说，要在大量的元器件和线路中迅速、准确地找出故障是不容易的。要通过对原理图的分析，把系统分成不同功能的电路模块，通过逐一测量找出故障模块，然后再对故障模块内部加以测量找出故障。分析故障、排除故障可以提高分析问题和解决问题的能力。

1．产生故障的原因

在调试过程中，产生故障的原因很多，情况也很复杂，有的是一种原因引起的简单故障，有的是多种原因相互作用引起的复杂故障。因此，引起故障的原因很难简单分类。

对于原来正常运行的电子设备，使用一段时间后出现故障，故障原因可能是元器件损坏，或连线发生短路或断路，也可能是使用条件发生变化（如电网电压波动、过热或过冷的工作环境等）影响电子设备的正常运行。

对于新设计的电路来说，调试过程出现的故障，故障原因可能有如下几点：

① 设计的原理图本身不满足设计的技术要求；元器件选择、使用不当或损坏；实际电路与原理图不符；连线发生短路或断路。

② 仪器使用不当引起的故障，如示波器使用不正确而造成的波形异常或无波形等。

③ 各种干扰引起的故障，如共地问题处理不当而引入的干扰。

2．故障诊断的一般方法

查找电于电路故障的方法可以多种多样，通常按下述几种方法进行故障的诊断、排除。

1）信号寻迹法

寻找电路故障时，一般可以按信号的流程逐级进行。从电路的输入端加入适当的信号，用示波器或电压表等仪器逐级检查信号在电路内各部分传输的情况，然后根据电路的工作原理分析电路的功能是否正常，如果有问题，应及时处理。调试电路时也可从输出级向输入级倒推进行，信号从最后一级电路的输入端加入，观察输出端是否正常，然后逐级将适当信号加入前面一级电路输入端，继续进行检查。这里所指的适当信号是指频率、电压幅值等参数应满足电路要求，这样才能便调试顺利进行。

2）对分法

把有故障的电路分为两部分，先检测这两部分中究竟是哪部分有故障，然后再对有故障的部分对分检测，一直到找出故障为止。采用对分法可减少调试工作量。对分法通常适用于只有一个故障的电路，有明显的局限性。

3）分割测试法

对于一些有反馈的环形电路，如振荡器、稳压器等，它们各级的工作情况互相有牵连，这时可采取分割环路的方法，将反馈环去掉，使系统成为一个开环系统，然后逐级检查，可更快地查出故障部分。对自激振荡现象也可以用此法检查。

图 1-4-1 是一个带有反馈的方波和三角波发生电路，A_1 的输出信号 x_{o1} 作为 A_2 的输入信号，A_2 的输出信号 x_{o2} 作为 A_1 的输入信号。也就是说，不论 A_1 组成的过零比较器还是 A_2 组成的积分器发生故障，都将导致 x_{o1} 与 x_{o2} 无输出波形。查找故障的方法是断开闭环反馈回路中的某一点（如 B_1 点或 B_2 点）。假设断开 B_1 点，并从 B_1 点与 R_3 的连线端输入一个幅值适当的方波，用示波器检查 x_{o2} 输出波形是否为三角波，如果没有波形或出现异常波形，那么故障发生在 A_2 电路上，反之故障发生在 A_1 上。

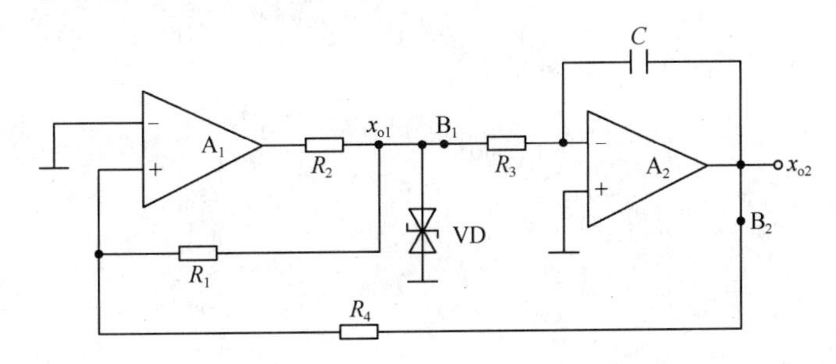

图 1-4-1　方波和三角波发生电路

4）电容器旁路法

如遇电路发生自激振荡或寄生调幅等故障，检测时可用一只容量较大的电容器并联到故障电路的输入或输出端，观察对故障现象的影响，据此分析故障的部位。在放大电路中，旁路电容失效或开路，便负反馈加强，输出量下降，此时用适当的电容并联在旁路电容两端，就可以看到输出幅度恢复正常，即可断定旁路电容问题。这种检查可能要多处试验才有结果，这时要细心分析可能引起故障的原因。这种方法也用来检查电源滤波和去耦电路的故障。

5）对比法

将有问题的电路的状态、参数与相同的正常电路进行逐项对比，此方法可以较快地从异常的参数中分析出故障。

6）替代法

把已调好的单元电路代替有故障或有疑问的相同的单元电路（注意共地），这样可以很快判断故障部位。有时元器件的故障不很明显，如电容漏电、电阻变质、晶体管和集成电路性能下降等，这时用相同规格的优质元器件逐一替代实验元器件，就可以具体地判断故障点，加快查找故障点的速度，提高调试效率。

7）静态调试法

找到故障部位后，要确定是哪一个或哪几个元器件有问题，最常用的就是静态测试法和动态测试法。静态测试法是用万用表测试电阻值、电容漏电、电路是否断路或短路，晶体管和集成电路的各引脚电压是否正常等。这种测试法是在电路不加信号时进行的，所以称为静态测试。通过这种测试可发现元器件的故障。

需要强调指出，实验经验对于故障检查是大有帮助的，但只要充分预习，掌握基本理论和实验原理，就不难用逻辑思维的方法较好地判断和排除故障。

第 2 章　模拟电子技术实验

2.1　基础实验

2.1.1　实验一　常用电子仪器的使用

1. 实验目的

① 了解常用电子仪器的用途，掌握正确的使用方法及注意事项。
② 熟悉实验设备。

2. 预习要求

了解晶体管毫伏表、示波器、信号发生器的使用方法。

3. 实验原理

1）晶体管毫伏表

晶体管毫伏表是高灵敏度、宽频带的电压测量仪器。其使用方法如下：

① 调零：将测试线上的红夹子和黑夹子连接起来，在打开电源开关，指针趋于稳定后，选定量程，调节调零旋钮，使指针指在零位置，消除内部误差。

② 测量：测量前先估计被测电压的大小，选择合适的测量范围（应略大于被测电压）。在不知被测电压范围时，一般应将量程置于最大挡，在根据被测电压的大小逐步调节挡位开关到合适位置。

③ 读数：为减小误差，读数据时，应使指针指在满刻度的 1/3 以上。根据挡位读出电压值。

2）示波器

示波器常用于观察波形，测量信号的频率、幅度等参数。

① 示波器有单踪、双踪两类显示方式。单踪显示包括 CH1、CH2、ADD；双踪显示包括交替和断续 5 种显示方式。在做双踪显示时如果信号频率较低，易采用断续方式，以便在一次扫描中同时显示两个波形，通常情况下常采用交替方式显示。

② 开机后可通过寻迹按钮快速找到扫描光点，然后通过水平和垂直调节旋钮将光点置中。

③ 调节波形显示时，以下几个控制开关和按钮有助于稳定波形。

a．扫描速率开关（旋钮）：根据被测信号频率大小选择合适的位置；

b．灵敏度开关（旋钮）：根据被测信号幅度大小选择合适的位置；

c．触发源选择开关：通常为内触发；

d．触发方式开关：为便于找到波形通常置于自动位置，当波形稳定情况较差时，可置于常态位置，通过调节触发电平旋钮，在示波器上调出稳定波形。

④ 测量波形幅度时，应注意将 *Y* 轴偏转灵敏度微调旋钮打到校准位置，而测量波形频率时，应注意将 *X* 轴扫描速率微调旋钮打到校准位置，并且注意是否使用了扫描速率扩展开关。

3）信号发生器

低频信号发生器可以按需要输出正弦波、三角波、方波、锯齿波等信号波形，在输出幅度调节旋钮和输出衰减开关的控制下，输出电压可在毫伏级上连续调节。输出信号的频率也可以通过频率开关进行分挡选择，在作为信号源使用时注意输出端不要被短路。

注意：示波器、低频信号发生器、交流毫伏表要注意使用专用电缆线或屏蔽线减小外界干扰，同时使用时，各仪器的公共端要接在一起。

4．实验内容

1）测量示波器内“校准信号”

① 调出“校准信号”波形。将校准信号输出端接 CH1 或 CH2，触发方式选择自动，触发源选择内触发，内触发选择开关置于常态。选择合适的扫描速率开关及 *Y* 轴灵敏度开关位置，调出波形，使波形清晰、亮度适中，可显示的个数和幅度适当。

② *Y* 轴灵敏度微调旋钮打到校准位置，选择恰当的 *Y* 轴灵敏度开关位置，测量校准信号的幅度，填入表 2-1-1。标准值为仪器的技术指标，可通过查阅示波器手册获得。

表 2-1-1　校准信号指标测量

指标	标准值	TIME 开关位置	*Y* 轴开关位置	实测值
幅度/V				
频率/Hz				
上升时间/μs				
下降时间/μs				

③ 扫描速率微调旋钮打到校准位置，选择恰当的扫描速率开关位置，测量校准信号的频率，填入表 2-1-1。

④ 调节相关旋钮，将波形置于中心对称位置，并使波形沿 *X* 轴方向扩展，测量校准信号的上升时间和下降时间，填入表 2-1-1。

⑤ 将触发方式选择常态，调节触发电平旋钮，在示波器上调出稳定波形，说明不同触发方式的特点。

2）测量交流信号的有效值和频率

① 用低频信号发生器输出频率为 100Hz、1kHz、10kHz 的三角波，用示波器测量信号的频率，填入表 2-1-2。

表 2-1-2　三角波信号的频率测量

刻度值	扫描速率开关位置	Y 轴灵敏度开关位置	实测值
100Hz			
1kHz			
10kHz			

② 用低频信号发生器输出频率为 100Hz、1kHz、10kHz 的正弦波，使其有效值经交流毫伏表测量均为 1V。然后用示波器测量信号的幅度，填入表 2-1-3。

表 2-1-3　正弦波信号的测量

刻度值	毫伏表测量值	示波器测量值		
	有效值/V	频率实测值/Hz	实测峰-峰值/V	折合有效值/V
100Hz				
1kHz				
10kHz				

③ 对所测数据进行比较分析。

5．实验报告

① 整理实验数据，对实验结果进行比较、分析。
② 总结对电子仪器使用的注意事项和体会。

6．实验仪器

晶体管毫伏表、示波器、信号发生器、万用表、模拟电子实验箱。

7．思考题

① 在不知道被测电压大小时，毫伏表的量程开关应置于什么位置？
② 在用示波器观察波形时如何调整波形位置和幅度？

2.1.2　实验二　半导体分立元件特性及主要参数的测试

1．实验目的

① 掌握用万用表判断二极管、三极管的电极和性能。
② 测量二极管的伏安特性曲线。
③ 测量三极管的输出特性曲线。

2. 预习要求

① 预习二极管的结构和特性。
② 预习三极管的结构和特性。

3. 实验原理

1）用指针式万用表判断二极管的电极和性能

① 检测原理：根据二极管的单向导电性这一特点，性能良好的二极管，其正向电阻小，反向电阻大。这两个数值相差越大越好，若相差不多说明二极管的性能不好或已经损坏。

测量时，选用万用表的“电阻”挡。一般用 R×100 或 R×1k 挡，而不用 R×1 或 R×10k 挡。因为 Rxl 挡的电流太大，容易烧坏二极管，R×10k 挡的内电源电压太大，易击穿二极管。

② 测量方法：将两表棒分别接在二极管的两个电极上，读出测量的阻值。然后将表棒对换再测量一次，记下第二次阻值。若两次阻值相差很大，说明该二极管性能良好。并根据测量电阻小的那次的表棒接法(称为正向连接)，判断出与黑表棒连接的是二极管的正极，与红表棒连接的是二极管的负极。万用表的内电源的正极与万用表的“-”插孔连通，内电源的负极与万用表的“+”插孔连通。

如果两次测量的阻值都很小，说明二极管已经击穿；如果两次测量的阻值都很大，说明二极管内部已经断路；两次测量的阻值相差不大，说明二极管性能欠佳。在这些情况下，二极管就不能使用了。

必须指出：由于二极管的伏安特性是非线性的，用万用表的不同电阻挡测量二极管的电阻时，会得出不同的电阻值；实际使用时，流过二极管的电流会较大，因而二极管呈现的电阻值会更小些。

2）用数字式万用表的二极管挡位测量二极管

测二极管时，使用万用表的二极管的挡位。若将红表笔接二极管阳（正）极，黑表笔接二极管阴（负）极，则二极管处于正偏，万用表有一定数值显示。若将红表笔接二极管阴极，黑表笔接二极管阳极，二极管处于反偏，万用表高位显示为“1”或很大的数值，说明二极管是好的。

在测量时，若两次的数值均很小，则二极管内部短路；若两次测得的数值均很大或高位为“1”，则二极管内部开路。

3）用数字式万用表测量三极管

(1) 用数字式万用表的二极管挡位测量三极管的类型和基极 B

判断时可将三极管看成是一个背靠背的 PN 结，如图 2-1-1 所示。按照判断二极管的方法，可以判断出其中一极为公共正极或公共负极，此极即为基极 B。NPN 型管，基极是公共正极；PNP 型管则是公共负极。因此，判断出基极是公共正极还是公共负极，即可得到被测三极管是 NPN 或 PNP 型三极管。

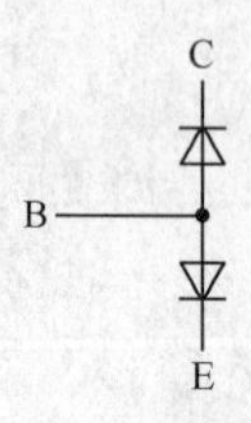

图 2-1-1 三极管的 PN 结示意图

（2）发射极 E 和集电极 C 的判断

利用万用表测量β（h_{FE}）值的挡位，判断发射极 E 和集电极 C。将挡位旋至 M_{FE} 基极插入所对应类型的孔中，把其余引脚分别插入 C、E 孔观察数据，再将 C、E 孔中的引脚对调再看数据，数值大的说明引脚插对了。

（3）判别三极管的好坏

测试时用万用表测二极管的挡位分别测试三极管发射结、集电结的正、反偏是否正常，正常的三极管是好的，否则三极管已损坏。如果在测量中找不到公共 B 极、该三极管也为坏管子。

① 检查三极管的两个 PN 结。以 PNP 管为例来说明，一只 PNP 型的三极管的结构相当于两只二极管，负极靠负极接在一起。首先用万用表 R×100 或 R×1k 挡测一下 E 与 B 之间和 E 与 C 之间的正反向电阻。当红表笔接 B 时，用黑表笔分别接 E 和 C 应出现两次阻值小的情况。然后把接 B 的红表笔换成黑表笔，再用红表笔分别接 E 和 C，将出现两次阻值大的情况。被测三极管符合上述情况，说明这只三极管是好的。

② 检查三极管的穿透电流：把三极管 C、E 之间的反向电阻称为测穿透电流。用万用表红表笔接 PNP 三极管的集电极 C，黑表笔接发射极 E，看表的指示数值，这个阻值一般应大于几千欧姆，阻值越小说明这只三极管稳定性越差。

③ 测量三极管的放大性能：分别用表笔接三极管的 C 和 E 看一下万用表的指示数值，然后再 C 与 B 间连接一只 50～100kΩ的电阻看指针向右摆动的多少，摆动越大说明这只管子的放大倍数越高。外接电阻也可以用人体电阻代替，即用手捏住 B 和 C。

4．实验内容

1）使用万用表判断二极管的极性和性能（记入表 2-1-4 中）

表 2-1-4　测量二极管的性能

序号	型号标注	万用表挡位	正向电阻	反向电阻	质量判别（优/劣）
1					
2					

2）使用万用表判断三极管的极性和性能（记入表 2-1-5 中）

表 2-1-5　测量三极管的性能

序号	型号标注	R_{BE}	R_{EB}	R_{BC}	R_{BC}	R_{CE}	R_{EC}	质量判别（优/劣）
1								
2								

3）使用逐点测试的方法测试二极管的伏安特性（原理如图 2-1-2 所示）

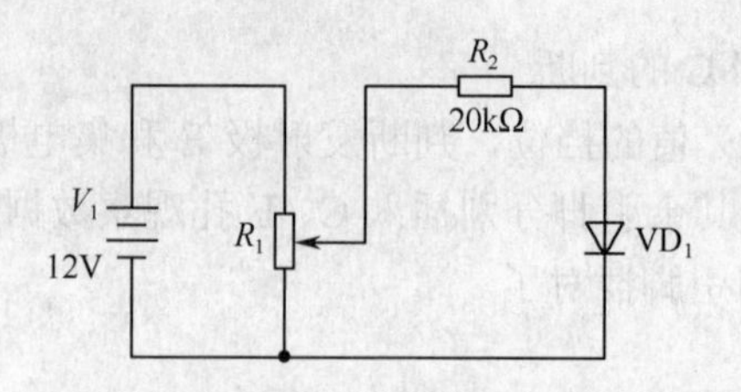

图 2-1-2　测试二极管的伏安特性电路图

4）测试晶体管的输入特性、输出特性曲线的电路

使用晶体管特性图示仪测量三极管的输出特性曲线。晶体管特性图示仪是一种专用示波器，它能直接观察各种晶体管特性曲线及曲线簇。例如，晶体管共射、共基和共集三种接法的输入、输出特性及反馈特性；二极管的正向、反向特性；稳压管的稳压或齐纳特性；它可以测量晶休管的击穿电压、饱和电流、β或α参数等。要求记录图示仪显示曲线。

5．实验报告

① 整理实验数据，绘制二极管特性曲线。

② 所得曲线与教材中的曲线作比较。

6．实验仪器

万用表、电流表、二极管和三极管若干，电位器、电阻若干。

7．思考题

如何测量稳压管、光电三极管等特殊类型二极管的特性？

2.1.3　实验三　晶体管单管共射放大器

1．实验目的

① 掌握晶体管放大电路的静态工作点、电压放大倍数、输入电阻、输出电阻及最大不失真电压输出幅值的测量方法。

② 观察静态工作点对放大器输出波形的影响。

2．预习要求

① 分析图 2-1-3 和图 2-1-5 共射放大电路的工作原理。

② 计算图 2-1-3 中的理论值 I_{BQ}、I_{CQ}（$U_{CEQ}=\frac{1}{2}V_{CC}$为已知）、$A_u$、$R_i$、$R_o$及最大不失真输出电压 U_{om} 的幅值（$r_{bb'}=300\Omega$）。

③ 分析静态工作点偏高或偏低会出现何种失真。

3．实验原理

1）实验电路

实验电路如图 2-1-3 所示，晶体管为 3DG6 型，电路参数为 V_{CC}=12V，R_W=1MΩ，R_{b1}=100kΩ，R_C=2kΩ，R_L=2.7kΩ，R_S=1kΩ，C_1=C_2=10μF/15V，β=100。

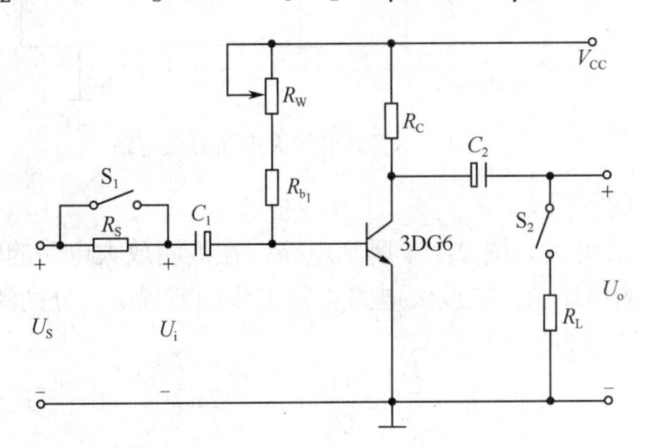

图 2-1-3　单管共射放大电路

2）理论值计算

（1）静态值计算

为了保证电路工作在线性区域，通常晶体管的 U_{CEQ}，实验值设定为电源电压的 1/2，即 $U_{CEQ}=\frac{1}{2}V_{CC}$，则

$$I_{CQ}=\frac{V_{CC}-U_{CEQ}}{R_C}\text{，}\quad I_{BQ}=\frac{I_{CQ}}{\beta}$$

（2）动态值计算

电压放大倍数为

$$A_u=\frac{U_o}{U_i}=\frac{\beta R'_L}{r_{be}}$$

式中：$r_{be}=300+(1+\beta)\dfrac{26\text{mA}}{I_{EQ}}$；$R'_L=R_C /\!/ R_L$。

输入电阻为 $R_i=R_b /\!/ r_{be}$。输出电阻：$R_o=R_c$。

3）输入电阻、输出电阻的实验测量方法

图 2-1-4 虚线框是单管共射放大电路等效电路，输入电阻 R_i、输出电阻 R_o 分别为

$$R_i=\frac{U_i}{\dfrac{U_s-U_i}{R_S}}=\frac{U_i}{U_S-U_i}R_s\text{，}\quad R_o=\frac{U'_o-U_o}{\dfrac{U_o}{U_L}}=\frac{U'_o-U_o}{U_o}R_L$$

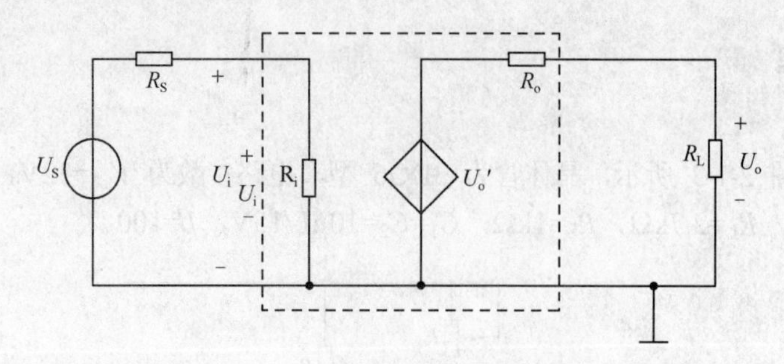

图 2-1-4　单管共射放大电路等效电路

（1）输入电阻 R_i 的测量

为测量输入电阻 R_i 可按如图 2-1-4 所示电路，在被测放大电路的输入端与信号源之间串接入一个已知阻值的电阻 R，在放大电路正常工作的前提下，分别测出 U_s 和 U_i，而根据输入电阻的定义式可推导为

$$R_i = \frac{U_i}{I_i} = \frac{U_i}{\dfrac{U_R}{R}} = \frac{U_i}{U_s - U_i} R$$

电阻 R 的阻值不宜取的过大或过小，以免产生较大的测量误差，通常 R 取阻值与 R_i 阻值为同一数量级最佳，本实验可令 R=1kΩ～2kΩ。

（2）输出电阻 R_o 的测量

为测量输出电阻 R_o 可按如图 2-1-4 所示电路，在放大电路正常工作前提下，测出输出端不接负载时的输出电压 U_o 和接上负载后的输出电压 U_L，然后根据公式

$$U_L = \frac{R_L}{R_o + R_L} U_o$$

即可得

$$R_o = \left(\frac{U_o}{U_L} - 1 \right) R_L$$

在此测试过程中应注意，必须保持 RL 接入前后输入信号的大小不变。

4）实际应用中常采用的电路

实际应用中常采用阻容耦合分压式电流负反馈 Q 点稳定电路。如图 2-1-5 所示，通过电路中的发射极电阻引入直流负反馈。

（1）电路主要静态参量估算公式（估算条件：$I_1 > I_{BQ}$，视为已知值）

$$U_{BQ} \approx \frac{R_{b1}}{R_{b1} + R_{b2}} V_{CC}$$

$$I_{EQ} = \frac{U_{BQ} - U_{BEQ}}{R_e} \text{近似计算时，} I_{CQ} \approx I_{EQ}$$

$$U_{CEQ} \approx V_{CC} - I_{CQ}(R_c + R_e)$$

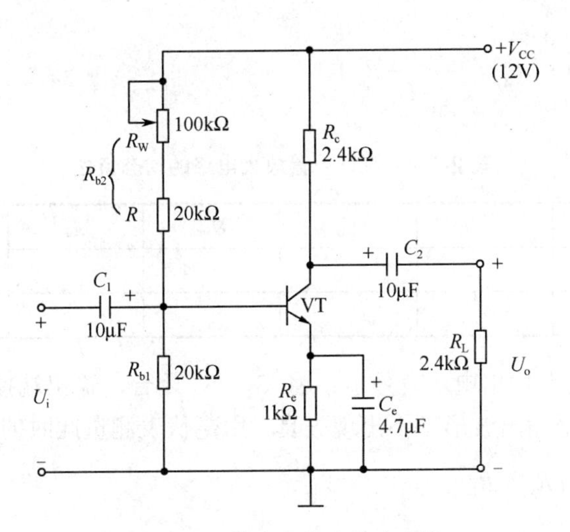

图 2-1-5　静态工作点稳定电路

（2）电路主要动态参数公式

$$A_u = \frac{U_o}{U_i} = -\frac{\beta R'_L}{r_{be}} (R'_L = R_c // R_L)$$

$$R_i = \frac{U_i}{I_i} = R_{b1} // R_{b2} // r_{be}$$

$$R_o = R_c$$

4．实验内容及步骤

① 按原理图 2-1-3 接线，检查无误后接通电源。

② 测量静态值：不加 U_S，调节 R_W，使 U_{CEQ}=6V（用万用表的直流挡测量），测量并记下 U_{BEQ} 及 R_b（$R_b=R_W+R_{b1}$）两端的电压值 U_{Rb}。断开电源和三极管，用万用表的电阻挡测量 R_b 值，填入表 2-1-6。

表 2-1-6　测试单管放大电路的静态特性

特性	U_{BEQ}	I_{CQ}	I_{BQ}	U_{CEQ}
测量值				
理论值				

注：$I_{BQ}=U_{Rb}/R_b$。

③ 测量 A_u：接通 S_1、S_2，取 U_S=5mV，f=1kHz 的正弦波输入，用示波器观察 U_o，用晶体管毫伏表分别测量 U_i、U_o，填入表 2-1-7。

④ 测量 R_o：在步骤③的基础上，断开 S_2，用晶体管毫伏表测量 U_o（$U_{o\infty}$），填入表 2-1-7（注：$R_o = \frac{U_{o\infty} - U_o}{U_o} R_L$）。

⑤ 测量 R_i：断开 S_1，逐渐加大信号源电压 U_S，使 U_i=5mV，用毫伏表测量此时的 U_S

值，填入表 2-1-7（注：$R_i = \dfrac{U_i}{U_s - U_i} R_s$）。

表 2-1-7　测试单管放大电路的动态特性

特性	U_s	U_i	U_o	$U_{o\infty}$	A_u	R_i	R_o
测量值							
理论值							

⑥ 测量最大不失真输出电压有效值：将 S_1、S_2 闭合，输出端接示波器，观察输出波形，增大信号源电压至输出波形刚不出现失真，用毫伏表测量此时的 U_o 值，并与理论值比较（理论值 $U_o = \dfrac{1}{\sqrt{2}} I_{CQ} R_C // R_L$）。

⑦ 观察 Q 点对输出波形的影响：将 S_1 闭合，S_2 打开，调节信号源使 U_i=5mV，用示波器观察 U_o，逐渐加大 R_b，观察 U_o 出现什么失真（如果失真波形不明显，可以加大输入信号电压）波形；再逐渐减小 R_b，观察 U_o 出现什么失真波形。并用万用表的直流电压挡分别测量晶体管的 U_{CE} 值，说明晶体管工作在何种状态？

5．实验报告

① 将工作点、放大倍数及 R_i、R_o 的实验值和估算值列表比较。

② 列出最大不失真输出电压的有效值（理论值和测量值）。

③ 将步骤⑦观测到的两种失真波形记录下来，同时将晶体管的 U_{CE} 值记录下来，说明晶体管工作在何种状态。

6．实验仪器

模拟电子技术实验箱，低频信号发生器，双踪示波器，数字式万用表，晶体管毫伏表。

7．思考题

① 为什么要把 1MΩ电位器与一个 100kΩ的固定电阻串接？如果不串接会出现什么意外情况？

② 测量静态值能否用晶体管毫伏表测量？

③ 在观察放大波形时，为什么要强调放大器、信号源和示波器共地？

2.1.4　实验四　射极跟随器

1．实验目的

① 掌握射极跟随器的特性及测试方法。

② 学习射极跟随器各项参数测试方法。

2．预习要求

① 复习射极输出器电路的工作原理。
② 计算射极输出器电路的理论值 A_u、R_i、R_o（$r_{bb'}$ =300Ω）。

3．实验原理

射极跟随器的原理如图 2-1-6 所示。它是一个电压串联负反馈放大电路，它具有输入阻抗高、输出阻抗低，电压放大倍数接近于 1，输出电压能够在较大范围内跟随输入电压作线性变化及输入、输出信号同相等特点。

射极跟随器的输出取自发射极，故称射极跟随器。

首先，进行理论值计算。

1）静态值计算

为了保证电路工作在线性区域，通常晶体管的 U_{CEQ}，实验值设定为电源电压的 1/2，即 $U_{CEQ}=\frac{1}{2}V_{cc}$，则

$$I_{CQ}=\frac{U_{CC}-U_{CEQ}}{R_C}，\ I_{BQ}=\frac{U_{CQ}}{\beta}\ 。$$

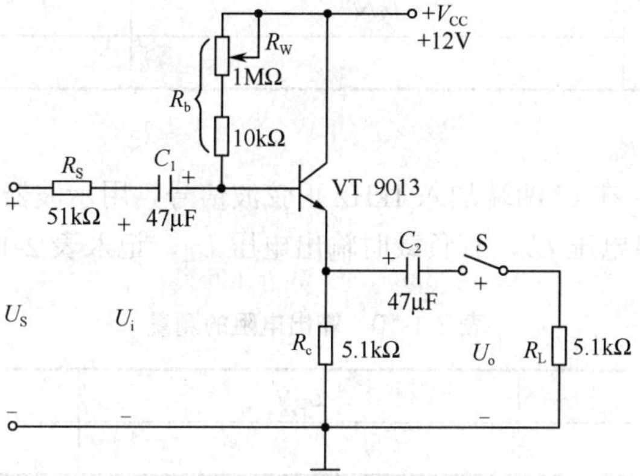

图 2-1-6　射级跟随器电路图

2）动态值计算

电压放大倍数为

$$A_u=\frac{U_o}{U_i}=\frac{\beta R'_L}{r_{be}}$$

式中：$r_{be}=300+(1+\beta)\dfrac{26\text{mV}}{I_{EQ}}$；$R'_L=R_C // R_L$。

输入电阻为 $R_i=R_b // r_{be}$。输出电阻为 $R_o=R_c$。

4．实验内容及步骤

1）按图 2-1-6 接线，检查无误后接通电源

在 U_i 两端加入 1kHz 正弦波信号，输出端用示波器监视输出波形。反复调节电位器及信号源的输出幅度，使在示波器的屏幕上得到一个最大不失真输出波形。撤掉信号源电压，用直流电压表测量晶体管各电极对地电位，将测量数据记入表 2-1-8。

表 2-1-8　射级跟随器的静态特性

U_E/V	U_B/V	U_C/V	I_E/mA

2）测量电压放大倍数 A_u

接入负载电阻 R_L，在 U_i 两端加入 1kHz 正弦波信号，调节输入信号幅值，用示波器观察输出波形，在输出最大不失真情况下，用晶体管毫伏表测量 U_i、U_L 值。记入表 2-1-9。

表 2-1-9　放大倍数的测量

U_i/V	U_L/V	A_u

3）测量输出电阻 R_o

接入负载电阻 R_L，在 U_i 两端加入 1kHz 正弦波信号，用示波器观察输出波形，用晶体管毫伏表测量空载输出电压 U_o，有负载时输出电压 U_L，记入表 2-1-10。

表 2-1-10　输出电阻的测量

U_o/V	U_L/V	R_o/kΩ

4）测量输入电阻 R_i

在 U_s 两端加入 1kHz 正弦波信号，用示波器观察输出波形，在输出最大不失真情况下，用晶体管毫伏表分别测量 U_s、U_i，记入表 2-1-11。

表 2-1-11　输入电阻的测量

U_s/V	U_i/V	R_i/kΩ

5）测试跟随特性

接入负载电阻 R_L，在 U_i 两端加入 1kHz 正弦波信号，逐渐增大输入信号幅度，用示波器观察输出波形（不失真），对应测量输出电压的值（自拟输入电压值）。

表 2-1-12　输出波形

U_i/V	
U_i/V	

5．实验报告

① 将实验内容及步骤 1)～步骤 5)的实验数据列在实验报告上，并画出曲线 $U_L=f(U_i)$。

② 回答思考题。

6．实验仪器

双踪示波器，模拟电子技术实验箱，数字式万用表，晶体管毫伏表，低频信号发生器。

7．思考题

① 在输入信号相同的情况下，不带负载和带负载时的输出电压值有何不同？

② 试举例说明射极跟随器的应用。

2.1.5　实验五　差动放大电路

1．实验目的

① 了解差动放大电路的工作原理、产生零漂的原因及抑制方法。

② 熟悉差放电路的性能和特点。

③ 掌握差动放大电路的测试方法。

2．预习要求

① 复习差动放大电路的工作原理，按图 2-1-7 所给的电路参数，分别计算电路的静态工作点；双端输入、（单）双端输出的差模电压放大倍数；单端输入、（单）双端输出的差模电压放大倍数；共模电压放大倍数。

② 将计算结果填入相应的表中。

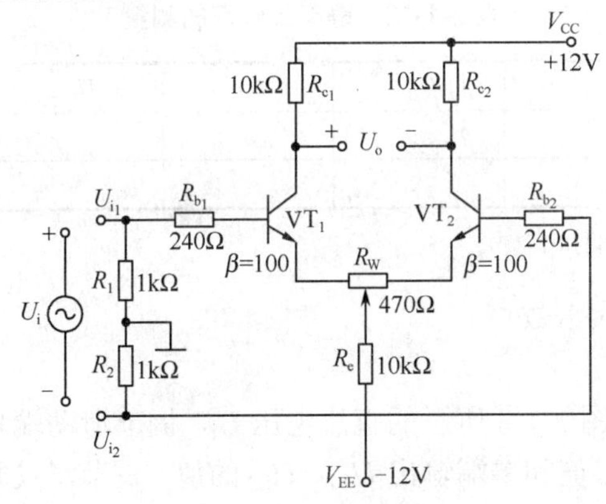

图 2-1-7　长尾式差动放大电路

3．实验原理

图 2-1-7 为长尾式差动放大电路，R_W 为调零电位器，计算理论值时，滑动端处于中点。输入信号从 U_{i1}、U_{i2} 两端输入，输出由 VT_1、VT_2 的集电极输出。R_1 为均压电阻。

1）双端输入、双端输出

输入信号 U_i 加于 U_{i1}、U_{i2} 两端，$U_{i1}=\frac{1}{2}U_i$，$U_{i2}=-\frac{1}{2}U_i$，输出由两管的集电极输出，则

$$A_d=\frac{U_o}{U_i}=-\frac{\beta R_{c1}}{R_{b_1}+r_{be1}+(1+\beta)\frac{R_w}{2}} \tag{2-1-1}$$

2）单端输入、双端输出

将 U_{i2} 接地，输入信号 U_i 仍加于 U_{i1}、U_{i2} 两端，则有 $U_{i1}=U_i$，$U_{i2}=0$，输出由两管的集电极输出，电压放大倍数见式（2-1-1）。

3）单（双）端输入、单端输出

输入信号同上，输出由 VT_1 集电极输出，则

$$A_d=\frac{U_o}{U_i}=-\frac{1}{2}\frac{\beta R_{c1}}{R_{b1}+r_{be1}+(1+\beta)\frac{R_w}{2}} \tag{2-1-2}$$

输出由 VT_2 集电极输出，则

$$A_d=\frac{U_o}{U_i}=\frac{1}{2}\frac{\beta R_{c1}}{R_{b1}+r_{be1}+(1+\beta)\frac{R_w}{2}} \tag{2-1-3}$$

4．实验内容及步骤

按图 2-1-7 接线，检查无误后接通电源。

1）测量静态工作点

将 U_{i1}、U_{i2} 相连并接地，调节 R_W 使 $U_o=0$，用数字式万用表直流挡测量表 2-1-17 中指定电压值，结果填入表 2-1-13 中。

表 2-1-13　静态工作点的测量

测量	U_{B_1}	U_{B_2}	U_{C_1}	U_{C_2}	U_{E_1}	U_{E_2}	I_E
理论值							
实验值							

注：$I_E=U_{Re}/R_e$（U_{Re} 为 R_e 两端的电压值）。

2）测量差模电压放大倍数

(1) 加直流输入信号

在 U_{i1}、U_{i2} 两端加如图 2-1-8 所示的直流电压 U_i，调节滑动端使 U_i=0.1V，用万用表直流挡分别测量双端输出 U_o 值和单端输出 U_{C1}、U_{C2} 的值；调节滑动端使 U_i=0.2V，用万用表

直流挡分别测量双端输出 U_o 值和单端输出 U_{C1}、U_{C2} 的值，将两次测量结果填入表 2-1-14 中，并计算差动输入，双端输出、单端输出的电压放大倍数 $A_u=\Delta U_o/\Delta U_i$。

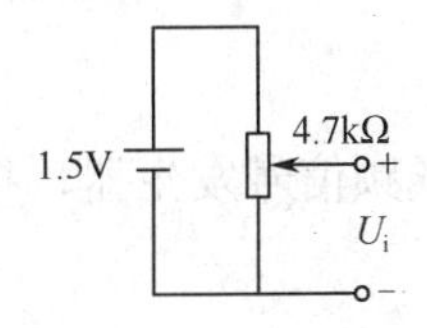

图 2-1-8 直流电源 U_i

表 2-1-14 直流信号下差模电压放大倍数的测量

测量	U_i	U_o	U_{C_1}	U_{C_2}	A_u
U_{i_2} 不接地	U_i=0.1V				
	U_i=0.2V				
U_{i_2} 接地	U_i=0.1V				
	U_i=0.2V				

如果将 U_{i_2} 接地，重复上述步骤，测量结果是否有变化？

（2）加交流输入信号

在 U_{i_1}、U_{i_2} 两端输入 f=1kHz，U_i=50mV 的交流信号，用示波器观察输出波形，在无明显失真的情况下，测量表 2-1-19 中的参数值，并计算电压放大倍数。

表 2-1-15 交流信号下差模电压放大倍数的测量

U_{i_1}	U_{i_2}	U_e	U_o单	U_o双	A_d单	A_d双

3）测量共模电压放大倍数

将 U_{i_1}、U_{i_2} 端短接，并在 U_{i_1}（U_{i_2}）与地间加入 1kHz、1V 电压信号，分别测量双端输出、单端输出的电压值填入表 2-1-16，并计算共模电压放大倍数。同时，比较两输出的相位，将示波器的两个探头分别接于晶体管的两个集电极，观察其相位，将观察结果记录下来，写入实验报告。

表 2-1-16 共模电压放大倍数的测量

U_{i_1}	U_{i_2}	U_o单	U_o双	A_c单	A_c双

5. 实验报告

① 将实验数据和计算结果填入拟好的表中，并与理论值进行比较。

② 计算共模抑制比。

③ 将以上步骤“3）测量共模电压放大倍数”中观察到的波形记录下来，并分析两组

波形的相位。

④ 回答思考题。

6．实验仪器

双踪示波器，数字式万用表，低频信号发生器，模拟电子技术实验箱。

7．思考题

① 差动电路放大直流信号时，测量的是什么值？放大的是什么值？

② 实验中，每次放大信号之前为什么要调零？

2.1.6　实验六　运算电路（一）——比例、求和

1．实验目的

① 了解由集成运放组成的反相、同相、加法、减法运算电路。

② 掌握以上几种电路的调试方法。

2．预习要求

① 熟悉反相、同相、加法、减法运算电路，计算出各电路的 A_f、U_o 值，填于相应的表中。

② 比较同相求和和反相求和电路，并计算中的 U_o 值，填于相应的表中。

③ 根据计算，画出反相、同相比例电路在理想条件下的 U_i-U_o 关系曲线。

3．实验原理

集成运算放大器是一种具有高电压放大倍数的直接耦合多级放大电路。当外部接入不同的线性或非线性元器件组成负反馈电路时，有虚短、虚断的特点，可以灵活地实现各种特定的函数关系。在线性应用方面，可组成比例、加法、减法、积分、微分、对数等模拟运算电路。

1）集成运算放大器μA741 芯片介绍

集成运算放大器μA741 引脚图如图 2-1-9 所示。

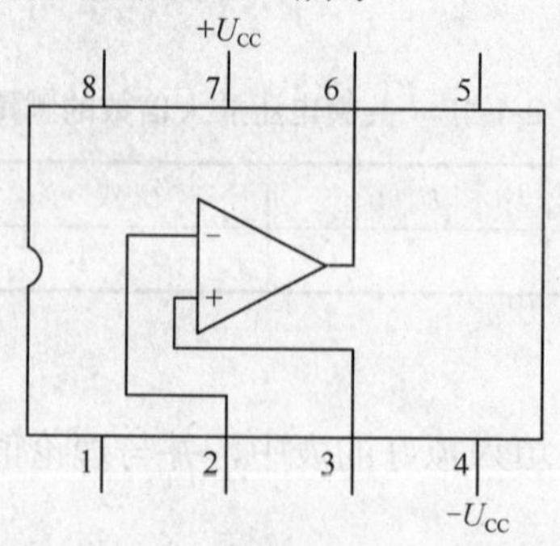

图 2-1-9　集成运算放大器μA741 引脚图

“1”与“5”——调零电位器接线端，分别接其两固定端，中间滑动端接“4”

2）基本运算电路

（1）反相比例运算电路

电路如图 2-1-10 所示，对于理想运放，该电路的输出电压与输入电压之间的关系为

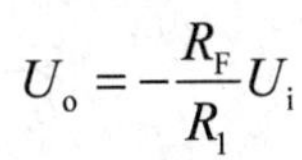

$$U_o=-\frac{R_F}{R_1}U_i$$

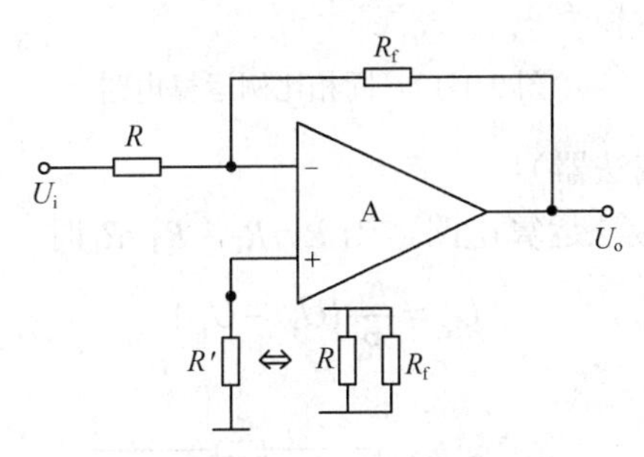

图 2-1-10　反相比例运算电路

为了减小输入偏置电流引起的运算误差，在同相输入端应接入平衡电阻 $R'=R_1//R_F$。

（2）反相加法电路

电路如图 2-1-11 所示，输出电压与输入电压之间的关系为

$$U_o=-\left(\frac{R_f}{R_1}U_{i_1}+\frac{R_f}{R_2}U_{i_2}\right)，\quad R_3=R_1//R_2//R_F$$

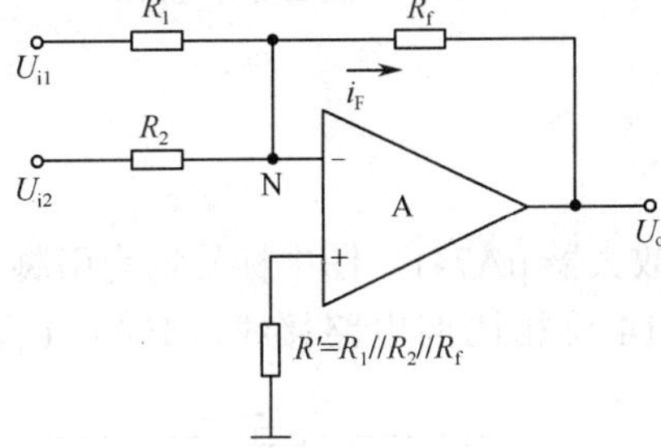

图 2-1-11　反相加法运算电路

（3）同相比例运算电路

图 2-1-12（a）是同相比例运算电路，它的输出电压与输入电压之间的关系为

$$U_o=\left(1+\frac{R_f}{R_1}\right)U_i$$

$$R_2=R_1//R_f$$

当 $R_1\to\infty$ 时，$U_o=U_i$，即得到如图 2-1-12（b）所示的电压跟随器。图中 $R=R_f$，用以减小漂移和起保护作用。一般 R_f 取 10kΩ，R_f 太小起不到保护作用，太大则影响跟随性。

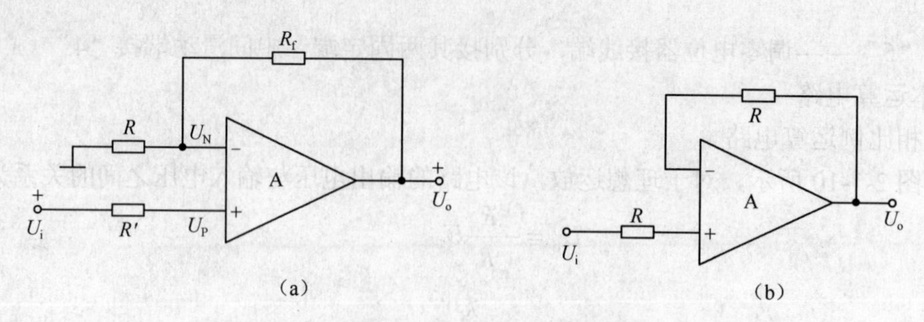

图 2-1-12　同相比例运算电路

（4）差动放大电路（减法器）

对于图 2-1-13 所示的减法运算电路，当 $R_1=R_2$，$R_3=R_f$时，有

$$U_o = \frac{R_f}{R_1}(U_{i_2} - U_{i_1})$$

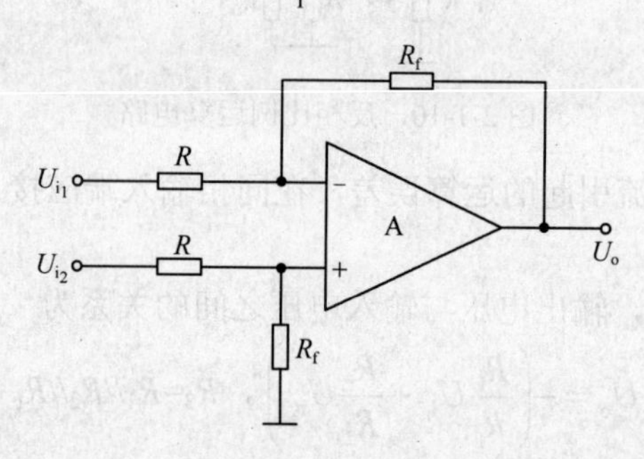

图 2-1-13　减法运算电路

4．实验内容及步骤

1）反相比例电路

实验电路使用集成运算放大器 μA741，图中标号均为引脚号。

① 静态调零：按图 2-1-14 反相比例电路接线，将输入 U_i 接地，调节电位器，使 U_o=0。

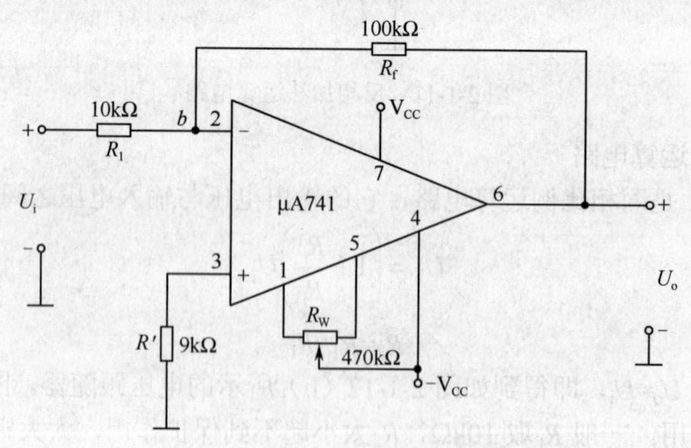

图 2-1-14　反相比例电路

② 在反相端加直流信号 U_i，测出表 2-1-17 中指定电压，计算电压放大倍数。

表 2-1-17　反相比例电路

U_i	50mV	0.5V	0.8V	−50mV	−0.5V
U_b					
U_o 实测值					
A_f					
U_o 理论值					

2）同相比例电路

按图 2-1-15 接线，在同相输入端加直流信号，测出表 2-1-22 中指定电压，计算电压放大倍数。

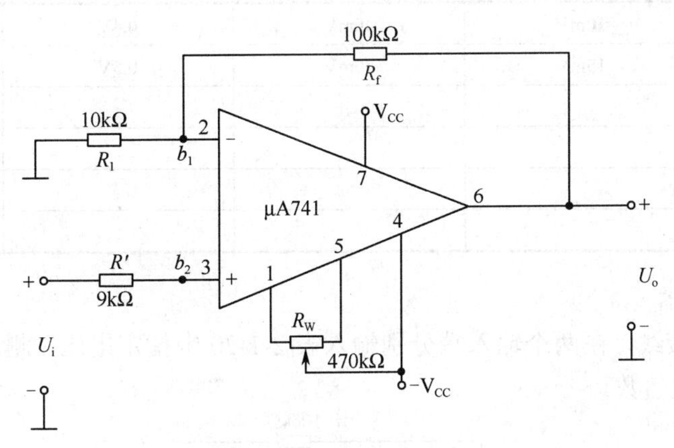

图 2-1-15　同相比例电路

表 2-1-18　同相比例电路

U_i	50mV	0.5V	0.8V	−50mV	−0.5V
U_{b1}					
U_{b2}					
U_o 实测值					
A_f					
U_o 理论值					

3）减法器

按图 2-1-16 接线，在两个输入端分别输入表 2-1-23 中指定电压，测出相应的电压值填于表中，计算放大倍数。

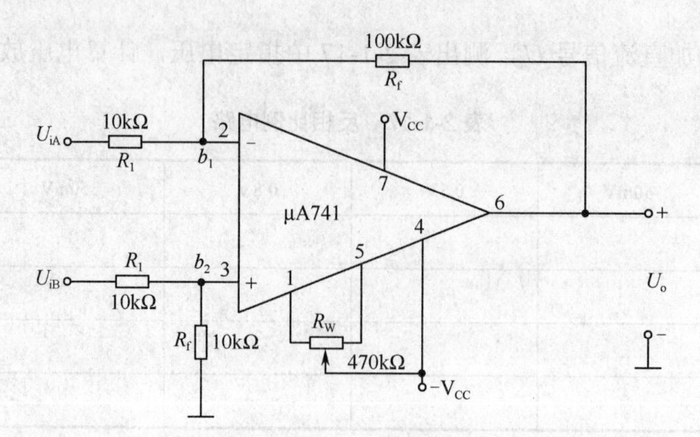

图 2-1-16　减法器

表 2-1-19　减法器

U_{iA}	10mV	40mV	0.4V	1.2V
U_{iB}	15mV	50mV	0.5V	2V
$U_{iB}-U_{iA}$				
U_o（实测值）				
A_{uf}				
U_o（理论值）				

4）同相加法器

按图 2-1-17 接线，在两个输入端分别输入表 2-1-20 中指定电压，测出相应的电压值填于表中，计算放大倍数。

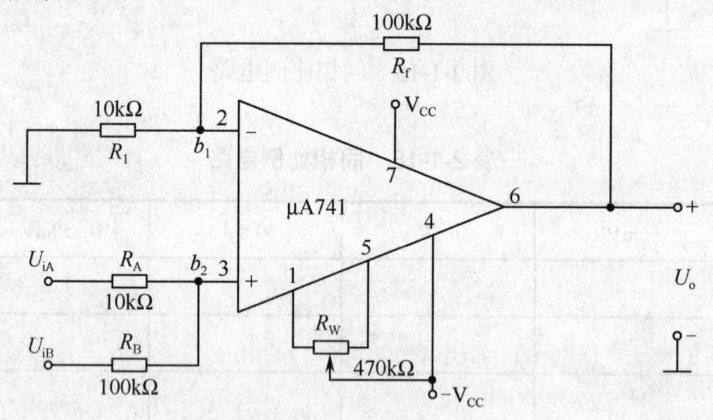

图 2-1-17　同相加法器

表 2-1-20　同相加法器

U_{iA}	10mV	50mV	0.5V	0.7V
U_{iB}				
U_o（计算值）				
U_o（理论值）				

5．反相加法器

按图 2-1-18 接线，在两个输入端分别输入表 2-1-21 中指定电压，测出相应的电压值填于表中，计算放大倍数。

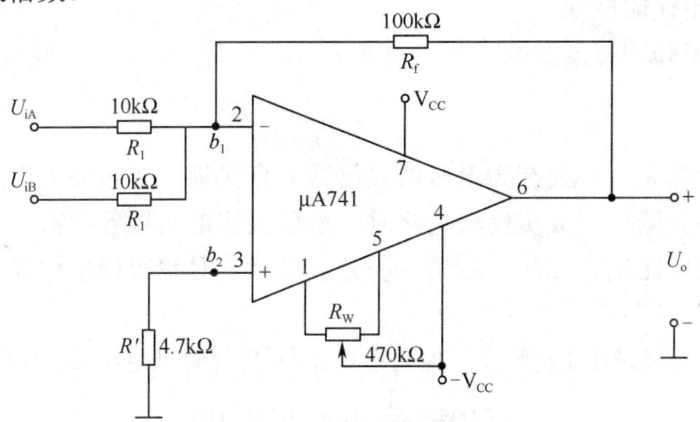

图 2-1-18　反相加法器

表 2-1-21　反相加法器

U_{iA}	10mV	50mV	0.5V	0.7V
U_{iB}				
U_o（计算值）				
U_o（理论值）				

6．实验报告

① 整理各电路的实验数据，填于相应的表中，并与理论值进行比较。

② 根据实测结果，在同一坐标纸上绘出反相、同相比例电路的 U_i-U_o 关系曲线，求出各自的输出线性范围，与理想的 U_i-U_o 进行比较。

7．实验仪器

数字式万用表，模拟电子技术实验箱，μA741。

8．思考题

① 在图 2-1-14、图 2-1-15 中，如果 U_i 为 5V，U_o 能否达到 50V？若不能，应该是多少伏？

② 为什么一般多采用反向求和，而不采用同相求和电路？

③ 线性集成电路在调零时为什么要接成闭环？把 Rf 开路调零行不行？

2.1.7　实验七　运算电路（二）——积分

1．实验目的

① 掌握积分运算电路的功能。

② 了解运算放大器在实际应用时应考虑的一些问题。

2．预习要求

① 预习积分电路的原理。
② 估算实验电路的待测参数。

3．实验原理

集成运算放大器是一种具有高电压放大倍数的直接耦合多级放大电路。当外部接入不同的线性或非线性元器件组成负反馈电路时，可以灵活地实现各种特定的函数关系。在线性应用方面，可组成比例、加法、减法、积分、微分、对数等模拟运算电路。本实验主要学习积分运算电路。

反相积分电路如图 2-1-19 所示。在理想化条件下，输出电压 U_o 为

$$U_o(t)=-\frac{1}{RC}\int \text{touid}t+U_c(0)$$

式中：$U_c(0)$是 t=0 时刻电容 C 两端的电压值，即初始值。

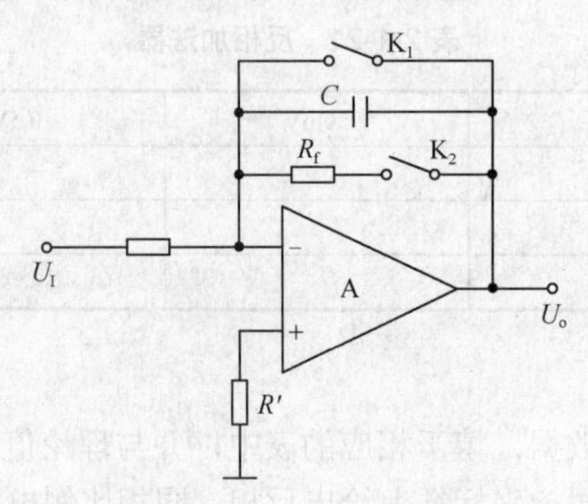

图 2-1-19 积分运算电路

如果 $U_i(t)$是幅值为 E 的阶跃电压，并设 $U_c(0)$=0，则

$$U_o(t)=-\frac{1}{RC}\int_0^t E\text{d}t=-\frac{E}{RC}t$$

即输出电压 $U_o(t)$随时间增长而线性下降。显然 RC 的数值大，达到给定的 U_o 值所需的时间就长。积分输出电压所能达到的最大值受集成运放最大输出范围的限制。

在进行积分运算之前，首先应对运放调零。为了便于调节，将图中 K_2 闭合，通过电阻 R_f 的负反馈作用帮助实现调零。但在完成调零后，应将 K_2 打开，以免因 R_f 的接入造成积分误差。K_1 的设置一方面为积分电容放电提供通路，同时可实现积分电容初始电压 U_c(o)=0。另一方面，可控制积分起始点，即在加入信号 U_i 后，只要 K_1 一打开，电容就将被恒流充电，电路也就开始进行积分运算。

4．实验内容

积分运算电路参数 R=20kΩ，C=1μF，R' =20kΩ，R_f=10kΩ。实验电路如图 2-1-19 所示。

① 打开 K_2，闭合 K_1，输入信号 U_i=−0.1V（直流信号源提供）。

② 用数字式万用表观测积分的情况。用万用表监测输出电压，打开开关 K_1，观察输出电压的变化，并读出积分达到的最大值（U_{omax}=______V）。

③ 打开 K_1，闭合 K_2，并使积分器接入正弦信号 U_i=0.5V/100Hz，利用双踪示波器观察输入和输出波形，记录波形，注意它们之间的相位关系。

④ 将正弦信号换成方波信号，观察输出波形并记录。

5. 实验报告

① 整理实验数据，画出波形图（注意波形间的相位关系）。

② 将理论计算结果和实测数据相比较，分析产生误差的原因。

③ 分析讨论实验中积分器在输入正弦波与方波时，输出的波形。

6. 实验仪器

函数信号发生器、双踪示波器、晶体管毫伏表、万用表、集成运算放大器μA741

7. 思考题

① 积分电路可以应用在那些场合？

② 积分电路中的 R_f 有何作用？如果去掉 R_f，对输出波形有何影响？

2.1.8 实验八　由集成运算放大器组成的文氏电桥振荡器

1. 实验目的

① 了解集成运放的具体应用。

② 掌握文氏电桥振荡器的工作原理。

2. 预习要求

① 了解 μA741 的参数及引脚排列。

② 了解文氏电桥的振荡原理、起振条件，计算振荡频率 f_o，起振后电位器应调到何处？

3. 实验原理

文氏电桥正弦波振荡器由 RC 串并联选频网络和同相放大器组成。图 2-1-20 中左边部分为 RC 选频网络和反馈网络，它的反馈系数为

$$\dot{F}=\frac{\dot{U}_f}{\dot{U}_o}=\frac{j\omega RC}{3j\omega RC+1-\omega^2R^2C^2}$$

要想使 U_f 与 U_o 同相，必有 $1-\omega^2R^2C^2=0$ 或 $\omega=\frac{1}{RC}$。

式中

$$|\dot{F}|=\frac{U_{\rm f}}{U_{\rm o}}=\frac{1}{3}$$

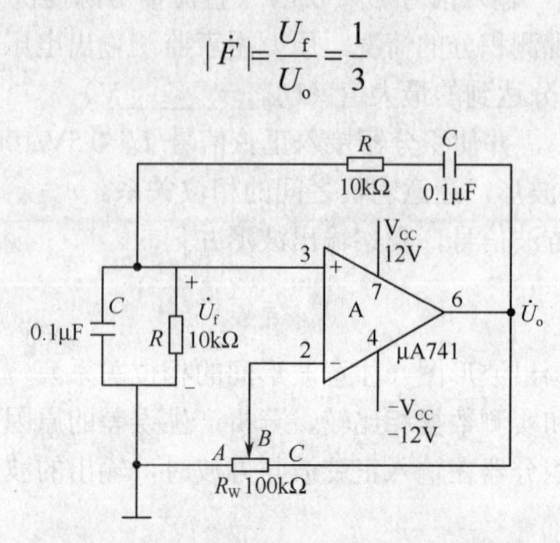

图 2-1-20　文氏电桥振荡电路

图中右边部分为一同相放大器，用集成运放构成，为了满足$|\dot{A}\dot{F}|=1$的稳幅条件为

$$A=1+\frac{R_{\rm BC}}{R_{\rm AB}}=3$$

即

$$R_{\rm BC}=2R_{\rm AB}$$

调节电位器，使 $R_{\rm BC}$ 略大于 $2R_{\rm AB}$，电路即可起振。输出获得的振荡频率为

$$f_{\rm o}=\frac{1}{2\pi RC}$$

4．实验内容及步骤

① 按图 2-1-20 接线，检查无误后接通电源。

② 调节电位器 $R_{\rm w}$，使滑动端从一端慢慢旋至另一端，用示波器观察 $U_{\rm o}$，直到出现正弦波形。用万用表交流挡测量输出电压的有效值。

③ 用李莎育图形测量 $U_{\rm o}$ 的频率

将双踪示波器的另一个探头接低频信号发生器的输出端，调节低频信号发生器的频率调节钮，使输出频率接近理想值，示波器的时间/格（TIME/DIV）钮调至 X—Y 显示。调节低频信号发生器的频率细调按钮，使示波器输出波形接近圆形，此时低频信号发生器输出的频率即为被测频率值。

④ 断开电源，同时断开电位器的一端，用万用表电阻挡测量 $R_{\rm AB}$ 、$R_{\rm BC}$ 的阻值，记录下来，并验算振荡器的幅值平衡条件。

5．实验报告

① 记录振荡输出波形，标出周期、频率、幅值。

② 记录反馈电阻的阻值，验算起振条件。

③ 将步骤 5 观察到的波形记录下来。

6．实验仪器

模拟电子技术实验箱，双踪示波器，数字式万用表。

7．思考题

① 正弦波发生器电路中共有几个反馈支路？各有什么作用？
② 集成运放工作在什么状态？

2.1.9 实验九 比较器

1．实验目的

① 掌握常见类型电压比较器的构成及特性 。
② 学习电压比较器电压传输特性的测试方法 。

2．预习要求

① 预习常见类型电压比较器的构成及特性。
② 估算实验电路的待测参数。

3．实验原理

电压比较器是对输入信号进行鉴幅和比较的电路，就是将一个模拟电压信号与一个参考电压信号相比较，当两者相等时，输出电压状态将发生突然跳变。常见的比较器类型：过零电压比较器、滞回电压比较器、窗口电压比较器等。

1）过零电压比较器

实验电路如图 2-1-21（a）所示，其阈值电压，即当输入电压时，其输出电压状态将发生跳变：由高电平跳变为低电平或由低电平跳变为高电平。所对应的电压传输特性如图 2-1-21（b）所示。

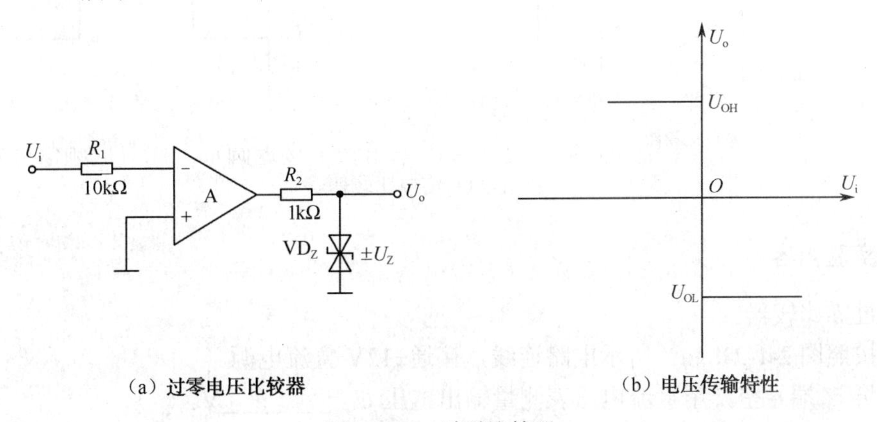

（a）过零电压比较器　　（b）电压传输特性

图 2-1-21 过零比较器

2）反相滞回比较器

滞回比较器有两个阈值电压，当输入电压的取值在阈值电压附近时，输出电压状态仍具有保持原状态的“惯性”。根据输入信号接入端的不同，可分为反相滞回比较器和同相滞回比较器两种。反相滞回比较器实验电路如图 2-1-22（a）所示，其对应的电压传输特性如图 2-1-22（b）所示。

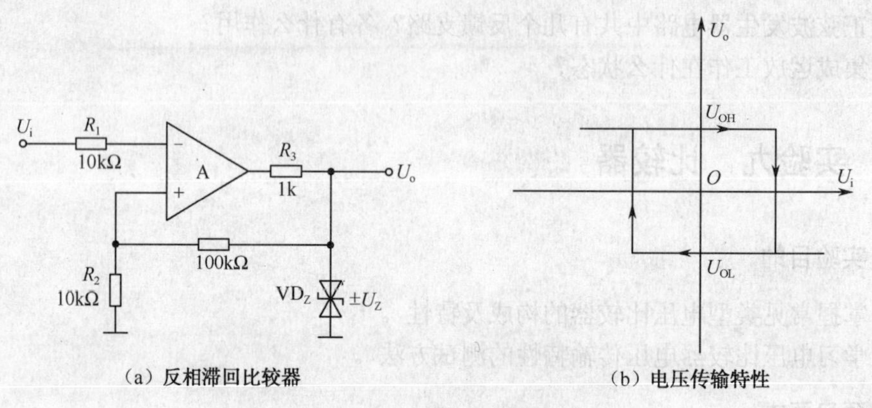

（a）反相滞回比较器　（b）电压传输特性

图 2-1-22　反相滞回比较器

3）窗口比较器

窗口比较器阈值电压有两个，当输入电压值在两阈值电压之间时，输出电压所对应的状态将不同于输入电压值高于或低于两阈值电压时所对应状态。实验电路如图 2-1-23（a）所示，其对应的电压传输特性如图 2-1-23（b）所示。

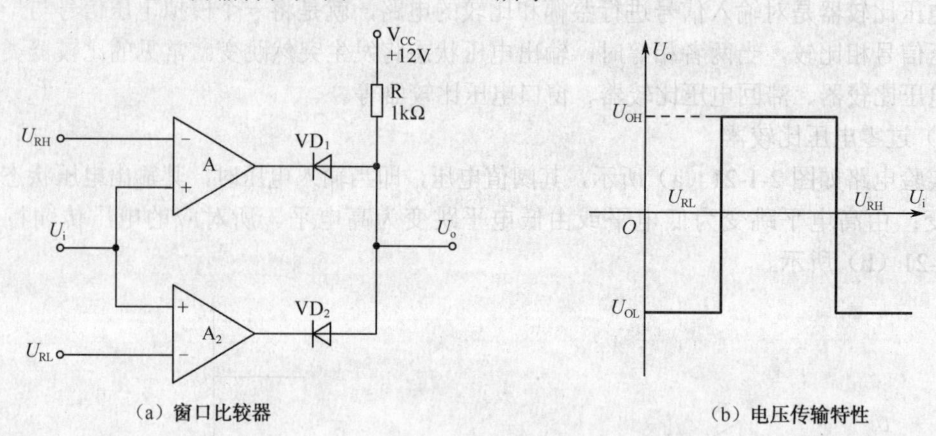

（a）窗口比较器　（b）电压传输特性

图 2-1-23　窗口比较器

4．实验内容

1）过零比较器

① 按照图 2-1-21（a）所示电路连线，接通±12V 直流电源。

② 将 U_i 端悬空，用直流电压表测量输出电压 U_o=__________V。

③ 将 f=500Hz，U_i=100mV 的正弦波作为输入信号引入，观察输入、输出电压波形，并记录在表 2-1-22 中。

表 2-1-22　通过过零比较器的波形

U_i/V	$U_i(t)$, O, t
U_L/V	$U_o(t)$, O, t

2）滞回比较器

① 按照图 2-1-22（a）所示电路连线，接通±12V 直流电源。

② 令信号输入端接“−5V～+5V 可调直流信号源”，测出输出电压由高电平跳变为低电平时输入电压对应取值，以及输出电压由低电平跳变为高电平时输入电压对应取值。

③ 将 f=500Hz，U_i=2V 的正弦波作为输入信号引入，观察输入、输出电压波形，并记录在表 2-1-23 中。同时，将 U_T+和 U_T−标注在波形图上。

表 2-1-23　通过滞回比较器的波形

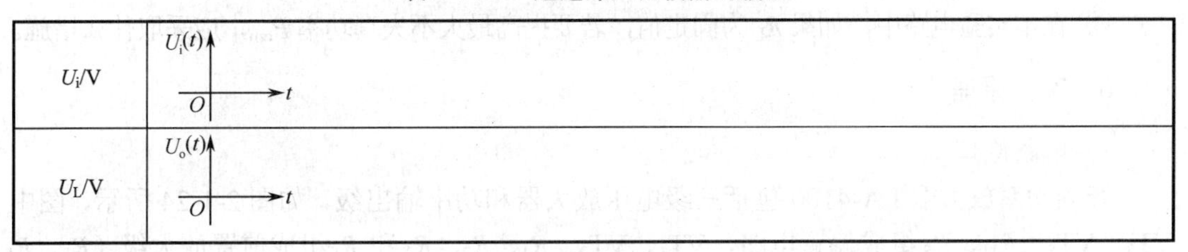

U_i/V	$U_i(t)$, O, t
U_L/V	$U_o(t)$, O, t

3）窗口比较器

① 按照图 2-1-23（a）所示电路连线，接通±12V 直流电源。

② 将 f=500Hz，U_i=5V 的正弦波作为输入信号引入，观察输入、输出电压波形，并记录在表 2-1-24 中。

表 2-1-24　通过窗口比较器的波形

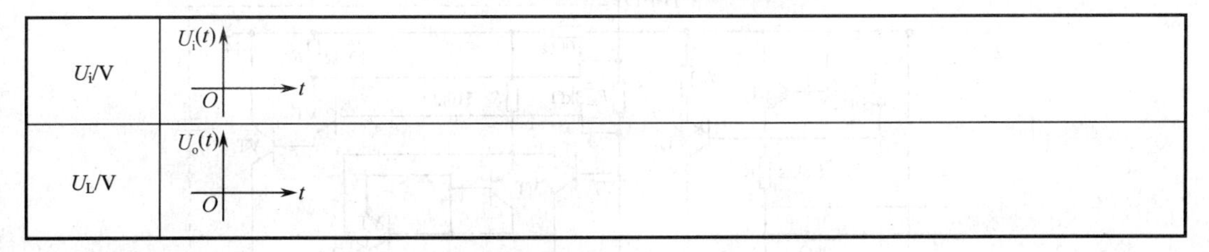

U_i/V	$U_i(t)$, O, t
U_L/V	$U_o(t)$, O, t

5．实验报告

① 整理实验数据和波形图，根据测试结果，画出 3 种电路的电压传输特性图。

② 分析总结 3 种类型比较器的工作原理。

6．实验仪器

信号发生器、双踪示波器、交流毫伏表、万用表，集成运算放大器μA741、电位器、电阻若干、双稳压二极管（U_Z≈6V），普通二极管 1N4007。

7．思考题

利用滞回比较器将正弦波转化为矩形波时，当输入信号幅值小于门限电平时，输出能否转化成矩形波？

2.1.10　实验十　音频集成功率放大器

1．实验目的

① 了解集成功率放大器的特点，掌握其各项性能指标的测试。

② 了解自举电路对互补对称功率放大电路性能的改善。

2．预习要求

① 阅读本实验的实验原理部分。

② 电源电压为 6V，估算电路图 2-1-25 的 P_{om}、P_E、η的值。

③ 在本实验电路中，如果 R_L 为固定值，若要提高最大不失真功率 P_{om}，应采取什么措施。

3．实验原理

1）电路原理

音频功率放大器 LA-4100 包括三级电压放大器和功率输出级，如图 2-1-24 所示，图中 VT_3、VT_5、R_{11}、R_5 组成偏置电路，VT_1、VT_2、R_1、R_2、R_3 和 R_f 组成前置放大级（R_1、R_f 提供 VT_1、VT_2 的偏流），中间放大级由 VT_4、VT_6、R_4 组成，VT_6 是 VT_4 的有源负载，VT_7、R_7、R_8 组成功率推动级。输出级是由 VT_{12}、VT_{13}、VT_8、VT_{14}、R_{10} 等组成甲乙类准互补输出电路，VT_{12}、VT_{13} 组成复合 NPN 管，VT_8、VT_{14} 组成复合 PNP 管，R_9、VT_9、VT_{10} 和 VT_{11} 作级间电位平移及直流负反馈。R_{10} 与外接电容 C_4 组成自举电路，R_f 与外接电阻 R_f 和电容 C_2 组成交流负反馈电路，改变 R_f 的阻值可改变整个电路的电压增益。

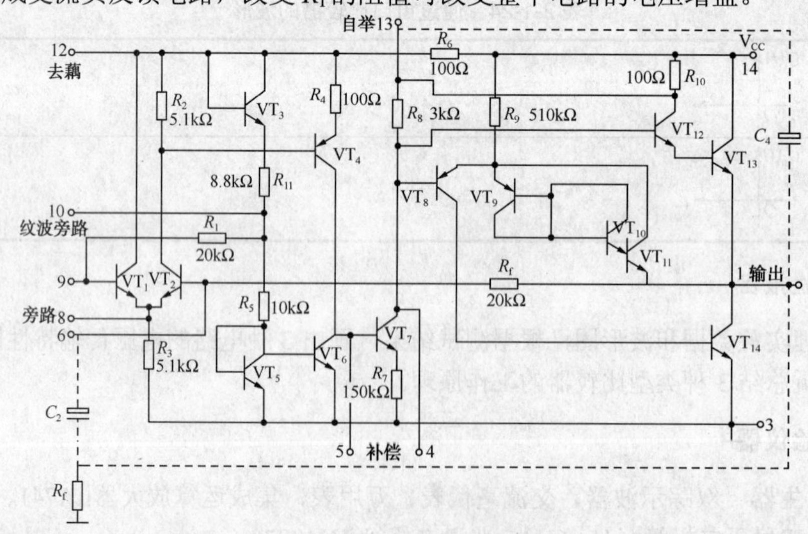

图 2-1-24　LA-4100 内部原理图

图 2-1-25 为实验电路，图中外接电容 C_1、C_2、C_7 为耦合电容，C_3 为滤波电容；C_4 为自举电容；C_5、C_6 用于消除自激振荡。

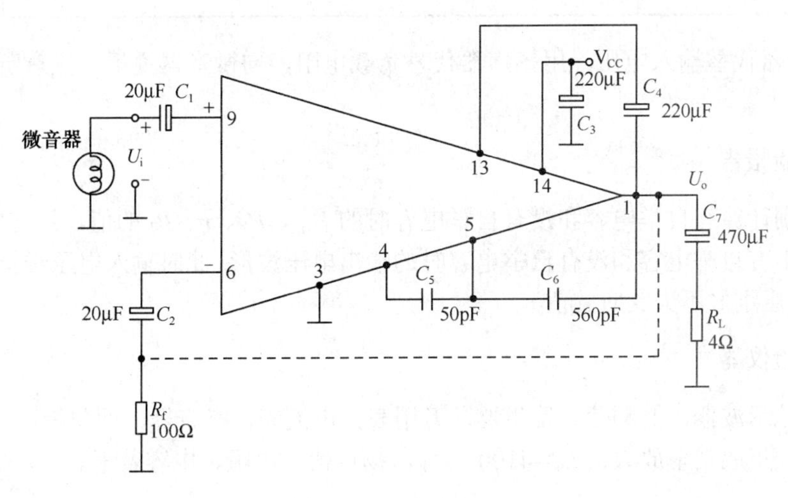

图 2-1-25　实验电路

2）几项重要指标及其测量方法

① 最大输出功率 $P_{om}=U_{o_2}/R_L$。

② 电源供给的平均功率 $P_V=V_{CC} \cdot I_{CO}$（I_{CO} 为最大不失真输出电压时，电源供给的平均电流）。

③ 最大效率 $\eta_m=P_{om}/P_V$。

④ 最大输出功率时晶体管的管耗 $P_T=P_V-P_{om}$。

4．实验内容及步骤

① 按图 2-1-25 的电路接线。输入短路，观察输出有无振荡，如有振荡，改变 C_6 的数值使振荡消除。

② 在同相端（9 端）接 1kHz、200mV 的信号电压，用示波器观察 R_L 两端的输出电压波形，逐渐增加输入电压，直至输出电压刚出现失真时为止，用毫伏表测量此时输入电压 U_i 及输出电压 U_{om} 的值。用直流电流表测量由 V_{CC} 供给芯片的直流电流 I_{CO} 的值，并画出此时的输出电压波形。测量值填于表 2-1-25 中。

表 2- 1-25　测量最大输出信号

	U_i	U_{om}	I_{co}	P_{om}	P_V	η
测量值						

断开自举电容 C_4，观察并画出此时的输出电压波形。减小输入电压 U_i，使输出电压波形刚好不失真，记下此时的 U_{om} 及 I_{CO} 值填于表 2-1-26 中。

表 2-1-26　断开自举电容测量最大输出

	U_i	U_{om}	I_{co}	P_{om}	P_V	η
测量值						

用微音器代替输入电压，用扬声器代替负载电阻，向微音器说话，注意听扬声器发出的声音。

5．实验报告

① 分别计算有自举电容和没有自举电容时的P_{om}、P_V、η、P_T的值，并与理想值比较。

② 画出有自举电容和没有自举电容时的输出电压波形(此时输入电压维持在有自举电容时输出电压刚好不失真时的值)。

6．实验仪器

① 双踪示波器，低频信号发生器，万用表，电流表，微音器，面包板。

② 音频集成功率放大器 LA-4100 芯片，扬声器，电阻、电容若干。

7．思考题

① 如果R_f的阻值由100Ω变为240Ω，最大不失真输出功率有何变化？

② 在芯片允许的功率范围内，加大输出功率的措施有哪些？

2.2　提高实验

2.2.1　实验十一　负反馈放大电路

1．实验目的

加深理解反馈放大电路的工作原理及负反馈对放大电路性能的影响。

2．预习要求

仔细阅读图 2-2-1 负反馈放大电路，熟悉其工作原理，并指出图中引入反馈的组态及对整个电路性能的影响。

计算图 2-2-1 负反馈放大电路的反馈系数。

阅读童诗白主编的《模拟电子技术基础》第 4 章附录，计算图 2-2-1 负反馈放大电路参数的理论值。

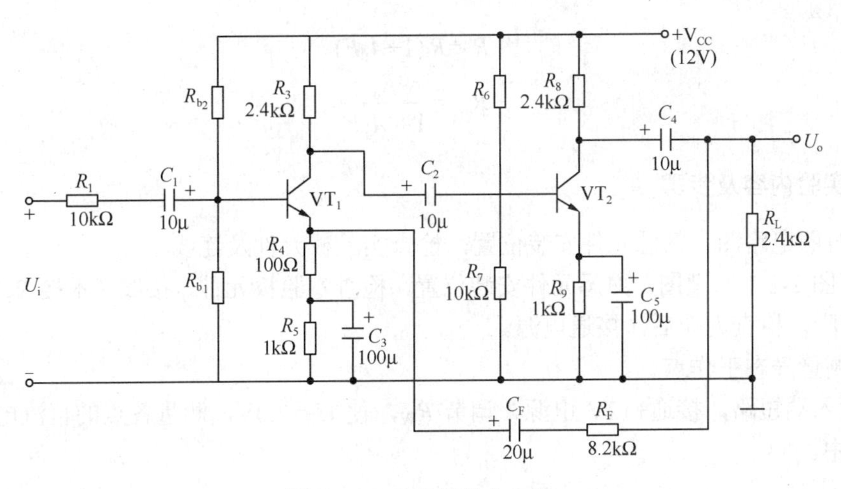

图 2-2-1　负反馈放大电路

3．实验原理

图 2-2-1 为负反馈放大电路中构成两级电压串联负反馈放大电路。有反馈时的电压放大倍数 A_{uf} 与无反馈时的电压放大倍数 A_u 满足以下关系式，即

$$A_{uf}=\frac{A_u}{1+A_uF}$$

式中的反馈系数为

$$F=R_4/(R_4+R_F)$$

若视为引入的是深度负反馈则

$$A_{uf}=1/F。$$

参阅童诗主编白的《模拟电子技术基础》第 4 章附录，利用方块图法求解无反馈电压放大倍数时，负反馈支路的处理方法原则：电压反馈将输出短路，串联反馈将输入开路。则图 2-2-1 在无反馈时的等效电路如图 2-2-2 所示（图中未画出 R_{b1}、R_w，同时未考虑 R_L 的影响）。

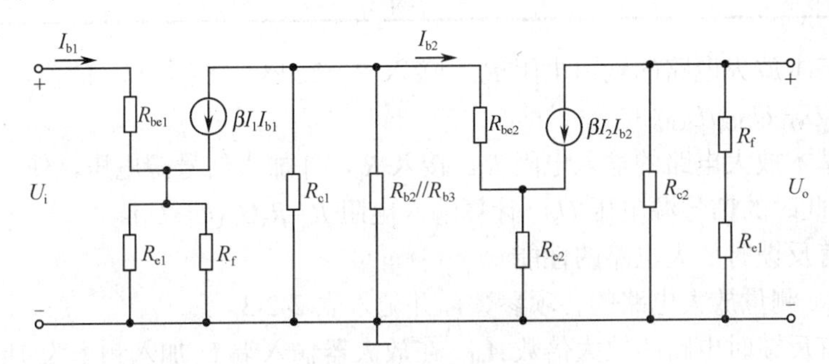

图 2-2-2　无反馈时的等效电路

得出无反馈时的电压放大倍数为

$$A_u=\frac{-\beta\{R_{c1}\,//\,R_{b2}\,//\,R_{b3}\,//[R_{be2}+(1+\beta_2)R_{e2}]\}}{r_{be1}+(1+\beta_1)(R_{e1}\,//\,R_f)}\cdot\frac{-\beta[R_{c2}\,//(R_f+R_{e1})]}{R_{be2}+(1+\beta_2)R_{e2}} \tag{2-2-1}$$

本实验中有反馈时的输入、输出电阻为

$$R_{if}=R_i(1+A_uF) \tag{2-2-2}$$

$$R_{of}=\frac{R_o}{1+A_uF} \tag{2-2-3}$$

4. 实验内容及步骤

1）对照电路图，熟悉元件安装位置，检查实验板元件及连线

计算图 2-2-1 原理图，熟悉元件安装位置，检查实验板元件、接线（不接 R_S、U_S、R_L，A、B 断开），检查无误后，接通电源。

2）测量静态工作点

将输入端短路，接通+12V 电源、调节 R_W，使 U_E=2.0V，测量各点的直流电位，填入表 2-2-1 中。

表 2-2-1　静态工作点

项目	UB1	UE1	UC1	UB2	UE2	UC2
测量值/V						

3）测量无反馈时基本放大电路的性能

断开反馈支路，并将反馈支路接地。

① 在放大器输入端 U_i 加入频率为 1kHz 的正弦信号，调节函数信号发生器的输出旋钮使放大器输入电压 U_i 为 10mV，同时用示波器观察放大器输出电压 U_o 波形，在波形不失真的条件下用交流毫伏表测量 U_o 值，并用双踪示波器观察 U_o 和 U_i 的相位关系，记入表 2-2-2 中。

表 2-2-2　无反馈时放大电路性能

项目	U_i	U_o	U_s	U_{OL}	A_u	R_i	R_o
测量值	10mV						
计算值							

② 测量基本放大电路的输出电阻 R_o。接入 R_L=2.4kΩ，测量 U_{OL} 的值，计算输出电阻的值为 $R_o=R_L(U_O-U_{OL})/U_{OL}$。

③ 测量基本放大电路的输入电阻 R_i。接入 R_s，并加大信号源电压，使 U_o 与未接入 R_s 时相同，测量此时的信号源电压 U_s，计算输入电阻 $R_i=R_sU_i/(U_s-U_i)$。

4）测量有反馈时放大电路的性能

连通反馈，测量放大电路的各项参数，并记入表 2-2-3。

① 测量有反馈时电路的放大倍数 A_{uf}。在放大器输入端 U_i 加入频率为 1kHz、10mV 的正弦信号，同时用示波器观察放大器输出电压 U_o 波形，

② 测量基本放大电路的输出电阻 R_{of}。接入 R_L，测量 U_{oL} 的值，计算输出电阻的值。

③ 测量基本放大电路的输入电阻 R_i。接入 R_s，并加大信号源电压，使 U_o 与未接入 R_s 时相同，测量此时的信号源电压 U_s，计算输入电阻 R_i。

④ 测量反馈系数 F。用晶体管毫伏表测量输出电压 U_o 和反馈电压 U_{of}，计算反馈系数 F。

表 2-2-3　有反馈时放大电路的参数

项目	U_i	U_o	U_s	U_{oL}	U_{of}	A_{uf}	R_{if}	R_{of}	F
测量值									
计算值									

5．实验报告

① 整理实验数据，分别求出无反馈和有反馈时的电压放大倍数，输入电阻和输出电阻。并与理论计算值比较，分析产生误差原因。

② 总结反馈及静态工作点对放大器电压放大倍数、输入电阻、输出电阻的影响。

6．实验仪器

晶体管毫伏表，数字式万用表，双踪示波器，负反馈实验板。

7．思考题

① 如果 R_5 为零，电路的级间是否还存在电压串联负反馈？如果没有，电路还存在哪些级间负反馈？请指出。

② 如果输入信号出现失真，能否用负反馈来改善？

2.2.2　实验十二　比较器和三角波发生器

1．实验目的

学习用集成运放组成比较器、三角波发生器。

2．预习要求

① 熟悉比较器的工作原理，根据图 2-2-3 的电路参数，计算电路的阈值电压，画出传输特性曲线。

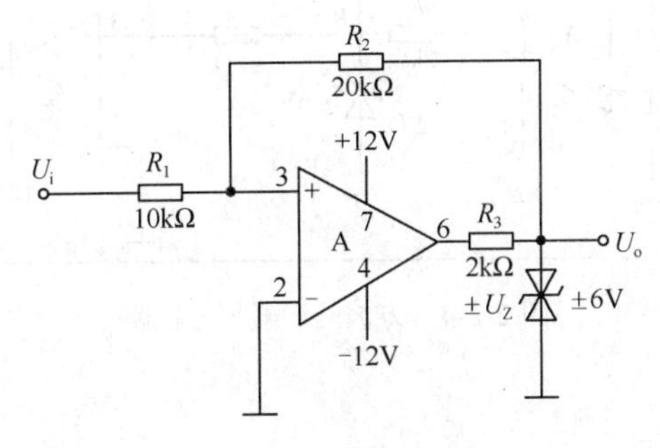

图 2-2-3　滞回比较器

② 熟悉三角波发生器的工作原理，并计算图中 U_o 的峰值电压和频率。图中的运放 A_1、

A_2是否都工作在线性范围内？试定性画出U_o的波形。

3．实验原理

1）比较器

图2-2-3为一同相输入滞回比较器，A为μA741运放芯片，其引脚已标在图上。比较器的两个阈值电压分别为

$$U_{TH1}=\frac{R_1}{R_2}U_z \tag{2-2-4}$$

$$U_{TH2}=\frac{R_1}{R_2}U_z \tag{2-2-5}$$

2）方波-三角波发生器

把比较器与积分器首尾相连，即得图2-2-4所示方波-三角波发生器电路，由式（2-2-4），式（2-2-5）可知，三角波U_o的峰值电压U_{om}为

$$U_{om}=\left|\pm\frac{R_1}{R_2}U_z\right| \tag{2-2-6}$$

因U_o由0上升到U_{om}所需的时间为四分之一周期T，故

$$U_{om}=\frac{R_1}{R_2}U_z=\frac{1}{C}\int_0^{T/4}\frac{U_z}{R_4}\mathrm{d}t=\frac{U_zT}{4R_4C}$$

三角波的频率为

$$f=\frac{1}{T}=\frac{R_2}{4R_1R_4C} \tag{2-2-7}$$

由上式可知，振荡频率f取决于电阻和电容之值，与U_z无关。这是由于三角波的峰值电压U_{om}和被积分的电压U_z成正比的缘故。如果要维持三角波幅值不变，则不宜改变R_1和R_2的值，改变R_4或C之值即可调节三角波的频率。

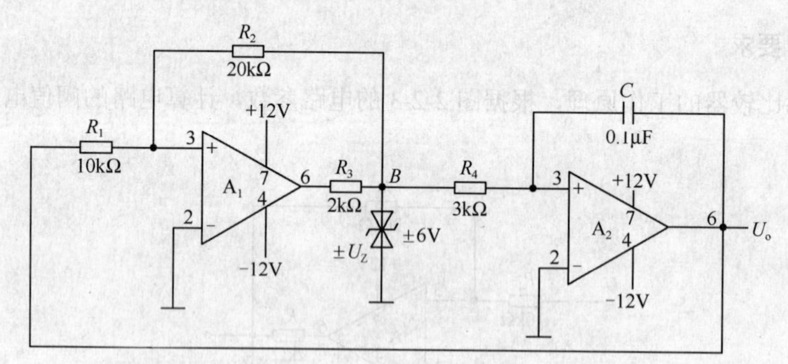

图2-2-4　方波-三角波发生器

4．实验内容及步骤

1）比较器

① 按图2-2-3所示电路及参数接成比较器。

② 若比较器的输出端为负电压，则在其输入端加入从 0V 开始逐渐加大的正直流电压，观察并测量输出端翻转为正电压时对应的输入电压、输出电压，此时测量的输入电压即为 U_{TH1}。将此值与理论值进行比较。

③ 将输入电压旋至最大(+5V)，使比较器的输出端为正电压，逐渐减小输入电压，观察并测量输出端翻转为负电压时刻对应的输入、输出电压，此时测量的输入电压即为 U_{TH2}。将此值与理论值进行比较。

2）方波-三角波发生器

按图 2-2-4 所示电路及参数接成方波-三角波发生器，A_1、A_2 均为 μA741 运放芯片，其引脚已标出。用双踪示波器观察 U_o 和 U_B 的波形，测出其频率和幅值，并绘出 U_o 和 U_B 的波形。图中要表示出它们之间的相位关系。

5．实验报告

① 列出比较器的两个域值电压，并绘出比较器的输入-输出电压特性曲线。

② 根据实验数据，画出方波-三角波的波形，并将测量的幅值、频率与理论值进行比较。

6．实验仪器

模拟电子技术实验箱，双踪示波器，数字式万用表，uA741。

7．思考题

① 三角波发生器中的两个运放电路各起什么作用？分别工作在什么状态？

② 在调试过程中，如果通电后没有输出波形，分析是什么原因？应该如何查找和排除故障？

2.2.3　实验十三　线性集成稳压电源

1．实验目的

① 熟悉和掌握线性集成稳压电路的工作原理。

② 学习线性集成稳压电路技术指标的测量方法。

2．预习要求

① 复习集成稳压电路的有关知识。

② 测量稳压电源的输出电阻和电压调整率 S_V 时，对测量仪器有何要求？为什么？

③ 通常用哪些仪器来测量？

④ 如果稳压块输出有振荡，应如何消振？

⑤ 如何判断硅桥式整流器的引出脚？

3. 实验原理

由线性集成稳压电路组成的稳压电源如图 2-2-5 所示。

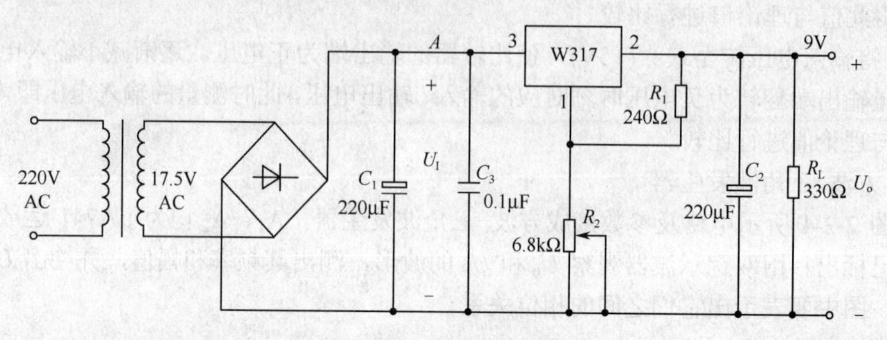

图 2-2-5　线性集成稳压电源

整流部分由硅桥式整流器实现，稳压电路由三端稳压块 W317 实现，电容 C_1、C_2 均为滤波电容，C_3 为消振电容。输出电压为

$$U_o=1.25\times\left(1+\frac{R_2}{R_1}\right) \tag{2-2-8}$$

三端集成稳压块 W317 的工作原理，请参阅童诗白主编的《模拟电子技术基础》第二版，第 11 章附录。硅桥式整流器和三端稳压块的外形、型号、电参数可参阅书后附录。

4. 实验内容及步骤

1）接线

按图 2-2-5 连接电路（变压器嵌在实验箱内），电路接好后在 *A* 点处断开，测量并记录 U_i 的波形（即 U_A 的波形）。然后接通 *A* 点后面的电路，观察 U_o 的波形。调节 R_2，输出电压若有变化，则电路的工作原理基本正常。

2）测量稳压电源输出范围

调节 R_2，用示波器监视输出电压 U_o 波形，分别测出稳压电路的最大和最小输出电压，以及相应的 U_i 值，填写表格 2-2-4。

表 2-2-4　稳压电源输出范围

范围	U_o（max）	U_i（max）	U_o（mix）	U_i（mix）
测量值				

3）测量稳压块的基准电压 U_R（电阻 240Ω两端的电压）。

4）测量纹波电压

输出电压的纹波不是正弦波而是锯齿波，因此只好用晶体管毫伏表近似地测量其交流值。调节 R_2 使 U_o=9V，用示波器观察稳压电路输入 U_i 的波形，并测量纹波电压的大小。再测量输出电压 U_o 的纹波，将两者进行比较，填入表格 2-2-5 中。

表 2-2-5　纹波电压

纹波电压	U_i	U_o
测量值		

5）测量稳压电源的输出电阻 R_o

断开 R_L（$R_L=\infty$、开路），用数字电压表 测量 R_L 两端的电压，记为 U'_o；然后接入 R_L，测出相应的输出电压，记为 U_o，用下式计算 R_o 为

$$R_o = \left(\frac{U'_o}{U_o}\right) \times R_L \tag{2-2-9}$$

6）观察整流桥输出的波形

将 A 点断开同时断开 C_1，将 1MΩ的电阻并在 U_i 两端，用示波器观察 U_i 波形并记录下来。用万用表直流挡测量 U_i 值。

5．实验报告

① 回答预习要求中所提出的问题。
② 将步骤 1）～6）的测量结果分别记录下来。并计算输出电阻。
③ 回答思考题。

6．实验仪器

双踪示波器，模拟电子技术实验箱，数字式万用表，晶体管毫伏表。

7．思考题

① 滤波电容的大小对输出电压和纹波电压的大小有何影响？
② R_L 和 R_o 的大小对输出电压有何影响？当 R_L 改变时，输出电压能否绝对不变？为什么？

2.2.4　实验十四　精密全波整流电路

1．实验目的

① 了解二极管的单相导电性。
② 了解半波和全波精密整流电路的工作原理及输出波形。
③ 掌握将微弱交流电压转换成直流电压的方法。

2．预习要求

① 分析图 2-2-6 电路的工作原理，定性画出 A 点、U_o 的波形。
② 电容 C 开路，分析 U_o 波形及电阻 R_5 的作用。
③ 电阻 R_F 与输出直流电压的关系。
④ 求出 U_o 与 U_i、U_A 之间的电压表达式。

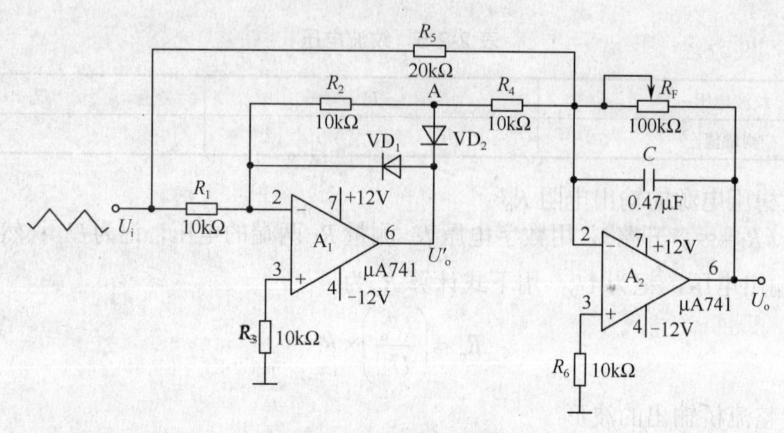

图 2-2-6　全波精密整流电路

3．实验原理

把正、负交变的电压转换成单极性电压，称为整流。具有单向导电性的二极管是最常用的整流元件，但是二极管的非线性将产生相当大的误差。如果信号幅度小于二极管的死区电压时，输出电压为 0，因此，用四个二极管组成的桥式整流不适用小信号整流。利用集成运放的放大作用和深度负反馈可以克服二极管非线性造成的误差，可以将微弱的交流电压转换成直流电压，这就是精密整流。

图 2-2-6 为全波精密整流电路，其工作原理为：当 $U_i>0$ 时，必然使集成运放的输出 $U_o'<0$，从而导致二极管 VD2 导通，VD1 截止，电路实现反相比例运算，$U_A'=-U_i$，只有 U_i 正半周波形；当 $U_i<0$ 时，$U_o'>0$，二极管 VD1 导通，VD2 截止，$U_A=0$，A 点波形为半波整流波形，即运放 A_1 实现半波整流。运放 A_2 为反相输入加法器，$U_i>0$ 时（$R_F=20\text{k}\Omega$，电容 C 开路），则

$$U_o=-R_F\left(\frac{U_i}{20}+\frac{U_A}{10}\right)=U_i \tag{2-2-10}$$

$$U_i<0\text{ 时，}U_o=-U_i \tag{2-2-11}$$

U_o 为全波整流。接上电容，输出为直流。

4．实验内容及步骤

① 按图 2-2-6 接线，检查无误后接通电源。

② 输入 f=1kHz、1V（有效值）的正弦信号（由低频信号发生器提供），用双踪示波器分别观察 U_i 端和 A 点波形，记录输入、输出波形。断开 R_5 输出波形有何变化？

③ 将电容 C 开路，将示波器的输出端从 A 点移至 U_o 端，观察输出波形的变化，记录输入、输出波形。断开 R_5 输出波形有何变化（要求画出波形）？

④ 调节 R_F，观察输出波形的幅值变化情况，用万用表直流电压挡测 U_o=1V，然后断开电源，断开 R_F 的连线，测出 R_F 的阻值。

⑤ 接通电容 C，观察输出波形有何变化，记录输入、输出波形。用万用表直流电压挡测 U_o 值，有何变化？

⑥ 断开电容 C，将 R_5 改接为 1MΩ电位器，调节电位器，观察输出波形的变化情况。将输出电压与输入信号正半周和负半周对应的两个峰值相等，电阻 R_5 的阻值应为多大？

⑦ 将输入信号改为三角波，观察 A 点及 U_o 波形。

5．实验报告

① 将实验内容及步骤①～⑦的实验数据及波形列在实验报告上，依据数据及波形说明电路实现的功能。

② 回答思考题。

6．实验仪器

双踪示波器，模拟电子技术实验箱，数字式万用表，晶体管毫伏表，低频信号发生器。

7．思考题

① 如果二极管 VD_1 串接一个 10kΩ电阻，是否会改变 A 点及 U_o 波形？

② 增大 R_F 可以增大输出直流电压值，那么直流电压值能否增至无穷大？为什么？理想情况下为多大？

③ 用示波器观察运放的反相输入端（2 脚）有无波形，为什么？

2.2.5 实验十五 LC 正弦波振荡器

1．实验目的

① 掌握变压器反馈式 LC 正弦波振荡器的调试和测试方法。

② 研究电路参数对 LC 振荡器起振条件及输出波形的影响。

2．预习要求

① 复习有关 LC 正弦波振荡器的工作原理。

② 计算 LC 正弦波振荡器的振荡频率和起振条件。

3．实验原理

LC 正弦波振荡器是用电感 L 和电容 C 组成选频网络的振荡器，一般用来产生 1MHz 以上的高频正弦信号。根据 LC 调谐回路的不同连接方式，LC 正弦波振荡器又可分为变压器反馈式（或称互感耦合式）、电感三点式和电容三点式三种。图 2-2-7 为变压器反馈式 LC 正弦波振荡器的实验电路。其中晶体三极管 VT_1 构成共射放大电路；变压器 T_r 的原绕组 L_1（振荡线圈）与电容 C 组成调谐回路，它既作为放大器的负载，又起选频作用，副绕组 L_2 为反馈线圈，L_3 为输出线圈。

该电路是靠变压器原、副绕组同名端的正确连接（如图 2-2-7 中所示），来满足自激振荡的相位条件，即满足正反馈条件。在实际调试中可以通过把振荡线圈 L_1 或反馈线圈 L_2 的首末端对调，来改变反馈的极性。而振幅条件的满足，一是靠合理选择电路参数，使放大器建立合适的静态工作点；二是改变线圈 L_2 的匝数，或它与 L_1 之间的耦合程度，以得到足够强的反馈量。稳幅作用是利用晶体管的非线性来实现的。由于 LC 并联谐振回路具有良好的选频作用，因此输出电压波形一般失真不大。

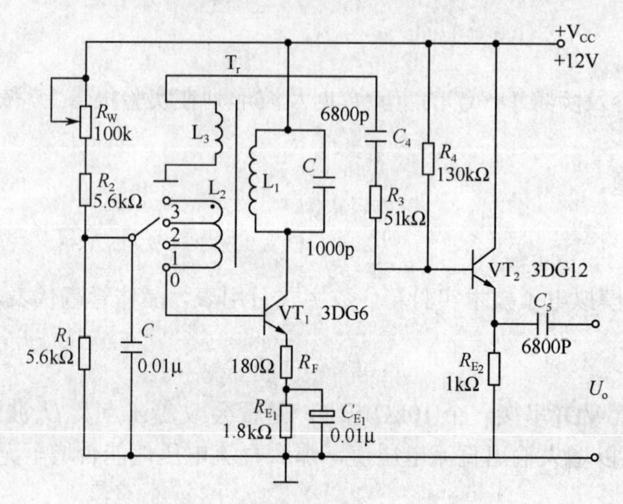

图 2-2-7　LC 正弦波振荡器

振荡器的振荡频率由谐振回路的电感和电容决定，即

$$f_0 = \frac{1}{2\pi\sqrt{LC}}$$

式中：L 为并联谐振回路的等效电感值（考虑其他绕组的影响）。

振荡器的输出端增加一级射极跟随器，用以提高电路的带负载能力。

4．实验内容及步骤

1）按图 2-2-7 连接实验电路

电位器 R_W 置最大位置，振荡电路的输出端接示波器。

2）静态工作点的调整

① 接通 U_{CC}=+12V 电源，调节电位器 R_W，使输出端得到不失真的正弦波形，如不起振，可改变 L_2 的首末端位置，使之起振。测量两管的静态工作点及正弦波的有效值 U_o，记入表 2-2-6。

② 调小 R_W，观察输出波形的变化，测量有关数据，记入表 2-2-6。

③ 调大 R_W，使振荡波形刚刚消失，测量有关数据，记入表 2-2-6。

表 2-2-6　调整电位器 R_W 后的测量值

		U_B/V	U_E/V	U_C/V	I_C/mA	U_o/V	U_o波形
R_W	T_1						
	T_2						

续表

		U_B/V	U_E/V	U_C/V	I_C/mA	U_o/V	U_o 波形
R_W 小	T_1						
	T_2						
R_W 大	T_1						
	T_2						

根据以上三组数据，分析静态工作点对电路起振、输出波形幅度和失真的影响。

3）观察反馈量大小对输出波形的影响

置反馈线圈 L_2 于位置“0”（无反馈）、“1”（反馈量不足）、“2”（反馈量合适）、“3”（反馈量过强）时测量相应的输出电压波形，记入表 2-2-7。

表 2-2-7　反馈量对输出波形的影响

L_2 位置	“0”	“1”	“2”	“3”
U_o 波形				

4）验证相位条件

恢复 L_2 的正反馈接法，改变 L_1 的首末端位置，观察停振现象。

改变线圈 L_2 的首、末端位置，观察停振现象；

5）测量振荡频率

调节 R_W 使电路正常起振，同时用示波器和频率计测量以下两种情况下的振荡频率 f_0，记入表 2-2-8。

表 2-2-8　振荡频率

谐振回路电容 C/pF	1000	100
f/kHz		

6）观察谐振回路 Q 值对电路工作的影响

谐振回路两端并入 R=5.1kΩ的电阻，观察 R 并入前后振荡波形的变化情况。

5．实验报告

1）整理实验数据，并分析讨论：

① LC 正弦波振荡器的相位条件和幅值条件。
② 电路参数对 LC 振荡器起振条件及输出波形的影响。
③ 讨论实验中发现的问题及解决办法。
2）回答思考题。

6．实验仪器

双踪示波器，模拟电子技术实验箱，数字式万用表，晶体管毫伏表，低频信号发生器。

7．思考题

① LC 振荡器是怎样进行稳幅的？在不影响起振的条件下，晶体管的集电极电流是大一些好，还是小一些好？
② 为什么可以用测量停振和起振两种情况下晶体管的 U_{BE} 变化，来判断振荡器是否起振？

2.3 设计实验

2.3.1 实验十六 晶体管共射极单管放大器的设计

1．实验目的

① 学习放大器静态工作点的调试方法，分析静态工作点对放大器性能的影响。
② 学习放大器的电压放大倍数、输入电阻、输出电阻及最大不失真输出电压的测试方法。
③ 学习单管共射放大器的初步设计方法。

2．设计任务

设计一个晶体管共射单管放大器。要求放大器的电压放大倍数大于 40，输入阻抗大于 1kΩ，输出阻抗小于 2kΩ，在电源电压为 12V 时静态功耗小于 20mW。

3．设计原理

放大器的设计考虑：
1）静态工作点的选择
选择放大器静态工作点的原则是保证输出波形不产生非线性失真，并使放大器有较大的增益。放大器的输出波形是否产生非线性失真，主要取决于晶体管在外加信号输入后，其工作点的变化范围是否进入到晶体管的非线性区域。
2）电路形式的选择
晶体管偏置电路的形式有多种。分压式电流负反馈偏置电路减小了工作电流对晶体管

参数的依赖性，有利于提高静态工作点的稳定性，其静态工作点电流为

$$I_{CQ} = \beta \frac{\dfrac{R_{b1} // R_{b2}}{R_{b1}} E_C - V_{BEQ}}{R_{b1} // R_{b2} + (\beta+1)(R_{e1} + R_{e2})}$$

偏置电路元件的计算一般可用工程估算的方法，元件值一般应取系列值。为提高电路工作点的稳定性，减小工作点对晶体管参数 V_{BEQ} 的依赖性，元件值的选取一般宜满足

$$\begin{cases} R_{b1} // R_{b2} \gg \dfrac{V_{BEQ}}{Ec} R_{b1} \\ R_{b1} // R_{b2} \ll (\beta+1)(R_{e1} + R_{e2}) \end{cases}$$

因此，静态工作点电流近似为

$$I_{CQ} = \frac{\dfrac{R_{b1} // R_{b2}}{R_{b1}} E_C}{R_{b1} + R_{b2}}$$

另外，在许多场合还应该兼顾 $R_{b1}//R_{b2}$ 对放大器输入阻抗 R_i 的影响。

$$R_i = R_{b1} // R_{b2} // [r_{be} + (\beta+1)R_{e1}]$$

3）电压放大倍数

对于单级放大器而言，其电压放大倍数的绝对值为

$$A_V = \frac{\beta R'_L}{R_{be} + (\beta+1)R_{e1}}$$

4）频率响应特性

任何放大电路总有各种电容元件，这是影响放大电路频率特性的主要因素。限制放大器高频特性的主要因素是晶体管的结电容及电路的分布电容，影响放大器低频特性的主要原因是耦合电容和射极旁路电容。

4．设计报告要求

① 选择电路结构，根据已知条件和指标要求计算并选取元器件参数。
② 对电路加以验算，给出电路静态工作点和动态指标的理论计算值。
③ 拟出实验步骤，说明各项指标的测量方法。
④ 用仿真软件模拟设计方案。

5．实验报告

① 电路图及参数，写出实验步骤（需注明使用的测试仪器）。
② 测试方法及测量结果。
③ 结果分析（误差分析及存在问题说明，或提出改进意见）。
④ 写出设计和实验过程的收获与体会。

2.3.2 实验十七 波形变换电路设计

1. 实验目的

通过本实验让学生了解深度负反馈的性质，加深虚短、虚断概念的了解；掌握积分电路、反相比例电路、求和电路的工作原理及设计方法；掌握各种波形变换的设计方法；掌握不同种类波形的叠加原理。

2. 设计任务

① 输入信号的频率为 200Hz，幅值为±0.05V 的方波信号。
② 要求输出电压的波形如图 2-3-1 所示的波形(由示波器显示输出)。
③ 画出实现图 2-3-1 输出波形的电路，求出由输出波形提供的参数所对应电路的元件值。

3. 设计原理

① 学习基本运算电路的特性。
② 了解集成运放芯片的工作原理及引脚分配。
③ 研究基本运算电路的应用。

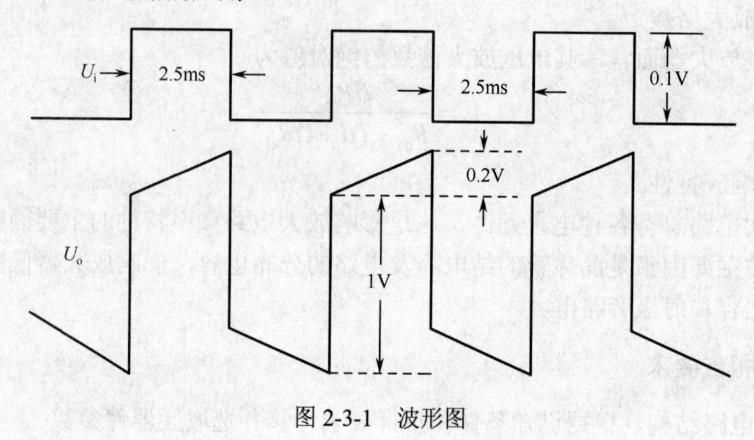

图 2-3-1 波形图

4. 设计报告要求

① 选择电路结构，根据已知条件和指标要求计算并选取元器件参数。
② 对电路加以验算，给出电路静态工作点和动态指标的理论计算值。
③ 拟出实验步骤，说明各项指标的测量方法。
④ 用仿真软件模拟设计方案。

5. 实验报告

① 电路图及参数，写出实验步骤（需注明使用的测试仪器）。
② 测试方法及测量结果。
③ 结果分析（误差分析及存在问题说明，或提出改进意见）。

④ 写出设计和实验过程的收获与体会。

2.3.3　实验十八　运算放大电路的设计

1. 实验目的

① 研究由集成运算放大器组成的比例、加法、减法和积分等基本运算电路的功能。
② 掌握集成运算放大器的正确使用方法。
③ 掌握运算放大器在实际应用时应考虑的一些问题。
④ 掌握用模拟集成运算放大器实现函数运算的方法。

2. 设计任务

设计一个模拟集成运算放大电路。要求该放大器能实现如下的函数运算：$y=-(5X_1+2X_2-2X_3-2X_4)$，其中 $X_i(i=1,2,3,4)$为电路的输入电压，y 为电路的输出电压。要求加在运放输入端的共模电压尽可能的小，反馈电阻的取值限定在 50～150KΩ内。

3. 设计报告要求

① 选择电路结构，根据已知条件和指标要求计算并选取元器件参数。
② 对电路加以验算，给出电路静态工作点和动态指标的理论计算值。
③ 拟出实验步骤，说明各项指标的测量方法。
④ 用仿真软件模拟设计方案。

4. 实验报告

① 电路图及参数，写出实验步骤（需注明使用的测试仪器）。
② 测试方法及测量结果。
③ 结果分析（误差分析及存在问题说明，或提出改进意见）。
④ 写出设计和实验过程的收获与体会。

2.3.4　实验十九　测量放大器

1. 实验目的

① 掌握运放的特点和各项性能指标。
② 学习测量放大器的初步设计方法。

2. 设计任务

设计并制作一个具有较优良性能的测量放大器。其性能参数为频带宽度为 10Hz～100kHz，放大倍数为 50～100，输入阻抗大于 20MΩ，输出阻抗小于 30Ω，共模抑制比大于 100dB。

3．设计原理

在测量系统中，通常不用传感器获取信号，即把被测物理量通过传感器转换为电信号，传感器的输出是放大器的信号源。在测量技术中，由传感器采集到的电信号一般都很弱小，往往需要经过一定的放大才能进入后续环节，因此，测量放大器就成为测量技术成败的关键环节。被测量信号既可能是直流信号也可能是交流信号，信号的幅度都很小（毫伏级），且往往混合有一定的噪声，这些都是测量放大器设计中应考虑的问题。然而，多数传感器的等效电阻均不是常量，它们随所测物理量的变化而变化。这样，对于放大器而言，信号源内阻 R_S 是变量，根据电压放大倍数的表达式可知，放大器的放大能力将随信号大小而变。为了保证放大器对不同幅值信号具有稳定的放大倍数，就必须使得放大器的输入电阻 R_i 较大，R_i 越大，因信号源内阻变化而引起的放大误差就越小。此外，从传感器所获得的信号常为差模小信号，并含有较大共模部分，其数值有时远大于差模信号，故放大器还应有较强的抑制共模信号的能力。

实际应用中，通常使用三运放组成的测量放大器，如图 2-3-2 所示。

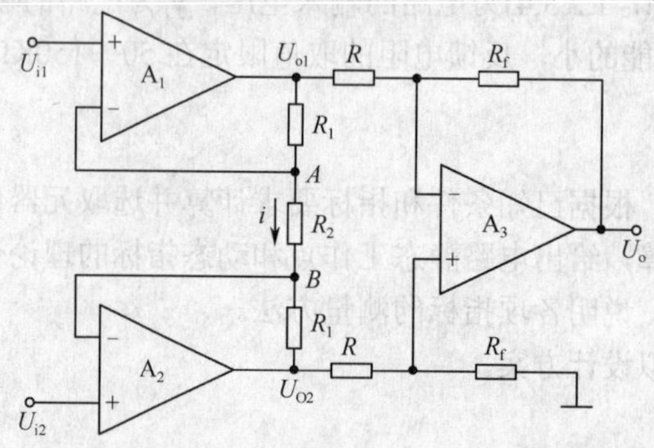

图 2-3-2　集成运算放大器构成的测量放大器电路原理图

集成电路采用μA741，由 A_1 和 A_2 构成输入级，均采用了同相输入方式，使得输入电流极小，因此输入阻抗 R_i 很高；结构上采用对称结构形式，减小了零点漂移，因此共模抑制比很高；A_3 构成放大级，采用差动比例放大形式，电路的放大倍数由电阻 R、R_f 来进行调节，电路的放大倍数可由下式进行计算，得

$$U_o = -\frac{R_f}{R}\left(1+\frac{2R_1}{R_2}\right)(U_{i1}-U_{i2})$$

在电路设计中，除注意选取运放的参数指标外，还应注意选取精密匹配的外接电阻，这样才能保证最大的共模抑制比；另外，当高输入阻抗集成运算放大器安装在印制电路板上时，会因周围的漏电流流入运放形成干扰。通常采用屏蔽方法来抗此干扰，即在运算放大器的高阻抗输入端周围用导体屏蔽层围住，并把屏蔽层接到低阻抗处。这样处理后，屏蔽层与高阻抗之间几乎无电位差，从而防止了漏电流的流入。

4．设计报告要求

① 选择电路结构，根据已知条件和指标要求计算并选取元器件参数。

② 对电路加以验算，给出电路静态工作点和动态指标的理论计算值。

③ 拟出实验步骤，说明各项指标的测量方法。
④ 用仿真软件模拟设计方案。

5．实验报告

① 电路图及参数，写出实验步骤（需注明使用的测试仪器）。
② 测试方法及测量结果。
③ 结果分析（误差分析及存在问题说明，或提出改进意见）。
④ 写出设计和实验过程的收获与体会。

2.3.5　实验二十　可调式集成稳压电源设计

1．实验目的

① 研究集成稳压器的特点和各项性能指标。
② 学习稳压电源的初步设计方法。

2．设计任务

设计一个可调式集成稳压电源器。要求输出电压的范围为+3V～+9V，输出的最大电流为 800mA，输出端交流纹波电压的峰-峰值小于 5mV，稳压系数小于 3×10^{-3}。

3．设计原理

1）选集成稳压器，确定电路形式。

所选稳压器一定要能包含设计任务要求的范围+3V～+9V、I_{omax}=800mA，同时要注意输入输出之间的压差等性能指标。

2）选电源变压器。通常根据变压器的副边输出功率 P_2 来选购（或自绕）变压器。同时要考虑变压器的效率η，在原边输入功率 $P_i \geqslant P_2/\eta$，同时留有一定的余量。

3）选整流二极管及滤波电容。

整流二极管 VD_1～VD_4 根据极限参数选，考虑到电网电压波动范围为±10%，二极管的极限参数应满足以下条件：

$$\begin{cases} I_f > 1.1\times\dfrac{0.45U_2}{R_L} \\ U_R > 1.1\sqrt{2}U_2 \end{cases}$$

滤波电容的选择：理论上当满足 $R_L C = (3\sim5)\dfrac{T}{2}$ 时，$U_o(\text{AV}) \approx 1.2U_2$。

涉及到稳压系数时，得

$$S_V = \frac{\Delta V_o}{V_o} / \frac{\Delta V_i}{V_i} \mid R_L$$

从中求出ΔV_{i}，从而求出滤波电容$C=\dfrac{I_{\mathrm{c}}\cdot t}{\Delta V}$。

同时，C的耐压值应不小于$1.1\sqrt{2}U_2$。

4．设计报告要求

① 选择电路结构，根据已知条件和指标要求计算并选取元器件参数。
② 对电路加以验算，给出电路静态工作点和动态指标的理论计算值。
③ 拟出实验步骤，说明各项指标的测量方法。
④ 用仿真软件模拟设计方案。

5．实验报告

① 电路图及参数，写出实验步骤（需注明使用的测试仪器）。
② 测试方法及测量结果。
③ 结果分析（误差分析及存在问题说明，或提出改进意见）。
④ 写出设计和实验过程的收获与体会。

2.4　本章附录：模拟电路中常用的元器件

1．常用分立元件

1）国产二极管的型号命名方法

国家标准国产二极管的型号命名分为五个部分，各部分的含义见表2-4-1。

第一部分用数字“2”表示主称为二极管。第二部分用字母表示二极管的材料与极性。第三部分用字母表示二极管的类别。第四部分用数字表示序号。第五部分用字母表示二极管的规格号。

表2-4-1　国标国产二极管的型号命名及含义

第一部分：主称	第二部分：材料与极性		第三部分：类别		第四部分：序号	第五部分：规格号
数字	字母	含义	字母	含义		
2	A	N型锗材料	P	小信号管（普通管）	用数字表示同一类别产品序号	用字母表示产品规格、挡次
			W	电压调整管和电压基准管（稳压管）		
			L	整流堆		
	B	P型锗材料	N	阻尼管		
			Z	整流管		
			U	光电管		

续表

第一部分：主称	第二部分：材料与极性		第三部分：类别		第四部分：序号	第五部分：规格号
2	C	N型硅材料	K	开关管	用数字表示同一类别产品序号	用字母表示产品规格、挡次
			B或C	变容管		
			V	混频检波管		
	D	P型硅材料	JD	激光管		
			S	遂道管		
			CM	磁敏管		
	E	化合物材料	H	恒流管		
			Y	体效应管		
			EF	发光二极管		

表 2-4-2 二极管举例

2AP9(N型锗材料普通二极管)	2CW56(N型硅材料稳压二极管)
2—二极管	2—二极管
A—N型锗材料	C—N型硅材料
P—普通型	W—稳压管
9—序号	56—序号

2）国产三极管的型号命名方法

国产三极管的型号命名由五部分组成，各部分的含义见表2-4-3。

第一部分用数字“3”表示主称和三极管。第二部分用字母表示三极管的材料和极性。第三部分用字母表示三极管的类别。第四部分用数字表示同一类型产品的序号。第五部分用字母表示规格号。

表 2-4-3 国产三极管的型号命名及含义

第一部分：主称	第二部分：三极管的材料和特性		第三部分：类别		第四部分：序号	第五部分：规格号
数字	字母	含义	字母	含义		
3	A	锗材料、PNP型	G	高频小功率管	用数字表示同一类型产品的序号	用字母A或B、C、D……等表示同一型号的器件的挡次等
			X	低频小功率管		
	B	锗材料、NPN型	A	高频大功率管		
			D	低频大功率管		
	C	硅材料、NPN型	T	闸流管		
			K	开关管		
	D	硅材料、NPN型	V	微波管		
			B	雪崩管		
	E	化合物材料	J	阶跃恢复管		
			U	光敏管（光电管）		
			J	结型场效应晶体管		

3）美国半导体器件的型号命名方法

美国半导体器件型号命名由四部分组成，各部分的含义见表 2-4-4。

第一部分用数字表示器件的类别，第二部分用字母“N”表示该器件已在 EIA 注册登记，第三部分用数字表示该器件的注册登记号，第四部分用字母表示器件的规格号。

表 2-4-4　美国半导体器件型号命名及含义

第一部分：类别		第二部分：美国电子工业协会（EIA）注册标志		第三部分：美国电子工业协会（EIA）登记号	第四部分：器件规格号
数字	含义	字母	含义		
1	二极管	N	该器件已在美国电子工业协会（EIA）注册登记	用多位数字表示该器件在美国电子工业协会（EIA）的登记号	用字母 A、B、C、D……表示同一型号器件的不同挡次
2	晶体管				
3	三个 PN 结器件（如双栅场效应管晶体管）				
n	*n* 个 PN 结器件				

美国半导体器件型号举例见表 2-4-5。

表 2-4-5　美国半导体器件型号举例

1N4007	2N2907 A
1—二极管	2—晶体管
N—EIA 注册标志	N—EIA 注册标志
4007—EIA 登记号	2907—EIA 登记号
	A—规格号

4）常用的二极管

常用的二极管见表 2-4-6。

表 2-4-6　常用的二极管

塑封整流二极管						
序号	型号	额定正向工作电流 I_F	最大反向耐压 V_{RRM}	正向压降 V_F	恢复时间 T_{rr}	外形
1	1N4001～1N4007 反向击穿电压是递增的	1A	50V～1000V	1.1 V		DO-41
2	1N4148 开关管 小电流低电压	150mA	100V		4 ns	DO-35

5）常用三极管

常用三极管封装通常为塑料封装和金属封装两种，如图 2-4-1 所示。

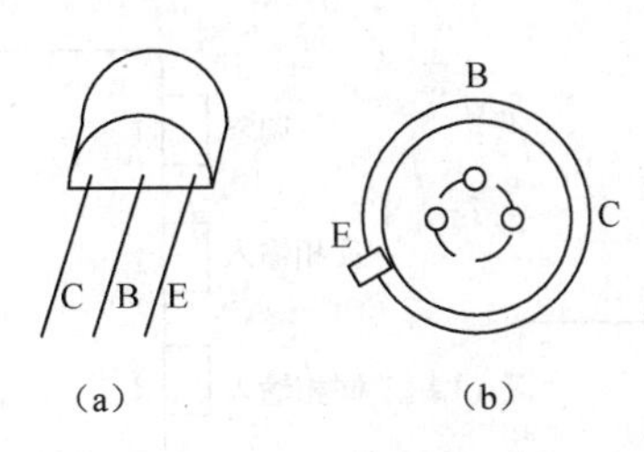

图 2-4-1 三极管两种封装

常用三极管及其参数见表 2-4-7。

表 2-4-7 常用三极管及其参数

高频小功率三极管参数							
型号	材料	类型	P_{CM}/mW	I_{CM}/mA	BVCEO/V	FT/MHz	封装
9011	Si	NPN	400	30	50	370	塑封 TO-92
9012	Si	PNP	400	-400	-25	200	
9013	Si	NPN	400	400	40	250	
9014	Si	NPN	400	30	50	270	
9015	Si	PNP	600	-100	-50	190	
3DG6	Si	NPN	100	20	20	150	金封 TO-18

6）常用场效应管

常用场效应管的性能参数见表 2-4-8，封装如图 2-4-2 所示。

表 2-4-8 常用场效应管 3DJ6

3DJ6 N 沟结型场效应管参数					
型号	P_{DM}/mW	I_{DM}/mA	I_{DSS}/mA	G_m/μS	F_M/MHz
3DJ6	100	15	0.3～10	>1000	30

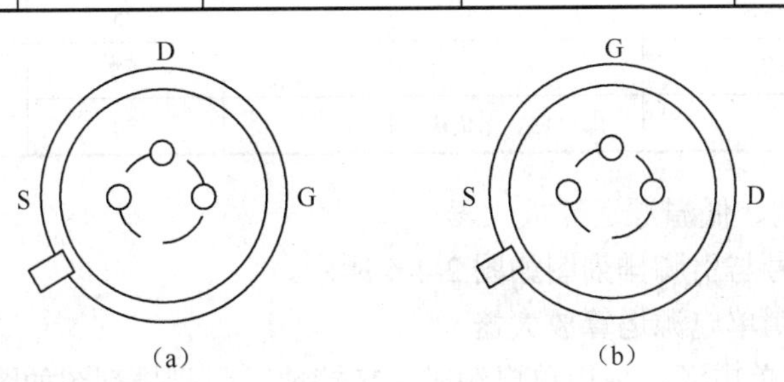

图 2-4-2 N 沟结型场效应管封装

2．常用模拟集成电路

1）μA741 通用运算放大器

μA741 图形符号与引脚排列图如图 2-4-3 所示，其性能参数见表 2-4-9。

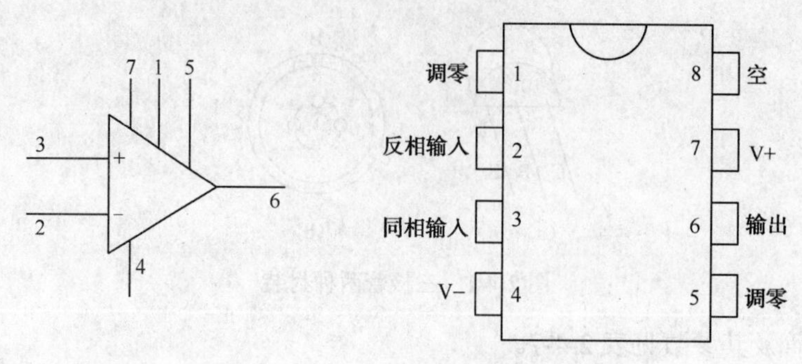

图 2-4-3　μA741 图形符号与引脚排列图

表 2-4-9　μA741 通用运算放大器的主要参数

符号	参数	条件	最小值	典型值	最大值	单位
V_{IO}	输入失调电压			2	6	mV
I_{OS}	输入失调电流			20	200	nA
I_{IB}	输入偏置电流			80	500	nA
R_{IN}	输入电阻		0.3	2.0		MΩ
C_{INCM}	输入电容			1.4		pF
V_{IOR}	失调电压调整范围			±15		V
V_{ICR}	共模输入电压范围		±12.0	±13.0		V
CMR	共模抑制比	V_{CM}=±13V	70	90		dB
K_{SVS}	电源抑制比	V_S=±3～18V		30	150	μV/V
A_{Vd}	开环电压增益	R_L≥2KΩ V_O=±10V	20	200		V/mV
V_O	输出电压摆幅	R_L≥10KΩ	±12.0	±14.0		V
S_R	摆率	R_L≥2KΩ		0.5		V/μs
R_O	输出电阻	V_O=0，I_O=0		75		Ω
I_{OS}	输出短路电流			25		mA
I_S	电源电流			1.7	2.8	mA
P_d	功耗	V_S=±15V 无负载		50	85	mW

2）OP07 低失调、低温漂运算放大器

OP07 的图形符号与引脚排列图如图 2-4-4 所示。

3）μA324 四通用单电源运算放大器

可使用双电源或单电源，使用单电源时，V-接地，引脚排列图如图 2-4-5 所示。

4）LM311 比较器

LM311 比较器的引脚排列图如图 2-4-6 所示。

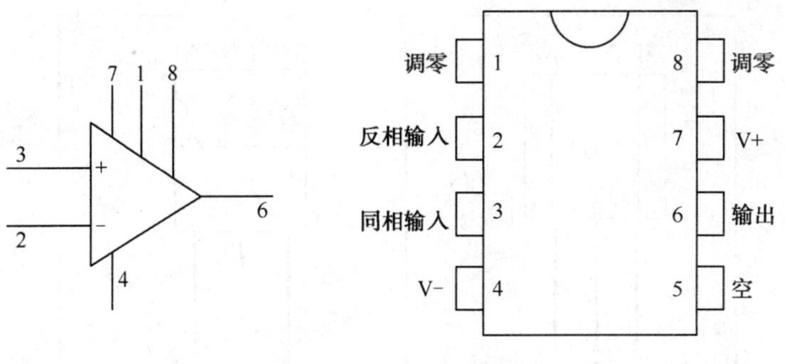

图 2-4-4　OP07 引脚图

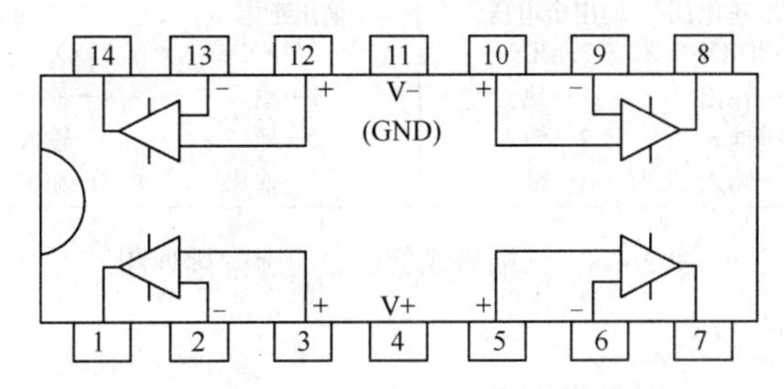

图 2-4-5　μA324 引脚排列图

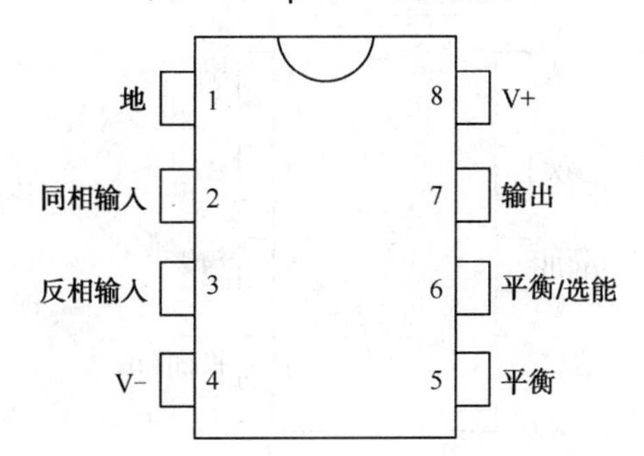

图 2-4-6　LM311 引脚排列图

5）LA4100-LA4102 音频功率放大器

LA4100-LA4102 音频功率放大器的引脚排列图如图 2-4-7 所示。

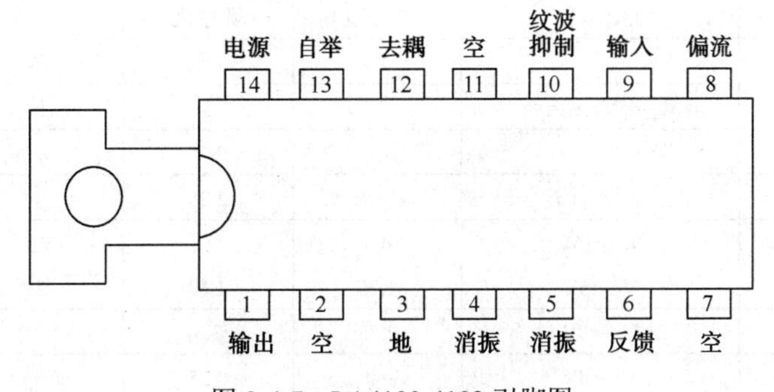

图 2-4-7　LA4100-4102 引脚图

6）集成三端稳压器

集成三端稳压器的引脚排列图如图 2-4-8 所示。

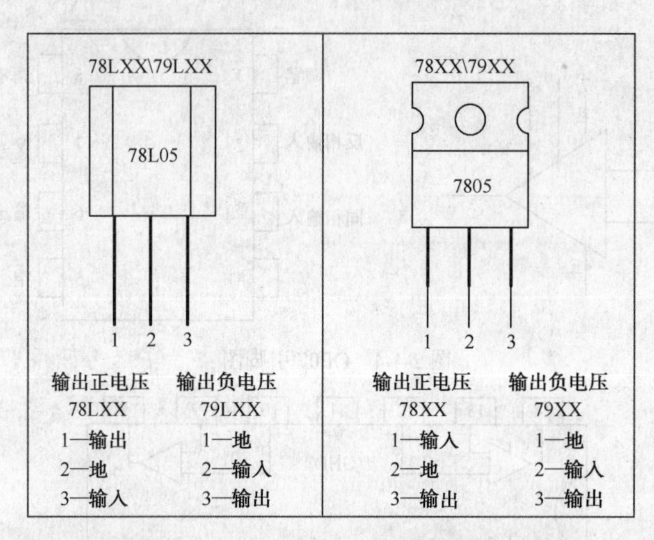

图 2-4-8　三端集成稳压器的引脚排列图

7）555 定时器电路

555 定时器电路的引脚排列图如图 2-4-9 所示。

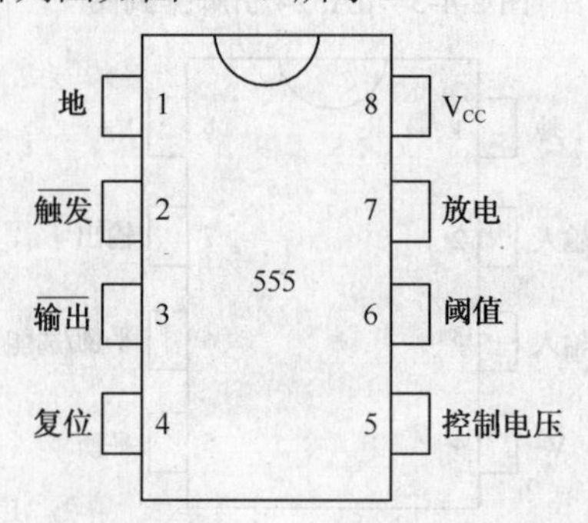

图 2-4-9　555 定时器的引脚排列图

表 2-4-10　555 和 556 定时器电路的主要参数

参数名称	测试条件	最小值	典型值	最大值	单位
电源电压		4.5		16	V
电源电流	V_{CC}=5V，R_L=∞		3	6	mA
定时误差 单稳态			0.75		%
定时误差 多谐			2.25		%
输出三角波电压	V_{CC}=15V	4.5	5	5.5	V
	V_{CC}=5V	1.25	1.67	2	
输出高电平	V_{CC}=5V	2.75	3.3		V
输出低电平	V_{CC}=5V		0.25	0.35	V
上升时间			100		ns
下降时间			100		ns

第3章　数字电子技术实验

3.1　基础实验

3.1.1　实验一　集成逻辑门的测试和使用

1．实验目的

① 熟悉 TTL 和 CMOS 各种门电路的逻辑功能及测试方法。

② 熟悉 TTL 和 CMOS 集成电路的特点、使用规则和使用方法。

2．预习要求

① 阅读实验预备知识，学习实验要求，掌握实验室常用电子仪器和实验箱的正确使用方法。

② 阅读理论课程的相关内容，了解实验原理，掌握 TTL 和 CMOS 门电路的主要参数和测试方法。了解 TTL 和 CMOS 集成电路的电源电压，器件的正方向，了解多余端的处理。

③ 预习本次实验要使用的集成电路，了解相近功能的集成电路。

3．实验原理

1）数字电路实验中所使用的集成芯片都是双列直插式的（图 3-1-1）

双列直插式集成电路引脚的识别方法：将芯片正面对着使用者，从左下角（芯片缺口或小圆点标记一侧）开始按逆时针方向依次为 1，2，3，…，N 引脚（N 为芯片引脚数），如图 3-1-2 所示。在标准型 TTL 集成电路中，电源端 V_{cc} 排在左上端，接地端一般排在右下端。若集成芯片引脚上的功能标号为 NC，则表示该引脚为空脚，与内部电路不连接，制作空脚的目的是集成芯片的引脚数要符合标准，常见的有 8、14、16、20、24 脚等。

2）集成芯片称谓的含义

以 74LS00 为例，74LS 系列电路为低功耗、肖特基系列，尾数 00 为集成电路标号，含义为二输入端四与非门。

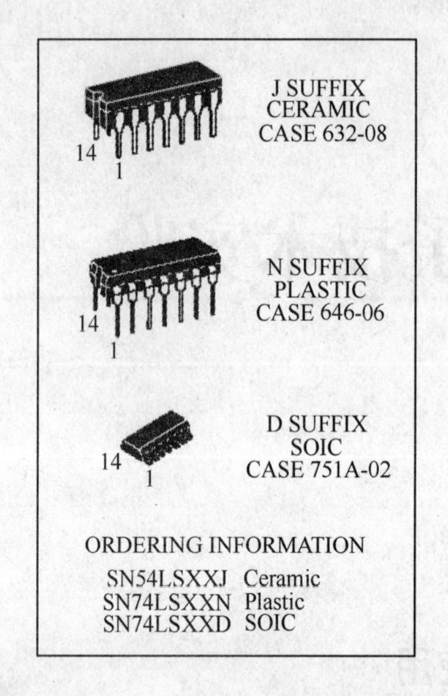

图 3-1-1　74LS00 的三种封装

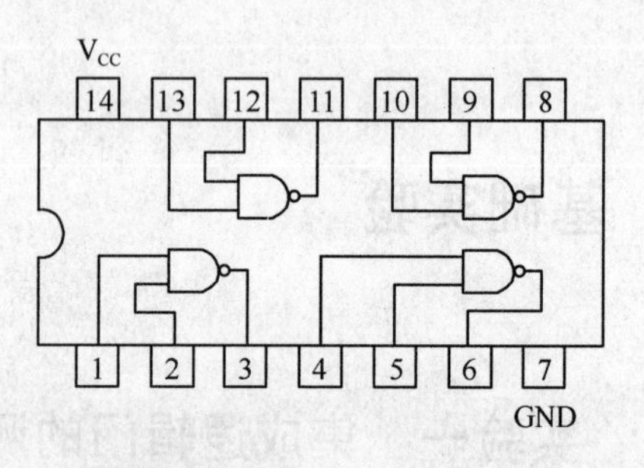

图 3-1-2　74LS00 的引脚排列图

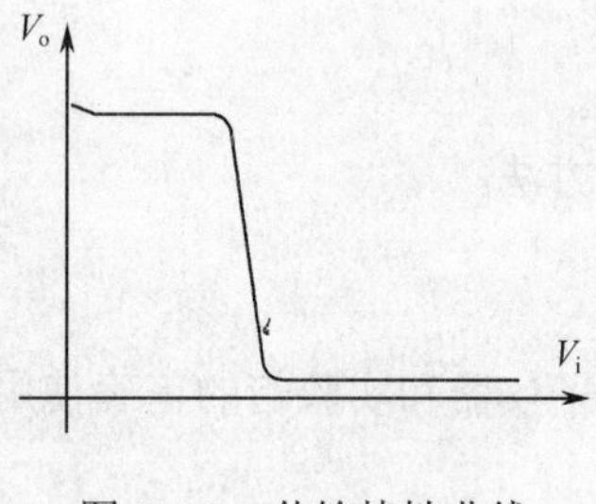

图 3-1-3　传输特性曲线

3）集成电路的电压传输特性曲线

反映集成电路输出电压随输入电压变化的特性。

4）TTL 与 CMOS 集成电路的使用规则和方法（表 3-1-1）

输入端的保护及处理：不使用的输入端不能悬空，否则容易引起静电感应而被击穿，造成永久性损坏；或者受外界干扰，电路工作极不稳定。通常的处理方法：一是将闲置输入端按照逻辑需要接 V_{CC} 或 V_{DD}，二是将它们与使用的输入端并联（会增加输入电容，降低转换速度）。

输出端的保护及处理：CMOS 集成电路的输出端不允许直接接 V_{DD}，否则将导致器件损坏。不允许输出端并联，但为了增加驱动能力，同一芯片上的输出端允许并联。

表 3-1-1　TTL 与 CMOS 电路的主要不同点

	工作电压	多余端处理	输出端处理	连线等操作
TTL	5V±10%	悬空为高，但不稳定，需按逻辑要求接入电路	不允许并联使用，不允许直接接地或接 5V 电源	严禁带电操作
CMOS	3～18V	所有输入端都不允许悬空。不使用的输入端按逻辑要求接入电路	输出端不允许直接接 V_{DD}，同一芯片上的输出端允许并联使用	严禁带电操作

5）电路出现问题时，需认真检查、思考

通过实验培养学生独立思考，排除故障的能力，我们培养的不是机械的操作工，而是能够发现问题并解决问题的技术人员。

4．实验内容

① 使用 74LS00 进行实验，按图 3-1-4 接线，测试器逻辑功能。要求用开关改变输入端 A、B 的状态，借助 LED 指示灯和万用表，把测试结果填入表 3-1-2 中。

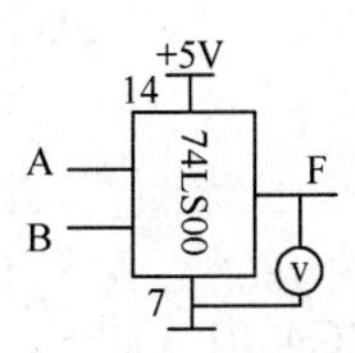

图 3-1-4　测量逻辑功能电路

表 3-1-2　74LS00 逻辑功能表

输入		输出	
A	B	电压/V	逻辑状态
0	0		
0	1		
1	0		
1	1		

② 测量 74LS00 的电压传输特性如图 3-1-5 连接电路，使用滑动变阻器改变输入电压 V_i，检测 V_o 的输出电压值，将结果填入表 3-1-3，在坐标纸上画出 74LS00 的电压传输特性曲线。

表 3-1-3　74LS00 的电压传输特性

V_i/V	V_o/V
0.2	
0.4	
0.6	
0.7	
0.8	
0.9	
1.1	
1.3	
1.5	
1.7	

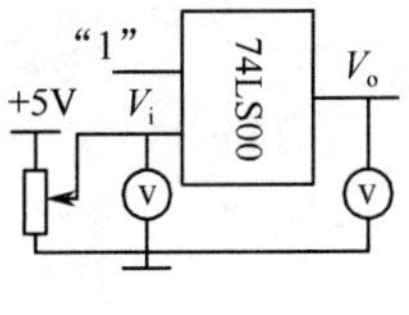

图 3-1-5　测量电压传输特性电路图

③ 使用 CC4001 进行实验，测试器逻辑功能。要求用开关改变输入端 A、B 的状态，借助 LED 指示灯和万用表，把测试结果填入表 3-1-4 中。注意多余端的处理。

表 3-1-4　CC4001 逻辑功能表

输入		输出	
A	B	电压/V	逻辑状态
0	0		
0	1		
1	0		
1	1		

④ 利用 CC4001 连接电路图 3-1-6，并总结所连接电路的逻辑功能，并通过分析判断是否正确。

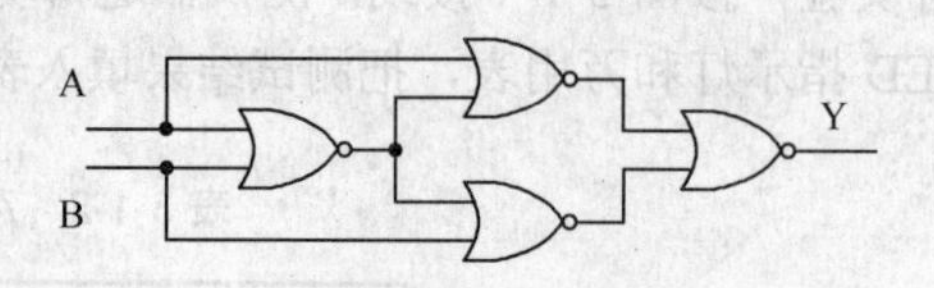

图 3-1-6 实验逻辑图

5．实验内容设备及器件

数电实验箱，万用表，74LS00（四—二输入与非门），CC4001（四—二输入或非门）。

6．实验报告要求

① 测试基本电路的逻辑功能必须附有测试电路图，记录测试数据，并将结果进行分析。

② 电压传输特性曲线必须画在坐标纸上。

③ 测试给定逻辑功能必须附有测试电路图和测试记录的电路真值表，根据真值表写出输出逻辑函数的逻辑表达式。

7．思考题

① 讨论 TTL 和 CMOS 与非门不使用的输入端的各种处置方法与优缺点。

② 利用 74LS00 实现“或电路”。

3.1.2 实验二 异或门的应用

1．实验目的

① 掌握中功率晶体管的参数性能及使用方法。

② 熟悉 TTL 集成芯片的输入、输出特性及使用方法。

③ 了解继电器的性能及使用方法。

2．预习要求

① 复习 TTL 门电路的输入特性和输出特性。

② 了解继电器的结构、性能及工作原理。

③ 了解中功率晶体管的功耗、最大集电极电流及击穿电压等性能指标。

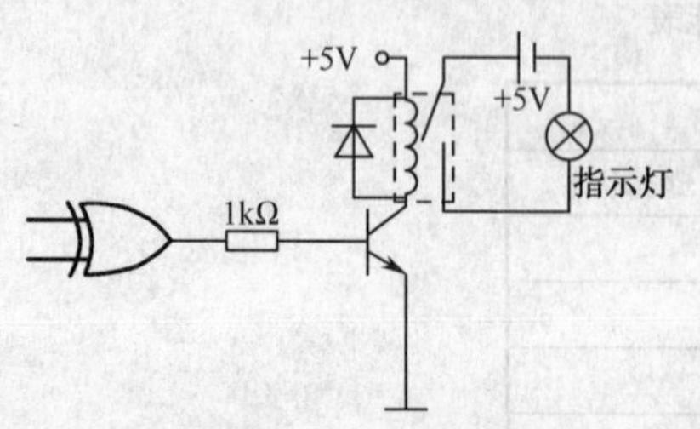

图 3-1-7 异或门驱动继电器电路

3．实验电路

异或门驱动继电器电路如图 3-1-7 所示。

虚线框里标注的是继电器，接常开开关；外接二极管起保护作用。门电路采用异或门，用数字实验箱上的逻辑开关作为异或门输入逻辑。电路中的电源全部采用+5V 电源。

4．实验内容及步骤

① 按图 3-1-7 接线，检查无误后接通电源。

② 测量以下参数并填表 3-1-5。

表 3-1-5　测量数据

A	B	U_{OH}	U_{OL}	U_{BE}	U_{CE}	指示灯状态（亮、灭）
0	0					
0	1					
1	0					
1	1					

注意：U_{BE}、U_{CE} 分别是晶体管基极、发射极间的电压和集电极、发射极间的电压；U_{OH}、U_{OL} 分别是异或门输出高、低电平时的电压值。

5．实验内容报告

① 将实验结果记录下来并分析。

② 回答思考题。

6．实验仪器

数字实验箱，74LS86（异或门），3DG12 或 9013，5V 或 3V 继电器，二极管，电阻、电位器。

7．思考题

① 3V 继电器直接接于异或门输出能否控制指示灯状态？为什么？

② 为什么要在异或门输出和晶体管基极之间接电阻？

3.1.3　实验三　编码器与译码器

1．实验目的

① 了解编码及译码显示的原理。

② 掌握编码器、译码器的使用方法和测试方法。

③ 利用编码器、译码器进行电路设计。

2．实验预习要求

① 阅读课本关于编码器与译码器的介绍，了解 74LS148、74LS138 的逻辑功能和使用方法。

② BCD 码到七段译码器及显示器的性能。

③ 按实验内容要求，用 3—8 线译码器 74LS138 和与非门组成一位全减器。选择门电路，画出电路连接图。

3．实验原理

1）集成优先编码器

允许输入两个以上编码信号，当输入有一个以上信号申请编码时，只对优先级别最高的信号进行编码。多用于键盘电路、计算机中断等。本实验使用的 74LS148 有 8 个输入、低电平有效高位优先，3 位代码输出、低电平有效。

2）显示译码器

将输入的 8421BCD 码翻译为 7 段数码管中 a～g 字段的译码器。

3）使用译码器构成任意组合逻辑函数

任何函数可展成标准与或式，即部分最小项之和的形式。而译码器是最小项输出器，能产生全部最小项，可以利用译码器的这个特点形成任意的组合逻辑函数。

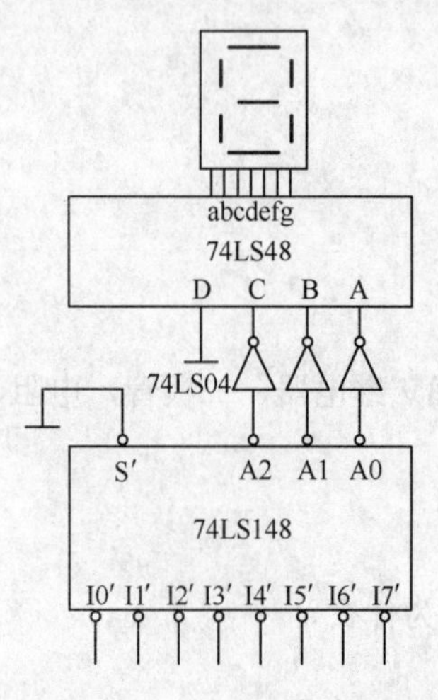

图 3-1-8 编码—译码显示电路

方法为把与函数式中所含最小项相对应的译码器输出相与非（低电平输出）或者相或（高电平输出）即可得到相应的逻辑函数。

说明：① 视译码输出高有效/低有效不同而选择不同的门（低→与非门；高→或门）；

② 译码器变量少时，可先扩展后再级联。

4．实验内容

① 利用 74LS04，74LS148，连接图 3-1-8 的编码—译码显示系统，只需连接 DCBA 这个 4 位 BCD 码。

a．按表 3-1-6 中给出的不同组合情况，观测编码器的编码输出，并将其直接译码显示输出及取反后接译码显示输出的结果，填入表 3-1-6 中。

b．讨论并说明编码输入与输出的关系及优先级别。

表 3-1-6 编码输出与译码输出的实验结果

编码输入								译码输出			数码管显示
I0′	I1′	I2′	I3′	I4′	I5′	I6′	I7′	A2′	A1′	A0′	

② 使用 74LS138 进行实验，原理如图 3-1-9 所示，验证 74LS138 的功能。要求用开关改变输入端 A2、A1、A0 的状态，借助 LED 指示灯，把测试结果填入表 3-1-7 中。

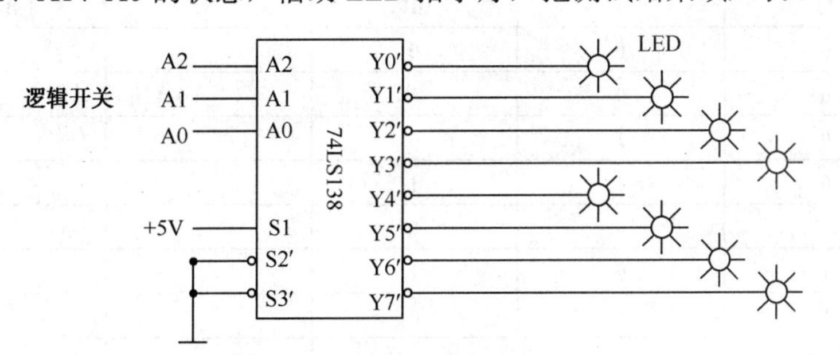

图 3-1-9　验证 74LS138 功能

表 3-1-7　74LS138 逻辑功能表

输入						输出							
S1	S2′	S3′	A2	A1	A0	Y0′	Y1′	Y2′	Y3′	Y4′	Y5′	Y6′	Y7′
0	X	X	X	X	X								
X	1	X	X	X	X								
X	X	1	X	X	X								
1	0	0	0	0	0								
1	0	0	0	0	1								
1	0	0	0	1	0								
1	0	0	0	1	1								
1	0	0	1	0	0								
1	0	0	1	0	1								
1	0	0	1	1	0								
1	0	0	1	1	1								

③ 利用 74LS138 构成一位全减器的电路。设各变量为被减数 M，减数 N，来自低位的进位 BI，差 S，借位标志 BO。

按图 3-1-10 接线，将 M、N 和 BI 分别接逻辑开关，将 S 和 BO 接 LED 指示灯。在 M、N 和 BI 为不同组合情况下观察两个指示灯，将结果填入表 3-1-8。

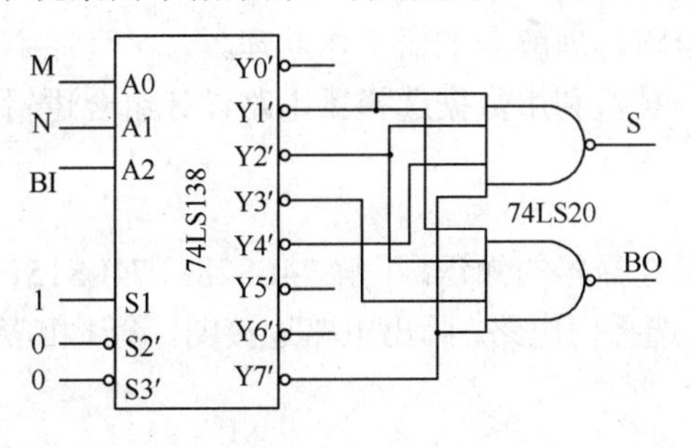

图 3-1-10　译码器 74LS138 组成一位全减器

表 3-1-8 一位全减器真值表

M	N	BI	S	BO
0	0	0		
0	0	1		
0	1	0		
0	1	1		
1	0	0		
1	0	1		
1	1	0		
1	1	1		

5. 实验报告要求

① 测试基本电路的逻辑功能，记录测试数据，并将结果进行分析。

② 讨论优先级别高低，以及两种译码输出方式下显示数字和编码输入的关系。说明理由。

6. 实验设备及器件

数电实验箱，万用表，74LS20（二—四输入与非门），74LS04（六输入非门），74LS148（8-3 优先编码器），74LS138（3-8 线译码器）。

7. 思考题

① 如何检查 8 段数码管的好坏？

② 译码器有哪些应用？举例说明。

③ 在图 3-1-8 中，74LS148 的输出端 A0、A1、A2 与 74LS48 的输入端连接时，为什么要加 74LS04？

3.1.4 实验四 加法器与数据选择器

1. 实验目的

① 研究数字加法器电路，理解全加器工作原理。

② 熟悉数据选择器，掌握利用数据选择器电路设计组合逻辑函数。

2. 实验预习要求

① 阅读全加器与数据选择器的知识，了解 74LS283、74LS151 的逻辑功能和使用方法。

② 按设计任务要求，选择门电路，画出电路连接图，设计相应的实验步骤及实验表格。

3．实验原理

数据选择器是能从多个数据信号中选择一个数据信号传送到输出端的电路。数据选择器类似一个多掷开关，选择哪一路信号由相应的一组控制信号控制。

利用数据选择器实现任意组合逻辑函数的依据：n 变量函数可表示为部分最小项之和形式，而数据选择器的逻辑式为 $F=\Sigma m_i D_i$，即控制信号的最小项乘以对应位的数据。这样就能生成所有控制信号的最小项。

利用数据选择器实现任意组合逻辑函数的方法如下：

① 先将要实现的逻辑函数写成最小项形式。

② 使出现在函数中的最小项 m_i，对应数据选择器的数据 $D_i=1$，未出现在函数中的最小项 m_j 项，对应数据选择器的数据 $D_j=0$，则数据选择器的输出与函数相等。

③ 当数据选择器的控制端个数少于逻辑函数的变量个数时，可以使用扩展或将某个输入变量放在数据端输入的方法来解决。

4．实验内容

1）74LS283—4 位二进制加法器的功能测试

① 电路如图 3-1-11 所示，A3A2A1A0 和 B3B2B1B0 分别为两个 4 位二进制数，将 A、B 两个 4 位二进制数接逻辑开关，令 CI=0，输出端接 LED 显示，验证 74LS283 的逻辑功能，将实验结果填入表 3-1-9 中。

② 令 CI=1，重复上一步，记录实验结果。

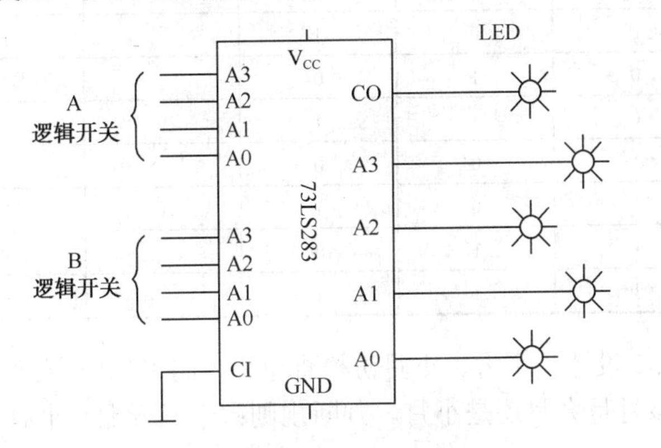

图 3-1-11　验证 74LS283 逻辑功能电路

表 3-1-9　74LS283 逻辑功能表

输入		CI=0 时输出		CI=1 时输出	
A3A2A1A0	B3B2B1B0	S3S2S1S0	CO	S3S2S1S0	CO
0101	0100				
1011	0111				
0110	0010				
1001	1010				

2）使用 74LS151 进行实验，按原理图 3-1-12 接线，测试器逻辑功能，把测试结果填入表 3-1-10 中。

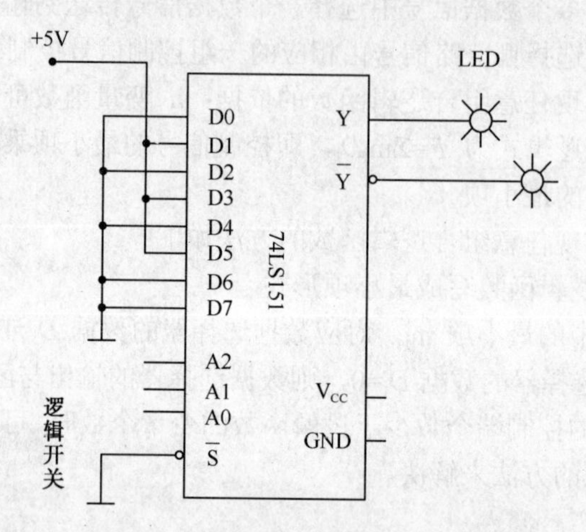

图 3-1-12　验证 74LS151 逻辑功能电路

表 3-1-10　74LS151 逻辑功能表

输入			输出	
A2	A1	A0	Y	$\overline{Y}$
0	0	0		
0	0	1		
0	1	0		
0	1	1		
1	0	0		
1	0	1		
1	1	0		
1	1	1		

3）利用 74LS151 设计一个大、小月份检查电路，将 DCBA 这个 4 位二进制数所代表的月份输入，判别该月是大月还是小月。判断规则：一三五七八十腊为大月，其余均判断为小月。

5. 实验内容报告要求

① 测试基本电路的逻辑功能必须附有测试电路图，记录测试数据，并将结果进行分析。

② 设计性任务应有设计过程和设计逻辑图，记录实际检测的结果，并进行分析。

6. 实验设备及器件

数电实验箱，万用表，74LS151（八选一数据选择器），74LS283（4 位二进制超前进位加法器）

7. 思考题

总结用数据选择器实现组合逻辑函数的方法？

3.1.5 实验五 用触发器实现的抢答器

1. 实验目的

① 掌握集成触发器逻辑功能测试方法。

② 学习用 D 触发器构成时序逻辑电路的方法。

2. 预习报告要求

① 阅读触发器的相关知识，了解 74LS74、74LS175 的逻辑功能和使用方法。

② 分析三人抢答器电路。

3. 实验原理与参考电路

三人抢答器参考电路如图 3-1-13 所示。

① 每个参赛者控制一个按钮，用按动按钮的方式发出抢答信号。

② 竞赛主持人另有一个按钮，用于将电路复位。

③ 竞赛开始后，先按动按钮者将对应的一个发光二极管点亮，同时蜂鸣器发出警告声，此后其他两人再按动按钮对电路不起作用。

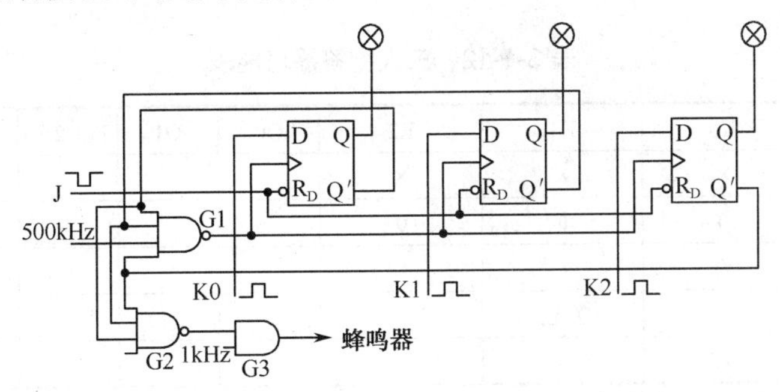

图 3-1-13 三人抢答器

图 3-1-13 中设置了四个按钮，K0、K1、K2 和 J，K0、K1 和 K2 由三个参赛者控制，按下为 1，J 由主持人控制，按下为 0。

① 竞赛开始前，主持人按一下按钮 J，R_D'=0，使三个触发器均清零（指示灯不亮），各 Q′ 端均为 1，这三个 1 信号一方面控制蜂鸣器不发声，另一方面使 G1 门开门，CLK 时钟脉冲可以加到各触发器的脉冲输端 C1 端。

② 竞赛开始，任一按钮按下，对应触发器置 1，对应指示灯亮，Q′=0，该 0 信号一方面使蜂鸣器发声，另一方面封锁 G1 门，CLK 脉冲加不到各触发器的 C1 端，其他参赛者再按按钮已经不起作用。

③ 主持人按下按钮 J，给出 R_D' = 0 信号，恢复抢答前的状态。

4．实验内容及步骤

1）检查 D 触发器的逻辑功能

将 CLK 接单脉冲输出端，R_D'、S_D'和 1D 端接逻辑开关，Q 端接 LED 指示灯。填写表 3-1-11。

表 3-1-11　D 触发器功能表

CLK	R_D'	S_D'	1D	Q	Q*
×	0	1	×	×	
×	1	0	×	×	
↑	1	1	0	0	
↑	1	1	0	1	
↑	1	1	1	0	
↑	1	1	1	1	
↓	1	1	1	0	

注：其中↑表示由 0 变 1，↓表示由 1 变 0;，×表示 0 或 1。

如果 D 触发器选用 74LS175（无 S_D'端），则有关 S_D'端的相关操作不必进行。

2）三人抢答器

① 按图 3-1-13 接线。

② 将 K0，K1、K2 和 J 分别接到逻辑开关上。

③ 按照设计要求，检查电路的功能。填写表 3-1-12。

表 3-1-12　三人抢答器功能表

J	K0	K1	K2	Q0	Q1	Q2	蜂鸣器
0	×	×	×				
1	0	0	0				
1	1（先）	×	×				
1	×	1（先）	×				
1	×	×	1（先）				

5．实验内容报告

① 实测的 D 触发器功能表 3-1-11。

② 画出三人抢答器的原理电路并分析其工作原理。

③ 填写三人抢答器的功能表（表 3-1-12）。

6．实验仪器及元器件

数字实验箱、上升沿触发四 D 触发器 74LS175（或二 D 触发器 74LS74）、74LS00、74LS20。

7．思考题

① 如果取消由主持人控制的按钮 J，也就是使电路具有在抢答前、后自动复位的功能，

应如何实现？画出电路图。

② 如果要显示抢答优先者的序号（0，1和2）应该考虑用什么芯片？

3.1.6　实验六　集成计数器

1．实验目的

① 掌握集成计数器的使用方法和功能测试方法。

② 熟练掌握利用集成计数器构成任意进制计数器的方法。

2．实验预习要求

① 绘出计数器实验中的全部电路图。

② 拟出验证计数器实验的表格。

③ 查阅手册，给出本次实验使用的芯片引脚与主要特性参数。

3．实验原理

常见的集成计数器芯片主要有十进制、十六进制、7位二进制、12位二进制，14位二进制等。任意进制计数器可以用已有的计数器芯片通过外电路的不同连接方式实现，即用组合电路产生复位、置位信号得到任意进制计数器。

常见的集成计数器有异步控制端和同步控制端，以清零（或称复位）为例：

① 异步清零的集成计数器，当满足清零条件时，立即清零。

② 同步清零的集成计数器，当满足清零条件时，需等下一个CP脉冲来到后才能清零，多占一个CP脉冲。

1）清零法（或称复位法）

利用RD或RD′端，跳过多余状态，实现任意进制计数。

① 异步清零：计到N时，RD′=0。

② 同步清零：计到N-1时，RD′=0。

2）置数法

利用LD端重复置入某个数值，跳过多余状态，实现任意进制计数。这种方法很灵活，通常有以下几种置数方法：

（1）置0法：类似清零法，利用端子不同（LD）完成，方法相同。

异步置0：计到N时，LD′=0。

同步置0：计到N-1时，LD′=0。

（2）利用LD′端值最大数

最大数即十进制的1001，十六进制的1111，下一个状态自然归0，显然，比置0时多一个稳定状态（最大数状态），而且自然产生进位标志。

异步置数：计到（N-1）时置最大数；

同步置数：计到（N-2）时置最大数。

（3）用进位输出端置最小数

利用进位输出端，跳过计数值小的多余状态，置成有效循环状态中的最小数。

异步置数：D=（最大数−N）×2，

同步置数：D=（模−N）×2。

3）74LS161 的功能说明，见表 3-1-13。

表 3-1-13　74LS161 功能表

输入									输出			
RD′	LD′	EP	ET	CLK	D3	D2	D1	D0	Q3	Q2	Q1	Q0
0	X	X	X	X	X	X	X	X	0	0	0	0
1	0	X	X	↑	D	C	B	A	D	C	B	A
1	1	0	X	X	X	X	X	X	保持			
1	1	1	0	X	X	X	X	X	保持，C=0			
1	1	1	1	↑	X	X	X	X	计数			

4．实验内容

① 按照功能表 3-1-13，验证 74LS161 的功能。将 74LS161 的 CLK，改为 1kHz 时钟脉冲。用示波器观察时钟 CLK、Q3、Q2、Q1、Q0，观察 Q3、Q2、Q1、Q0 的变化情况，并记录下来。

② 使用 74LS161 连接成六进制的计数器，请利用 RD 端进行设计。使用单脉冲发生器产生 CLK，借助 LED 指示灯验证。

③ 使用 74LS161 连接成十进制的计数器，请利用 LD 端进行设计。使用单脉冲发生器产生 CLK，借助 LED 指示灯验证。

④ 按照功能表 3-1-14，验证 74LS190 的功能，尤其是加减可逆的两种计数方式。将 74LS190 的 CLK，改为 1kHz 时钟脉冲，并设置其为加计数器。用示波器观察时钟 CLK、Q3、Q2、Q1、Q0，记录 Q3、Q2、Q1、Q0 的变化情况。

表 3-1-14　74LS190 功能表

输入								输出			
S′	LD′	U′/D	CLK	D3	D2	D1	D0	Q3	Q2	Q1	Q0
X	0	X	X	D	C	B	A	D	C	B	A
1	1	X	X	X	X	X	X	保持			
0	1	0	↑	X	X	X	X	加计数			
0	1	1	↑	X	X	X	X	减计数			

5．实验内容报告要求

① 画出计数器实验电路图，记录并整理实验现象及数据。

② 请分析十进制计数器与二进制计数器波形上的不同之处，说明原因。对实验结果进行分析。

③ 总结使用集成计数器的体会。

6．实验设备及器件

数电实验箱，万用表，74LS161（4 位二进制计数器）、74LS190（十进制计数器），两片，74LS00 或其他门电路自选。

7．思考题

采用集成计数器进行构成 N 进制的计数器时，有哪些方法，讨论其不同之处。

3.1.7　实验七　555 定时器及应用

1．实验目的

① 熟悉 555 定时器的工作原理和引脚功能。
② 掌握用 555 定时器构成单稳态触发器，多谐振荡器和施密特触发器的方法。
③ 进一步学习用示波器对波形进行定量分析，测量波形的周期、脉宽和幅值等。

2．预习要求

① 熟悉 555 集成定时器构成的单稳态触发器、多谐振荡器和施密特触发器的工作原理。
② 计算图 3-1-14 中 V_{o1} 和 V_{o2} 的高、低电平持续时间。
③ 画出图 3-1-16 中当 V_i=5sinωt 时，对应的 V_o 波形。标出 V_o 变化对应的 V_i 值即 V_{T-} 及 V_{T+} 值。

3．实验电路

① 多谐振荡器与单稳态触发器，电路如图 3-1-14 所示。

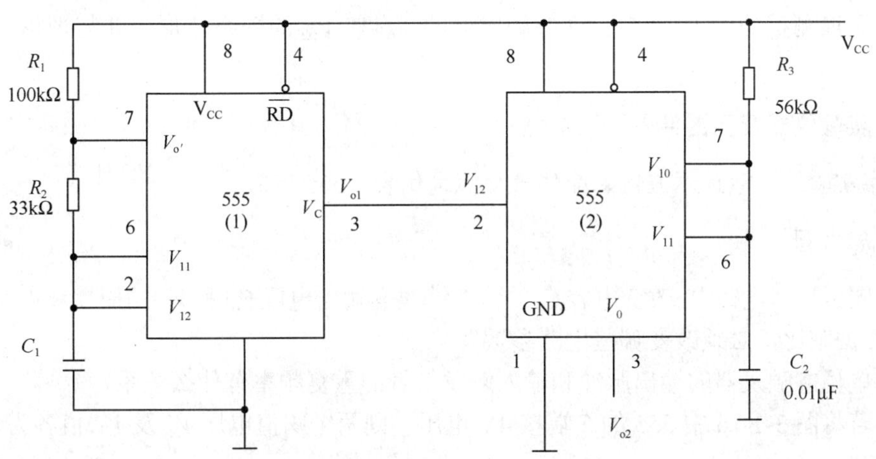

图 3-1-14　多谐振荡器与单稳态触发器

第一片 555 构成多谐振荡器，第二片 555 构成单稳态触发器，其波形关系如图 3-1-15 所示。

② 由 555 定时器构成的施密特触发器如图 3-1-16 所示。

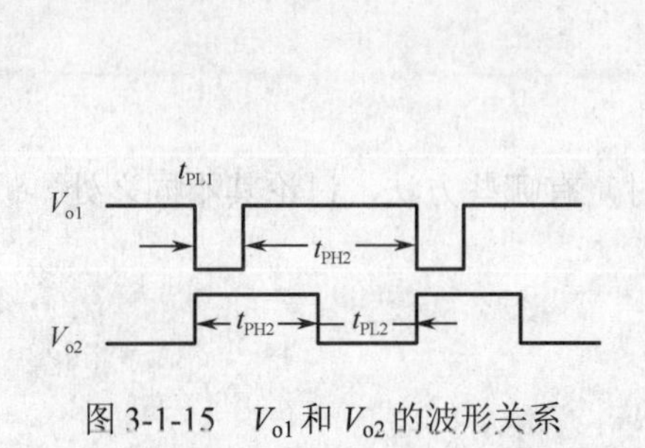

图 3-1-15 V_{o1} 和 V_{o2} 的波形关系

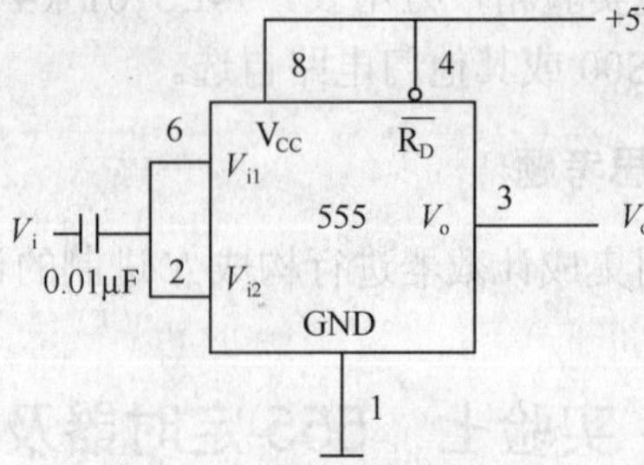

图 3-1-16 施密特触发器

4．实验内容及步骤

1）多谐振荡器与单稳态触发器

① 按图 3-1-14 接线。

② 用双踪示波器观察 V_{o1} 和 V_{o2} 的波形，并分别测量它们的高、低电平持续时间 t_{PH1}、t_{PL1} 和 t_{PH2}、t_{PL2}。

2）施密特触发器

① 按图 3-1-16 接线。

② 在 V_i 端输入峰值为 5V（有效值为 3.54V）、f=1kHz 的正弦信号。

③ 用双踪示波器观察 V_o 和 V_i 的对应关系。

5．实验内容报告

① 分析 555 定时器组成的多谐振荡器与单稳态触发器的工作原理，画出相关的波形。

② 列出电路 V_{o1} 和 V_{o2} 的 t_{PH1}、t_{PL1}、t_{PH2} 及 t_{PL2} 的测量值。

③ 画出测量的图 3-1-16 施密特触发器的 V_{o1} 和 V_{o2} 的关系波形。并与理论分析情况对比。

6．实验仪器及元器件

数字实验箱、双踪示波器、晶体管交流毫伏表、555 定时器。

7．思考题

① 图3-1-14电路中，改变电容 C_1 的值能够改变输出电压 V_{o1} 和 V_{o2} 的周期和占空比吗？若想改变占空比，必须改变哪些电路参数？

② 单稳态触发器的输出脉冲和输入触发信号的重复频率有什么关系？

③ 若将图 3-1-16 中 555 的 5 端接 4V 电压，则两个阈值电压 V_{T-} 及 V_{T+} 值各为多少？

3.1.8 实验八 随机存储器（RAM）

1. 实验目的

① 了解 RAM 2114 的结构及工作原理。

② 熟悉 RAM 2114 的数据读、写过程。

③ 熟悉双向模拟开关 4066 的特性及使用方法。

2. 预习报告

① 复习 RAM 2114 的电路结构及工作原理。

② 熟悉双向模拟开关 4066 的功能及使用方法。

3. 实验原理

由 RAM 2114 和四位同步二进制加法计算器 74LS161 及双向模拟开关 4066 组成的 RAM 存取电路如图 3-1-17 所示。

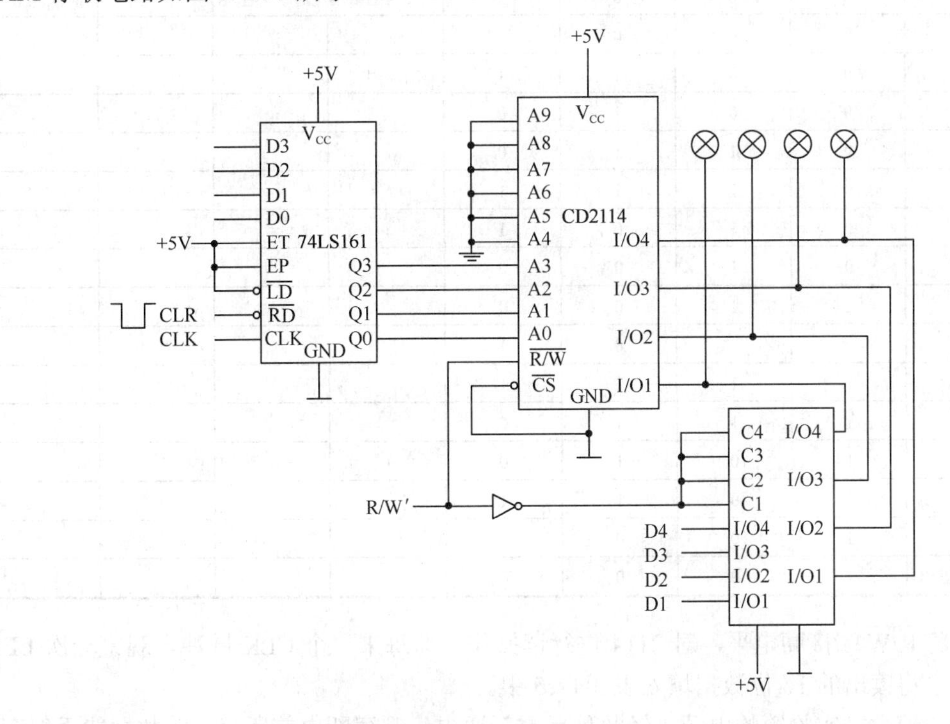

图 3-1-17 RAM 存取电路

2114 是 1k×4 位的静态 RAM 存储器。在图 3-1-17 中将高位地址线 A9～A4 均接地，A3、A2、A1 和 A0 分别接到计数器的 Q3、Q2、Q1 和 Q0 端。显然，本电路只用了 00H～0FH 16 个存储空间。74LS161 接成十六进制加法计数器，用于在 CLK 脉冲控制下，进行地址自动加 1 变化。$\overline{R/W}$ 为 2114W 读/写控制端，当 $\overline{R/W}$ = 0 时，进行写操作，当 $\overline{R/W}$ =1 时，进行读操作。$\overline{CS}$ 为片选端，低电平有效。4066 是 4 位双向模拟开关，当 C=1 时，相当于开关接通，允许数据通过，当 C=0 时，相当于开关断开，切断输入与输出的联系。

4．实验内容及步骤

① 检查 74LS161 的功能是否正确。即将 74LS161 部分按图接线。清零端 CLR 端接“1”，CLK 端加单脉冲，观察 Q3、Q2、Q1、Q0 的变化情况。

② 按图 3-1-17 完成其他部分的接线工作。

③ 在 $\overline{RD}$ 端加负脉冲，使计数器 74LS161 清零，即使 Q3Q2Q1Q0=0000，准备访问 00H 存储单元。

④ 将 $\overline{R/W}$ 端接低电平，对 RAM2114 进行写操作，对 16 个存储单元按表 3-1-15 写入数据（写入的数据由 D4、D3、D2 和 D1 端接的逻辑开关输入）。

表 3-1-15　2114 的数据表

存储单元	写入				读出			
	D4	D3	D2	D1	D4	D3	D2	D1
0	0	0	0	0				
1	0	0	0	1				
2	0	0	1	1				
3	0	0	1	0				
4	0	1	1	0				
5	0	1	1	1				
6	0	1	0	1				
7	0	1	0	0				
8	1	1	0	0				
9	1	1	0	1				
10	1	1	1	1				
11	1	1	1	0				
12	1	0	1	0				
13	1	0	1	1				
14	1	0	0	1				
15	1	0	0	0				

⑤ 将 $\overline{R/W}$ 端接高电平，对 2114 进行读操作（即每来一个 CLK 脉冲，观察一次 LED 指示灯），将读出的 16 位数据填入表 3-1-15 中。

⑥ 关掉数字实验箱的电源，经数秒后重新通电，观察断电前所存入的数据能否保存。

5．实验内容报告

① 简述 RAM 存取电路的工作原理。

② 画出表 3-1-15，并分析其读写内容。

6．实验仪器及元器件

数字实验箱，CD2114，74LS161，4066，74LS00。

7．思考题

① 如果需要对64个存储单元进行读写操作，应利用哪几条地址线？

② 若将四位双向模拟开关4066换成三态门74LS126是否可行？如果可行，请画出其逻辑电路图。

3.2 综合实验

3.2.1 实验九 序列信号发生器

1．实验目的

① 掌握数据选择器的性能。

② 学会用计数器和数据选择器实现逻辑电路的方法。

2．实验要求

用8选1数据选择器74LS151和同步十进制加法计数器74LS160实现脉冲序列产生器。要求产生的脉冲序列为10111100(M=8)。

3．实验原理与参考电路

参考电路如图3-2-1所示，图中的74LS160为同步十进制加法计数器，用它接成八进制计数器。

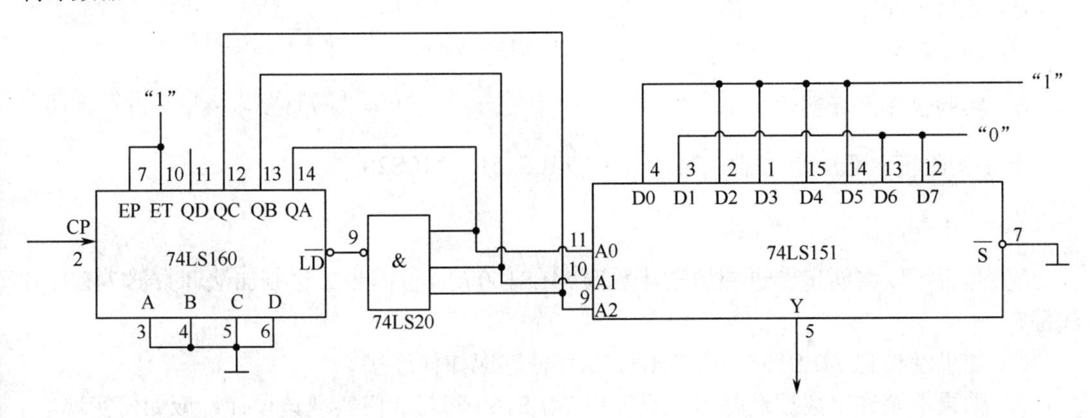

图3-2-1 脉冲序列发生器

在 CLK 脉冲的作用下 $Q_CQ_BQ_A$ 的状态转换规律如图 3-2-2 所示。且 $Q_CQ_BQ_A$ 分别接到了 8 选 1 数据选择器 74LSI51 的 A2A1A0 端，当

A2A1A0=000 时，Y=D0=1

A2A1A0=001 时，Y=D1=0

A2A1A0=010 时，Y=D2=1

A2A1A0=011 时，Y=D3=1

A2A1A0=100 时，Y=D4=1

A2A1A0=101 时，Y=D5=1

A2A1A0=110 时，Y=D6=0

A2A1A0=111 时，Y=D7=0

即在 CLK 端时钟脉冲信号作用下，在 Y 端能周期性地输出 10111100 的序列信号。

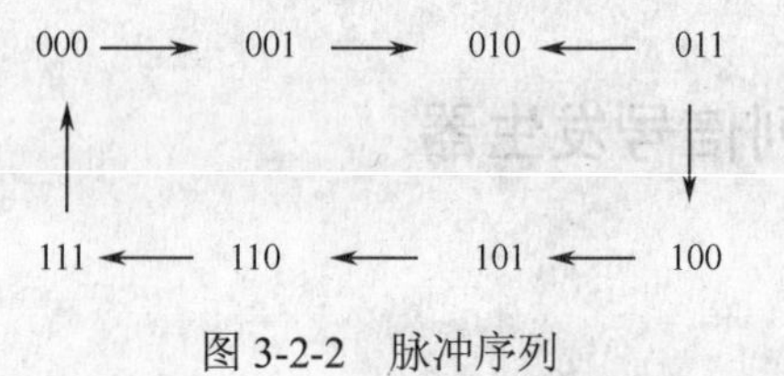

图 3-2-2 脉冲序列

4．实验内容

① 验证同步十进制加法计数器 74LS160 的逻辑功能。将 CLK 端接单脉冲，$Q_DQ_CQ_BQ_A$ 端分别接 LED 指示灯，观察在 CLK 脉冲作用下，$Q_DQ_CQ_BQ_A$ 的变化情况。

② 按图 3-2-1 接线。将 Y 端接 LED 指示灯，观察在 CLK 脉冲作用下，观察 Y 端的变化规律。

③ 在 CLK 端加入 1kHz 的时钟脉冲，用双踪示波器观察 Y 端波形并作记录。

5．实验内容报告

① 分析脉冲序列产生器的工作原理。

② 画出在 CLK 脉冲作用下 $Q_CQ_BQ_A$ 和 Y 端的波形。

6．实验仪器及元器件

数字实验箱、双踪示波器、74LS160、74LS151、74LS20。

7．思考题

① 是否可以将同步十进制加法计数器 74LS160 用 4 位同步二进制加法计数器 74LS161 代替？

② 如果没买到 74LS151，用 74LS153 代替，应如何连接？

③ 如果不允许用数据选择器，只能用 74LS160 和与非门实现该设计，应如何实现。

3.2.2　实验十　步进电动机的控制

1．实验目的

① 了解反应式步进电动机的结构及工作原理。

② 学习用 D 触发器构成环形脉冲分配器，并实现步进电动机控制的方法。

2．实验原理

步进电动机是一种数字信号控制的传动机构，若在其输入端加入一个脉冲信号，该电动机就会旋转一个角度或移动一定距离，故称为步进电动机。它在数字控制装置中有着广泛的应用。步进电动机可分为反应式与激励式两大类。从结构上又分为单相、双相、三相等多种。如图 3-2-3 所示为常见的反应式三相步进电动机内部结构示意图。步进电动机由定子和转子两部分组成，在定子的 6 个磁极上分别绕有 AA′、BB′和 CC′三相绕组，并将其接成 Y 形。不同的步进电动机转子铁芯齿数不同，在转子上不设置绕组。

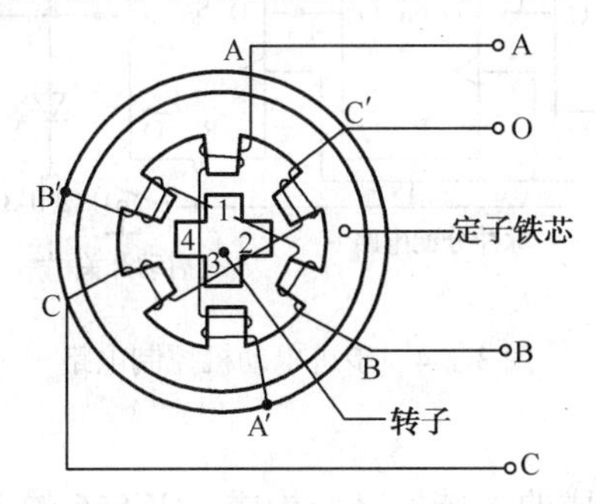

图 3-2-3　步进电动机结构示意图

步进电动机转动受定子绕组中的脉冲信号控制，当只对 A 相通电（A=1、B=0、C=0）时，由电磁吸引作用使 1、3 齿轴线与 AA 相绕组轴线重合。随后只对 B 相通电，则 2、4 齿轴线与 BB 绕组轴线重合，这就使 1、3 齿顺时针转动了一个角度。接着仅对 C 相通电，1、3 齿又会顺时针转动一个角度。按此顺序循环通电，电动机便可连续转动起来。若通电顺序变为 A、C、B、A，则电动机将反方向旋转。

三相步进电动机根据不同的通电规律可分为如下几种工作模式：

三相单三拍：A—B—C—A

三相双三拍：AB—BC—CA—AB

三相六拍：A—AB—B—BC—C—CA—A

步进电动机每步所旋转的角度的大小，称为步距角β_b。它是由电动机本身转子的齿数 Z_r 和每一个通电循环内通断电节拍 M_q 决定的，即

$$\beta_b = 360/(Z_r\ M_q)$$

一旦电动机型号和工作模式定下来，其步距角也就固定下来了。例如，步进电动机转子为 8 个齿，根据公式可知，若采用三相六拍模式，其步距角为 7.5，也就是说，每经过一个通电循环，步进电动机轴可旋转 45°。

控制步进电动机定子绕组通电状态的电路称为环形脉冲分配器。当控制脉冲送到分配器后，将产生控制各相绕组通电顺序的脉冲逻辑信号。逻辑控制信号在进入电动机绕组之前需经功率放大电路才能驱动电动机转动。

为了防止定子绕组因电感作用使电流切换时产生过电压，步进电动机每相绕组两端都须并联一个用于在换相时起续流作用的续流二极管。步进电动机转速的高低与控制脉冲频率有关。改变控制脉冲频率，可改变电动机转速。

本实验电路由脉冲发生器（脉冲源）、环形脉冲分配器和功率放大器及步进电动机等几部分组成，如图 3-2-4 所示。

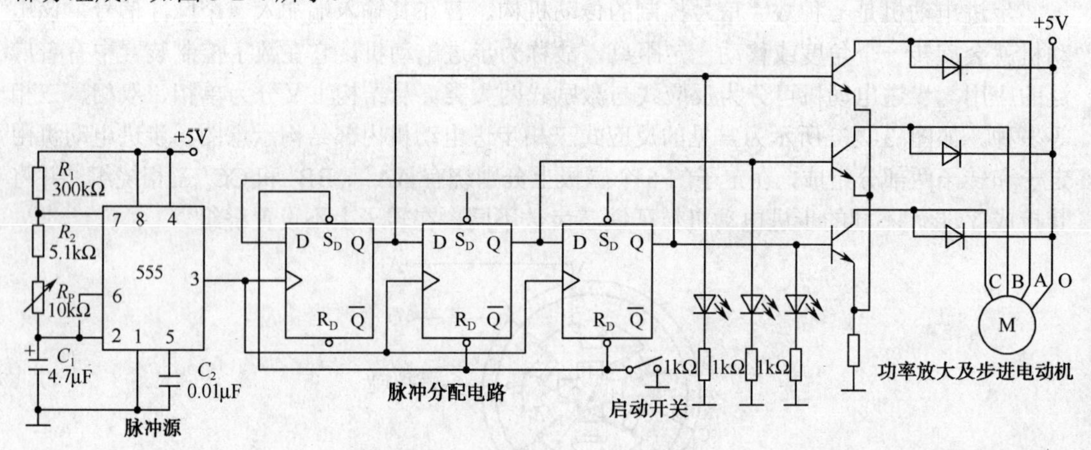

图 3-2-4 步进电动机控制电路

1）脉冲发生器

脉冲发生器由 NE555 组成的多谐振荡器构成。NE555 的 3 脚输出控制脉冲信号，脉冲的频率可通过 R_P 进行调节。

2）环形脉冲分配器

当采用三相单三拍工作模式时。其电动机绕组 A、B、C 相通电状态的转换关系见表 3-2-1。设起始状态为 A 相通电（1 态），B 相和 C 相不通电（0 态）。

由真值表 3-2-1 可看出，当正转时，每来一个控制脉冲，A 态移给 B，B 态移给 C，C 态移给 A；若反转时，则 A-C-B-A。根据上述移位原理，可用 3 个 D 触发器彼此首尾相接，构成移位寄存器实现环形脉冲分配器，从 3 个 D 触发器的 Q 端分别给电机的 A、B、C 相输送脉冲信号。如图 3-2-4 中间部分所示。3 个 D 触发器的 CLK 端均由控制脉冲同步控制，D 触发器 FF_A 的置位端 S_D 和 FF_B、FF_C 的清零端 R_D 连在一起与启动开关相连，用来设置初态 100。若要将电机反转，只需将与电动机相接的 3 个 D 触发器的 Q 端中任意两端对调一下即可。

表 3-2-1 三相单三拍分配方式真值表

正转脉冲序号	A	B	C
0	1	0	0
1	0	1	0
2	0	0	1
3	1	0	0

3）功率放大器

由于环形脉冲分配器输出的逻辑脉冲信号难以驱动步进电动机运转，所以在脉冲信号与步进电动机绕组之间加一级功放电路，它由三只功放三极管（或复合管）组成。为了防止步进电动机绕组断电时产生高压，在每相绕组两端均并联一个续流二极管。

3．实验仪器设备

数字电路实验箱、双踪示波器、555 定时器、74LS74、步进电动机。

4．实验内容

① 按图 3-2-4 在实验箱上插接电路的脉冲源、脉冲分配电路部分，先不接步进电动机。用示波器测量控制脉冲发生电路的输出波形，并观察电阻 R_P 的大小变化对脉冲信号频率的影响。

② 在环形脉冲分配器的 Q1、Q2、Q3 端分别接上发光二极管 LED，在控制脉冲信号的作用下，观察发光二极管是否按照三相单三拍模式的时序关系依次亮、灭。调节 R_P，观察发光二极管亮、灭速度的变化。

③ 给步进电动机绕组加上+5V 电压，将环形脉冲分配的输出引至功率放大器的输入端，以驱动步进电动机。观察步进电动机如何转动，调 R_P 观察电动机转速的变化。

④ 改变步进电动机绕组通电顺序，观察电动机是否反转。

5．实验内容报告

① 画出实验电路图，标上引脚和元件值。

② 记录数据，画出电路波形。

③ 分析、总结组装与调试结果。

6．思考题

① 若将步进电动机工作模式改为三相双三拍时，环形脉冲发生器电路将如何改变？（只需改一条线）

② 若想通过一个开关即可任意改变步进电动机的转向，电路将如何改变？

3.2.3 实验十一 救护车音响电路

1．实验目的

① 掌握 555 定时器的基本功能及扩展功能。

② 学习用 555 定时器构成压控振荡器和多谐振荡器的方法。

2．预习报告

① 用 555 定时器可以构成压控振荡器，推导其输入电压和振荡频率、（周期）之间的关系式。

② 画出图 3-2-5 中电路 V_{o1}、V_{I2} 和 V_o 的波形图。

③ 当 $Rw1=70k\Omega$，$Rw2=10k\Omega$时，估算：

a．V_{o1} 的高、低电平持续时间 t_{PH1}、t_{PL1}。

b．V_{o1} 为高电平时，V_o 的高、低电平持续时间 t_{PH21}、t_{PL21}。

c．V_{o1} 为低电平时，V_o 的高、低电平持续时间 t_{PH22}、t_{PL22}。

d．V_{o1} 的振荡频率及电路发出“的嘟”声音时 V_o 的两个频率 f_{o21}、f_{o22}。

3．实验原理与参考电路

图 3-2-5 是用两片 555 定时器构成的救护车音响电路图。

第一片 555 组成多谐振荡器；第二片 555 组成压控振荡器。用第一片输出电平控制第二片 555 产生两种不同频率的输出矩形波，适当调节 Rw1 和 Rw2，发出“的嘟，的嘟……”的声音。

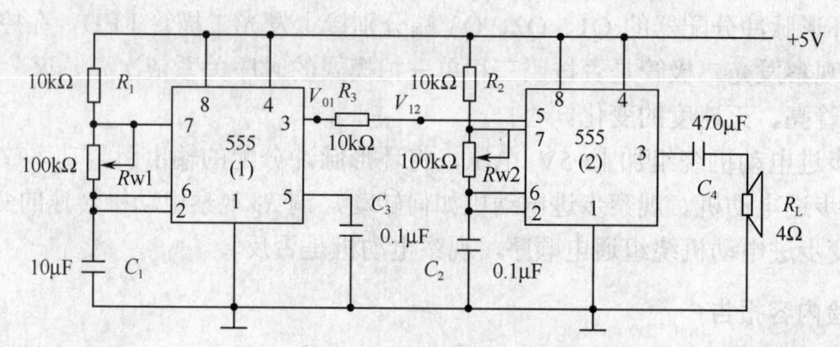

图 3-2-5　救护车音响系统

4．实验内容及步骤

① 按图 3-2-5 接线。

② 调节 Rw1 和 Rw2，使喇叭发出“的嘟，的嘟……”的声音。

③ 分别测量 V_{o1} 的高、低电平幅值及对应的 V_{I2} 幅值。填入表 3-2-2 中。

④ 用秒表测量 V_{o1} 的高、低电平持续时间 t_{PH1}、t_{PL1}。

⑤ 用双踪示波器测量：

a．V_{o1} 为高电平时，V_o 的高、低电平持续时间 t_{PH21}、t_{PL21}。

b．V_{o1} 为低电平时，V_o 的高、低电平持续时间 t_{PH22}、t_{PL22}。

c．V_o 的高、低电平幅值及发出“的嘟”声音时的两个频率 f_{o21}、f_{o22}。

⑥ 关闭电源，断开 Rw1 和 Rw2 与电路的联系，测量 Rw1 和 Rw2。

5．实验内容报告

① 分析救护车音响电路的工作原理。

② 根据实验中的 V_{I2} 测量值，分别计算 V_o 的高、低电平持续时间（t_{PH21}、t_{PL21} 和 t_{PH22}、t_{PL22}），并与实验中的测量值进行对比，填写表 3-2-2。

表 3-2-2 救护车音响电路的测量

<table>
<tr><td colspan="3">V_{o1}</td><td colspan="3">V_{I2}</td><td colspan="5">V_o</td></tr>
<tr><td rowspan="4">高电平</td><td rowspan="2">幅值</td><td rowspan="2"></td><td rowspan="4">高电平</td><td rowspan="2">幅值</td><td rowspan="2"></td><td rowspan="2">高电平</td><td>幅值</td><td colspan="3"></td></tr>
<tr><td>时间 t_{PH21}</td><td></td><td>计算值</td><td></td></tr>
<tr><td rowspan="2">持续时间 t_{PH1}</td><td rowspan="2"></td><td rowspan="2">持续时间</td><td rowspan="2"></td><td rowspan="2">低电平</td><td>幅值</td><td colspan="3"></td></tr>
<tr><td>时间 t_{PL21}</td><td></td><td>计算值</td><td></td></tr>
<tr><td rowspan="4">低电平</td><td rowspan="2">幅值</td><td rowspan="2"></td><td rowspan="4">低电平</td><td rowspan="2">幅值</td><td rowspan="2"></td><td rowspan="2">高电平</td><td>幅值</td><td colspan="3"></td></tr>
<tr><td>时间 t_{PH22}</td><td></td><td>计算值</td><td></td></tr>
<tr><td rowspan="2">持续时间 t_{PL1}</td><td rowspan="2"></td><td rowspan="2">持续时间</td><td rowspan="2"></td><td rowspan="2">低电平</td><td>幅值</td><td colspan="3"></td></tr>
<tr><td>时间 t_{PL22}</td><td></td><td>计算值</td><td></td></tr>
</table>

③ 对应画出 V_{o1}、V_{I2} 和 V_o 波形。并标出它们的高、低电平幅值和持续时间。

④ 列出 V_{o1} 的振荡频率及电路发出“的嘟”声音时 V_o 的两个频率 f_{o21}、f_{o22}，并与理论计算值进行比较。

6．实验仪器及元器件

数字实验箱、双踪示波器、秒表、555 定时器、10kΩ电阻、100kΩ电位器、10μF 电容、470μF 电容、0.1μF 电容。

7．思考题

第一块 555 定时器输出 V_{o1}=“0”时，为何 $V_{I2}\neq$“0”？

3.2.4 实验十二 汽车尾灯控制电路

1．实验目的

① 掌握移位寄存器的基本功能及扩展功能。

② 学习移位寄存器的控制方法。

2．预习报告

① 对 74LS194 的控制信号进行分析，熟悉 71LS194 的工作状态。

② 分析汽车尾灯控制电路，要求确定出左转、右转两种状态下的尾灯状态转换过程。

3．实验电路

汽车尾灯控制电路中使用了计数器、移位寄存器、译码器以及基本逻辑门电路。主要使用 74LS194 作为主要器件。实验原理如图 3-2-6 所示。

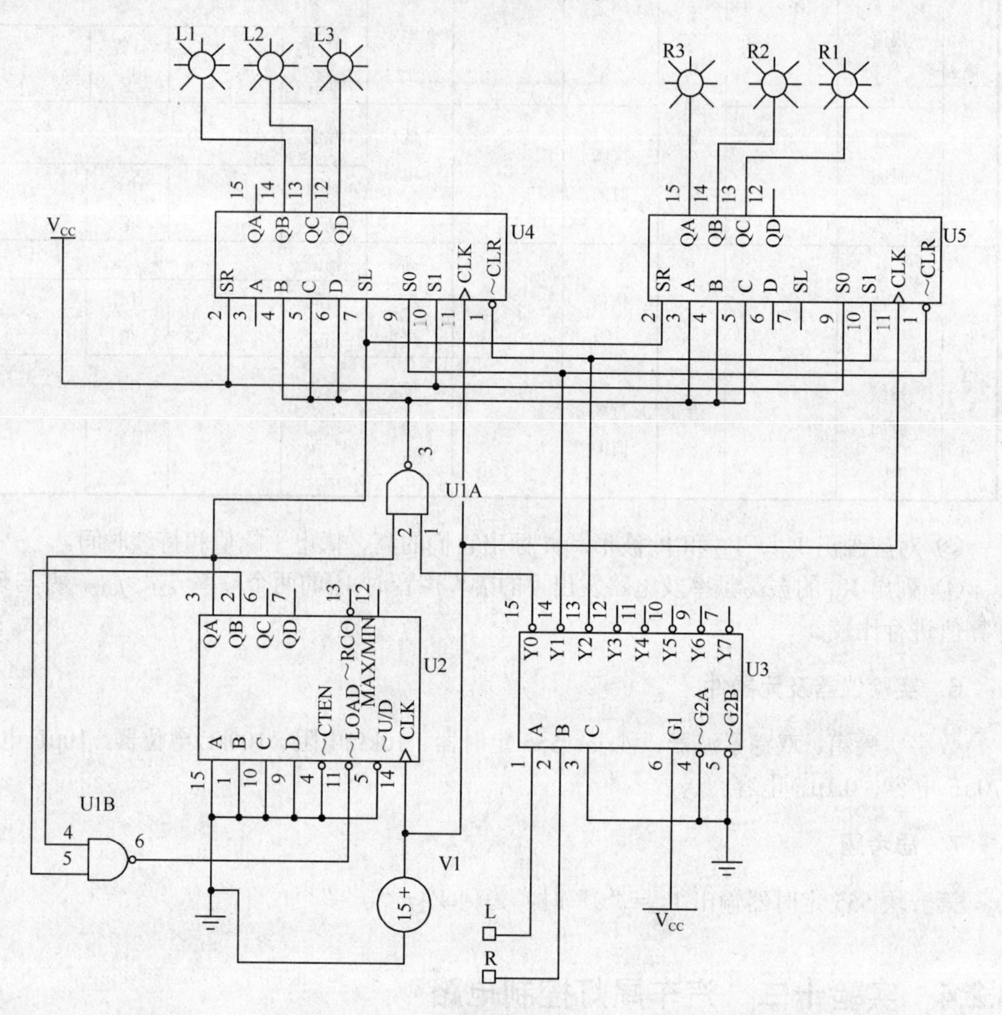

图 3-2-6　汽车尾灯控制仿真图

其中用 6 个发光二极管模拟汽车尾灯，即左尾灯（L1～L3）三个发光二极管；右尾灯（R1～R3）三个发光二极管。用两个开关分别控制左转弯尾灯显示和右转弯尾灯显示。当左转弯开关 L=1 时，左转弯尾灯显示的三个发光二极管按图 3-2-7 所示规律亮灭显示。同样，当右转弯开关 R=1 时，右转弯尾灯与左转弯灯相同规律亮灭显示，但方向相反。L 和 R 同为 1 时，所有灯闪烁。

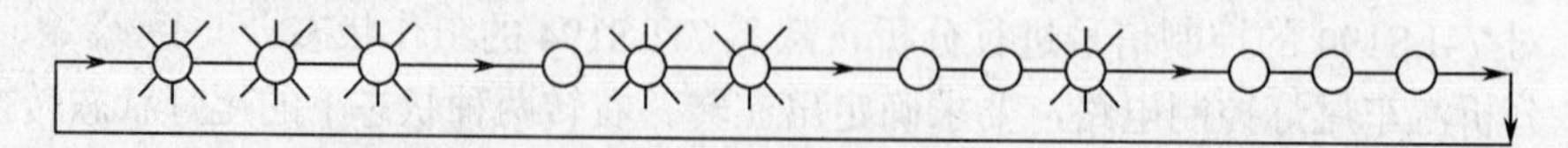

图 3-2-7　左转弯显示规律图

4. 实验内容

① 测试 74LS194 的功能，填写表 3-2-3。

表 3-2-3　74LS194 的功能表

RD	S1	S0	工 作 状 态
0	X	X	
1	0	0	
1	0	1	
1	1	0	
1	1	1	

② 按电路图连接电路，手动给入 CLK 信号，记录 LED 灯的状态。

5. 实验内容报告

① 总结分析移位寄存器和计数器的转换工作原理。
② 分析译码器的作用。
③ 分析实验结果，写出实验报告和总结。

6. 实验仪器

数字实验箱、双踪示波器、74LS194、74LS161、74LS138。

7. 思考题

简述移位寄存器的控制方法。

3.2.5　实验十三　数/模（D/A）转换器和模/数（A/D）转换器

1. 实验目的

① 熟悉 D/A 转换器和 A/D 转换器的工作原理。

② 熟悉 D/A 转换器集成芯片 DAC0832 和 A/D 转换器 ADC0809 的性能，学习其使用方法。

2. 预习要求

① 阅读本实验内容，复习有关 D/A 转换器和 A/D 转换器的工作原理。

② 弄清 D/A 转换器集成芯片 DACO832 和 A/D 转换器 ADC0809 的各引脚功能和使用方法。

3. 实验原理

1）D/A 转换器（DAC0832）

DAC0832 是一个 8 位乘法型 CMOS D/A 转换器，它可直接与微处理器相连，采用双缓冲寄存器，这样可在输出的同时，采集下一个数字量，以提高转换速度。

DAC0832 的逻辑框图和各引脚图如图 3-2-8、图 3-2-9 所示。

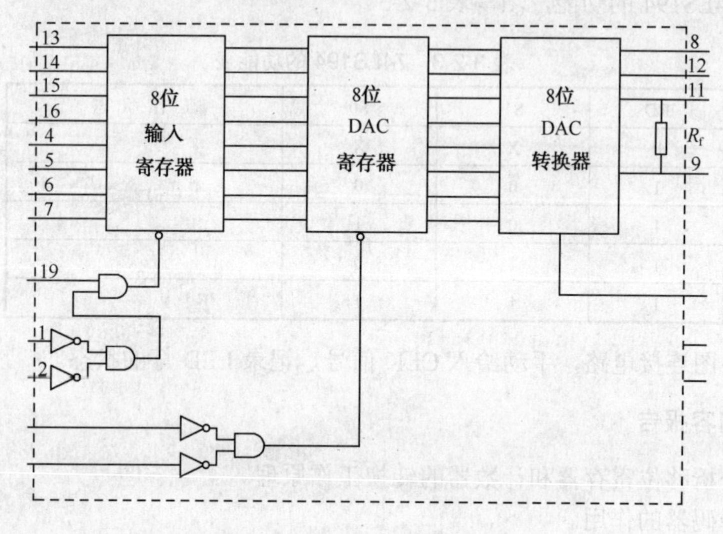

图 3-2-8　DAC0832 逻辑框图

其各引脚的功能如下：

D_0～D_7：8 位数字量输入端，其中 D_0 为最低位，D_7 最高位。

I_{O1}：D/A 输出电流 1 端。当 DAC 寄存器中全部为 1 时，输出电流 I_{O1} 为最大；当 DAC 寄存器中全都为 0 时，输出电流 I_{O1} 最小。

I_{O2}：D/A 输出电流 2 端，输出电流 $I_{O1}+I_{O2}$=常数。

R_f：芯片内的反馈电阻。用来作为外接运放的反馈电阻。

V_{REF}：基准电压输入端，一般取−10～+10V。

V_{CC}：电源电压，一般为 5～15V。

DGND：数字电路接地端。

AGND：模拟电路接地端，通常与 DGND 相连。

$\overline{CS}$：片选信号输入端（低电平有效），与 ILE 共同作用，对 WR1 信号进行控制。

ILE：输入的锁存信号（高电平有效）。当 ILE=1 且 CS 和 WR1 均为低电平时，8 位输入寄存器允许输入数据；当 ILE=0 时，8 位输入寄存器锁存数据。

$\overline{WR_1}$：写信号 1（低电平有效），用来将输入数据位送入寄存器中：当 $\overline{WR_1}$=1 时，输入寄存器的数据被锁定；当 $\overline{CS}$=0，ILE=1 时，在 $\overline{WR_1}$ 为有效电平的情况下，才能写入数字信号。

$\overline{WR_2}$：写信号 2（低电平有效），与 $\overline{XFER}$ 组合，当 $\overline{WR_2}$ 和 $\overline{XFER}$ 均为低电平时，输入寄存器中的 8 位数据传送给 8 位 DAC 寄存器中；$\overline{WR_2}$=1 时 8 位 DAC 寄存器锁存数据。

$\overline{XFER}$：传递控制信号（低电平有效），用来控制 $\overline{WR_2}$ 选通 DAC 寄存器。

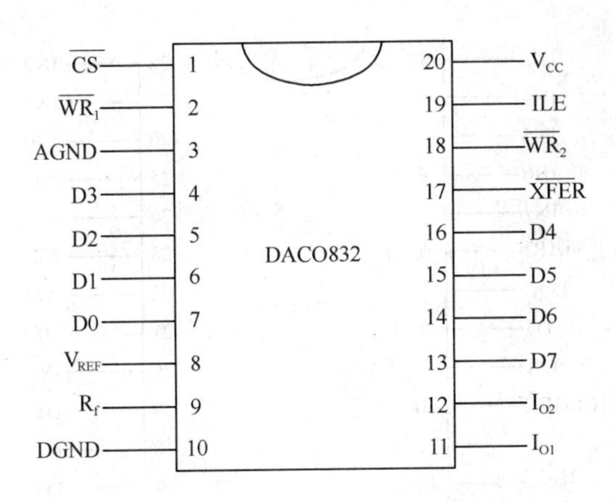

图 3-2-9　DAC0832 芯片引脚图

2）A/D 转换器（ADC0809）

ADC0809 是一个带有 8 通道多路开关并能与微处理器兼容的 8 位 A/D 转换器，它是单片 CMOS 器件，采用逐次逼近法进行转换。

ADC0809 的逻辑框图和各引脚图如图 3-2-10、图 3-2-11 所示。

其各引脚功能如下：

IN0～IN7：8 路模拟量输入端。

A0～A2：3 位通道地址输入端，A2～A0 为 3 位二进制码。A2A1A0=000～111 时分别选中 IN0～IN7。

ALE：地址锁存允许输入端（高电平有效），当 ALE 为高电平时，允许 A2、A1、A0 所示的通道被选中。

V_{CC}：电源电压，一般为 V_{CC}=+5V。

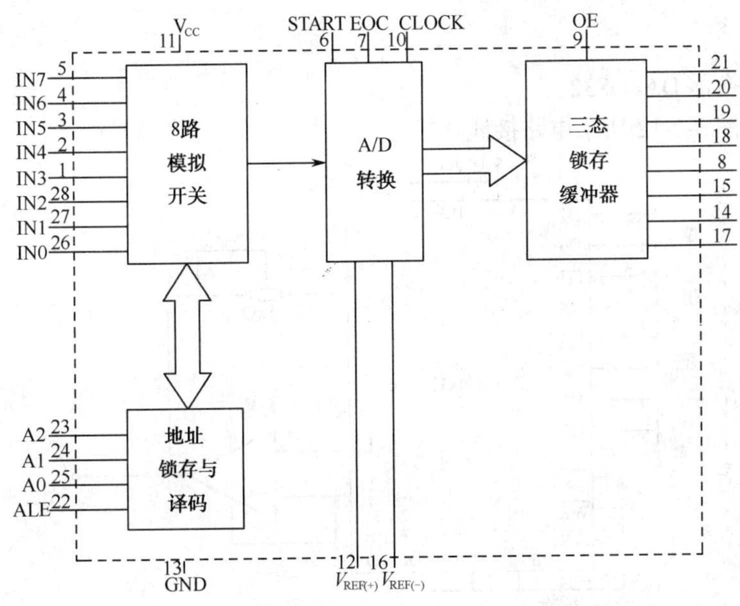

图 3-2-10　ADC0809 逻辑框图

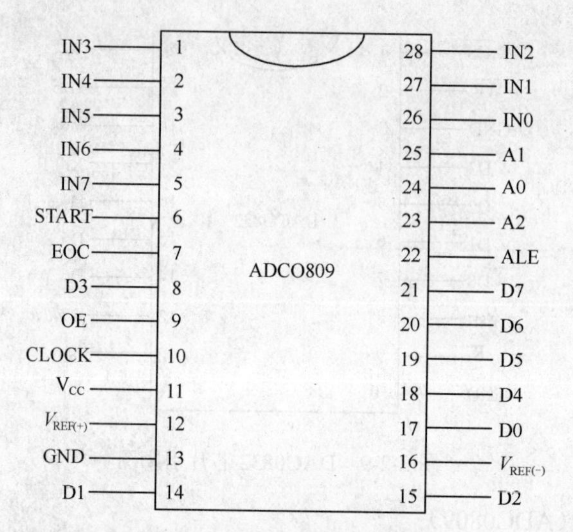

图 3-2-11　ADC0809 引脚图

$V_{REF(+)}$、$V_{REF(-)}$：参考电压输入端。用来提供 D/A 转换权电阻的标准电平。一般参考电压取 $V_{REF(+)}$=5V，$V_{REF(-)}$=0V。

OE：输出允许信号（高电平有效），用来打开三态输出锁存器，将数据送到数据总线。

START：启动信号输入端，当 START 为高电平时开始 A/D 转换。

EOC：转换结束信号，它在 A/D 转换开始时由高电平变为低电平。转换结束后由低电平变为高电平。

D7～D0：8 位数字量输出端。

CLOCK：外部时钟信号输入端，改变外接 RC 元件，可改变时钟频率，从而决定 A/D 转换的速度。

4．实验内容

1）D/A 转换器 DAC0832

① 首先按图 3-2-12 所示电路接线。

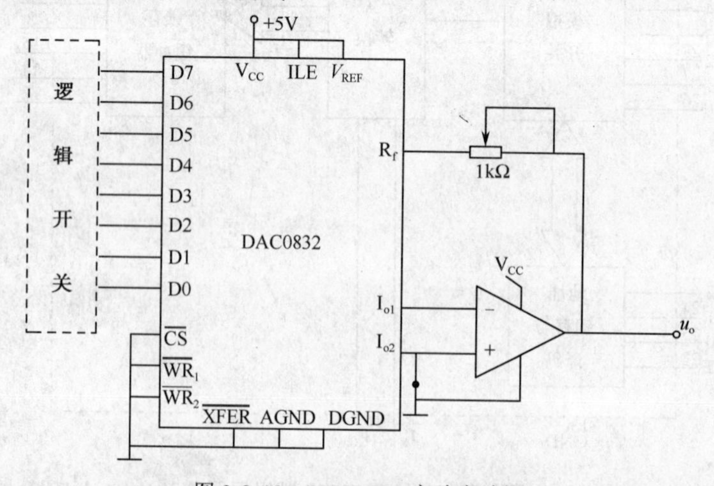

图 3-2-12　DAC0832 实验电路图

② 调零：接通电源后，将输入逻辑开关均接0，即输入数据D7D6D5D4D3D2D1D0 = 00000000，调节运放的调零电位器，使输出电压U_o=0V。

③ 按表3-2-4所示的输入数字量（由实验箱中逻辑开关控制），逐次测量输出模拟电压U_o的值，并填入表3-2-4中。

表3-2-4　D/A实验数据表

输入数字量	输出模拟电压	
D7 D6 D5 D4 D3 D2 D1 D0	理论值	实测值
0 0 0 0 0 0 0 0		
0 0 0 0 0 0 0 1		
0 0 0 0 0 0 1 1		
0 0 0 0 0 1 1 1		
0 0 0 0 1 1 1 1		
0 0 0 1 1 1 1 1		
0 0 1 1 1 1 1 1		
0 1 1 1 1 1 1 1		
1 1 1 1 1 1 1 1		

2）A/D转换器ADC0809

① 按图3-2-13所示电路接线，U_i输入模拟信号（由实验箱的直流信号源提供），将输出端D7～D0分别接逻辑指示灯L7～L1，CLOCK接连续脉冲（由实验箱提供1kHz连续脉冲）。

② 调节直流信号源，使U_i=4V，再按一次单次脉冲、观察输出端逻辑指示灯L7～L1显示结果。

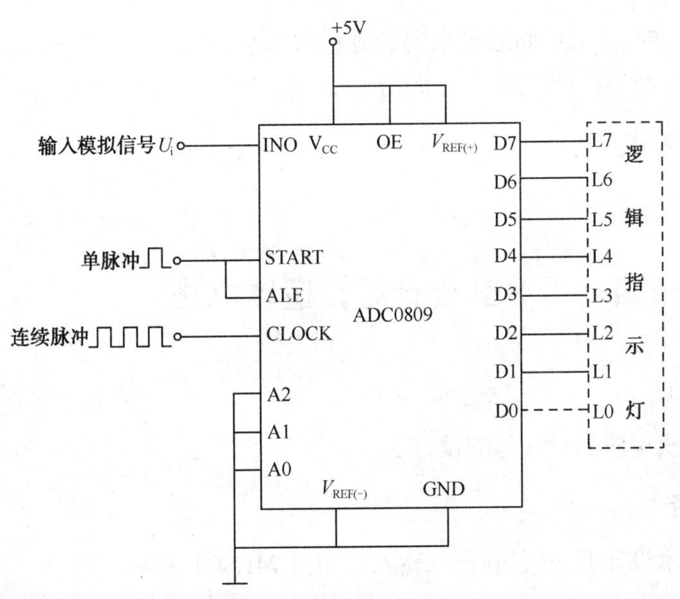

图3-2-13　ADC0809实验电路图

③ 按表 3-2-5 的内容，改变输入模拟电压 U_i，每次输入一个单次脉冲。观察并记录对应的输出状态，将对应的输入模拟电压 U_i 的值填入表 3-2-5 中。

表 3-2-5　A/D 测试数据表

输入模拟电压	输出数字量
U_i/V	D7 D6 D5 D4 D3 D2 D1 D0
	0 0 0 0 0 0 0 0
	0 0 0 0 0 0 0 1
	0 0 0 0 0 0 1 1
	0 0 0 0 0 1 1 1
	0 0 0 0 1 1 1 1
	0 0 0 1 1 1 1 1
	0 0 1 1 1 1 1 1
	0 1 1 1 1 1 1 1
	1 1 1 1 1 1 1 1

5. 实验内容报告

① 总结分析 D/A 转换器和 A/D 转换器的转换工作原理。

② 将实验转换结果与理论值进行比较。

6. 实验用仪器和元件

数字电路实验箱、万用表、DAC0832、ADC0809。

7. 思考题

如何将 A/D 转换的数字量通过数码管显示出来？

3.3　设计实验

3.3.1　实验十四　用 SSI 设计组合逻辑电路

1. 实验目的

学习组合逻辑电路的设计与测试方法。

2. 设计任务

任选一题。本设计要求采用四-二输入与非门 74LS00 实现。

① 用四-二输入与非门设计一个四人无弃权表决电路（多数赞成则提案通过）。

② 设计一个对两个两位无符号二进制数进行比较的电路，根据第一个数是否大于、等于、小于第二个数，使相应的三个输出端中的一个输出为1。

3. 设计报告要求

① 写出该电路设计的详细过程。（要求列出真值表、求出逻辑函数表达式、对表达式进行化简）

② 选择实现方案，画出逻辑图。

③ 选择集成电路芯片，要求使用的集成电路芯片种类尽可能的少。

④ 选择测试仪表和测试方法。

4. 实验报告内容

① 写出实验步骤。

② 自拟表格记录实验结果，并与设计值进行比较。

③ 写出设计和实验过程的收获与体会。

3.3.2 实验十五 用MSI设计组合逻辑电路

1. 实验目的

① 学习中规模集成译码器的逻辑功能和使用方法。

② 学习使用中规模集成译码器实现多功能逻辑函数的方法。

③ 学习中规模集成数据选择器的逻辑功能和使用方法。

④ 学习使用中规模集成数据选择器实现多功能组合逻辑电路的方法。

2. 设计任务

任选一题。要求使用的集成电路芯片种类不超过三种。

① 用三-八译码器74LS138设计一个3位二进制码与循环码的可逆转换电路。K为控制变量。

② 用三-八译码器74LS138设计一个二进制全加/全减两用电路。K为控制变量。

③ 用数据选择器74LS151设计一个多功能组合逻辑电路。该电路具有两个控制端C1、C0，控制着电路的功能，当C1C0=00时，电路实现对输入的两个信号的或的功能；当C1C0=01时，电路实现对输入的两个信号的与的功能；当C1C0=10时，电路实现对输入的两个信号的异或功能；当C1C0=11时，电路实现对输入的两个信号的同或功能。

3. 设计报告要求

① 写出该电路设计的详细过程，要求列出真值表、求出逻辑函数表达式、对表达式进行化简。

② 选择实现方案，画出逻辑图。

③ 选择集成电路芯片，要求使用的集成电路芯片种类尽可能地少。
④ 选择测试仪表和测试方法。

4．实验报告内容

① 写出实验步骤。
② 自拟表格记录实验结果，并与设计值进行比较。
③ 写出设计和实验过程的收获与体会。

3.3.3 实验十六 设计任意进制计数器

1．实验目的

① 掌握中规模集成计数器的使用方法及功能测试方法。
② 学习运用集成计数器构成 1/n 分频器的方法。

2．设计任务

分别用复位法和预置数法去设计一个 2 位十进制计数器。要求每位同学设计的计数容量是自己学号的最后两位数字+ 20。

提供器件：74LS192、74LS160、74LS00、74LS20 等。

3．设计报告要求

① 写出该电路设计的详细过程。（要求列出状态表、求出逻辑函数表达式、对表达式进行简化）
② 选择实现方案，画出逻辑图。
③ 选择集成电路芯片，要求使用的集成电路芯片种类尽可能地少。
④ 选择测试仪表和测试方法。

4．实验报告内容

① 写出实验步骤。
② 自拟表格记录实验结果，并与设计值进行比较。
③ 写出设计和实验过程的收获与体会。

3.3.4 实验十七 用 555 定时器设计振荡器

1．实验目的

① 掌握 555 定时器的电路结构、工作原理及特点。
② 掌握 555 定时器的三种应用方式。

2. 设计任务

555定时器配以少量的元件即可形成较高精度的振荡频率和具有较强的功率输出能力。这种形式的多谐振荡器应用非常广泛。设计多谐振荡器电路，并说明如何选择电阻与电容。

① 使用7555构成占空比大于10%，频率为10kHz（±5%），电源电压为5V的多谐振荡器，用示波器观察输出波形与电容C上的电压。

要求：占空比在规定范围内自己拟定（占空比的十位数字为自己的学号尾数，个位数字任意，例如：学号25号占空比在50%～59%选择），自己选择实验中的电阻值和电容值。

注意：555定时器组成多谐振荡器时，R_1和R_2的阻值均应大于1kΩ，同时$R_1+R_2<3.3M\Omega$。

② 将555定时器的电源电压改为12V，是用示波器观察输出脉冲的占空比、脉冲幅值及频率，与5V时相比较有没有变化。

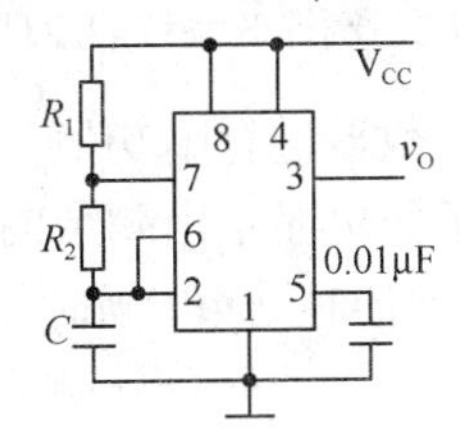

图3-3-1 555组成多谐振荡器原理图

3. 设计报告要求

① 写出该电路设计的详细过程。
② 选择实现方案，画出逻辑图。
③ 选择集成电路芯片，要求使用的集成电路芯片种类尽可能地少。
④ 选择测试仪表和测试方法。

4. 实验报告内容

① 写出实验步骤。
② 自拟表格记录实验结果，并与设计值进行比较。
③ 写出设计和实验过程的收获与体会。

3.3.5 实验十八 倒计时定时器

1. 实验目的

① 掌握时序电路的设计方法。
② 掌握简单系统的构成。

2. 设计任务

倒计时定时器能直观显示剩余时间的长短，在生活中起着重要的作用。倒计时电路主要由多谐振荡器、减法计数器、译码显示电路及控制电路组成。图3-3-2为倒计时系统的原理框图。

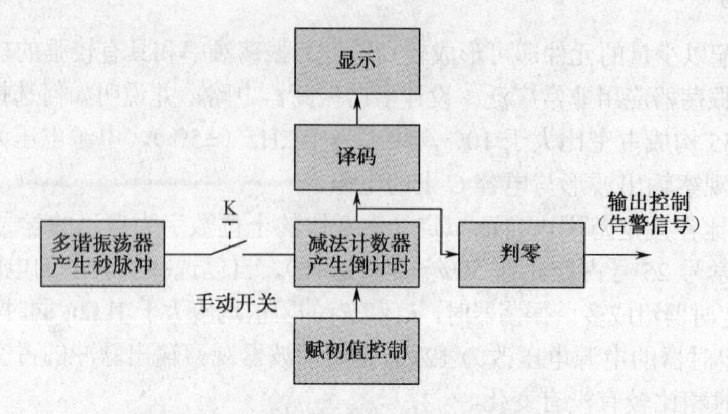

图 3 3 2　倒计时系统的原理框图

工作时，开启电路，先对减法计数器进行赋初值；然后按下手动开关 K，倒计时电路开始工作；随着倒计时的开始，显示器也显示出剩余的时间；当减计数器各位均为 0 时，判全 0 电路才输出控制信号 1，表明倒计时结束，同时使用 LED 或喇叭发出声光报警信号。

3．设计要求

① 显示 9→0（或 60→0 等自己拟定）。

② 在范围内，能任意设定倒计时长度。

③ 倒计时结束后，能发出告警信号（声、光）。

提示：声音报警信号可以如图 3-3-3 所示来产生。声音的发出可使用实验箱上的 1kHz 脉冲信号，提供一个高频振荡信号，当与门（或与非门）中的控制端为高电平有效的信号，可发出声音，反之，关断不发音。

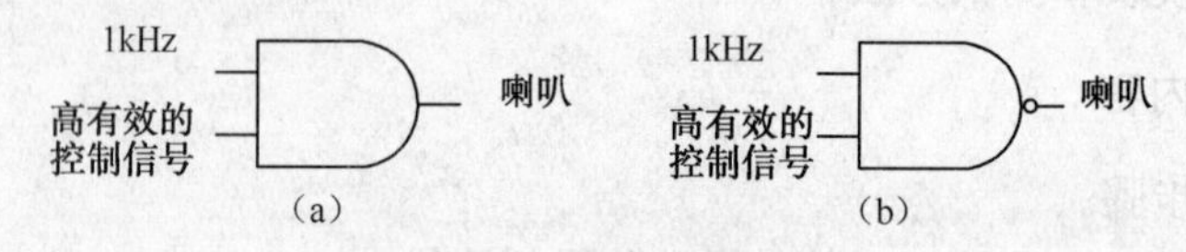

图 3-3-3　声音信号的产生

4．设计报告要求

① 写出该电路设计的详细过程。

② 选择实现方案，画出逻辑图。

③ 选择集成电路芯片，要求使用的集成电路芯片种类尽可能地少。

④ 选择测试仪表和测试方法。

5．实验报告内容

① 写出实验步骤。

② 自拟表格记录实验结果，并与设计值进行比较。

③ 写出设计和实验过程的收获与体会。

3.3.6 实验十九 串行数据检测器

1. 实验目的

① 掌握触发器的使用方法及功能测试方法。
② 学习运用触发器设计时序逻辑电路的方法。

2. 设计任务

连续输入三个或三个以上的1时输出为1，其他情况输出为0。（提供器件：74LS74、74LS76、74LS00、74LS20等）

3. 设计报告要求

① 写出该电路设计的详细过程。
② 选择实现方案，画出逻辑图。
③ 选择集成电路芯片，要求使用的集成电路芯片种类尽可能地少。
④ 选择测试仪表和测试方法。

4. 实验报告内容

① 写出实验步骤。
② 自拟表格记录实验结果，并与设计值进行比较。
③ 写出设计和实验过程的收获与体会。

3.3.7 实验二十 阶梯波的形成

1. 实验目的

① 掌握中规模集成计数器的使用方法及功能测试方法。
② 学习运用D/A转换器构成波形发生电路的方法。

2. 设计任务

设计阶梯波发生电路，波形图如图3-3-4所示。

3. 设计报告要求

① 写出该电路设计的详细过程。
② 选择实现方案，画出逻辑图。
③ 选择集成电路芯片，要求使用的集成电路芯片种类尽可能地少。
④ 选择测试仪表和测试方法。

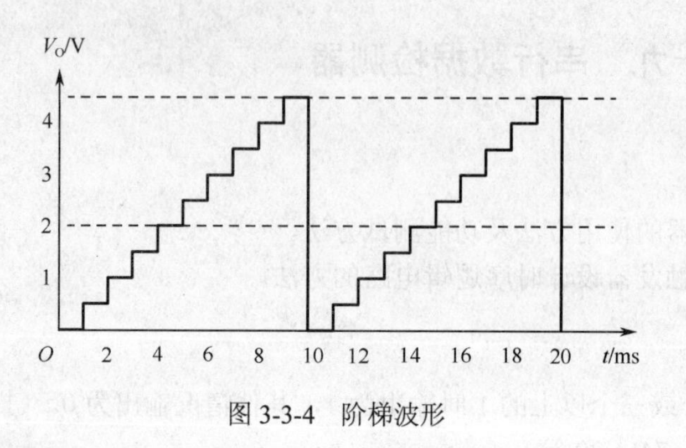

图 3-3-4　阶梯波形

4．实验报告内容

① 写出实验步骤。

② 自拟表格记录实验结果，并与设计值进行比较。

③ 写出设计和实验过程的收获与体会。

3.4　本章附录：数字电路中常用的元器件

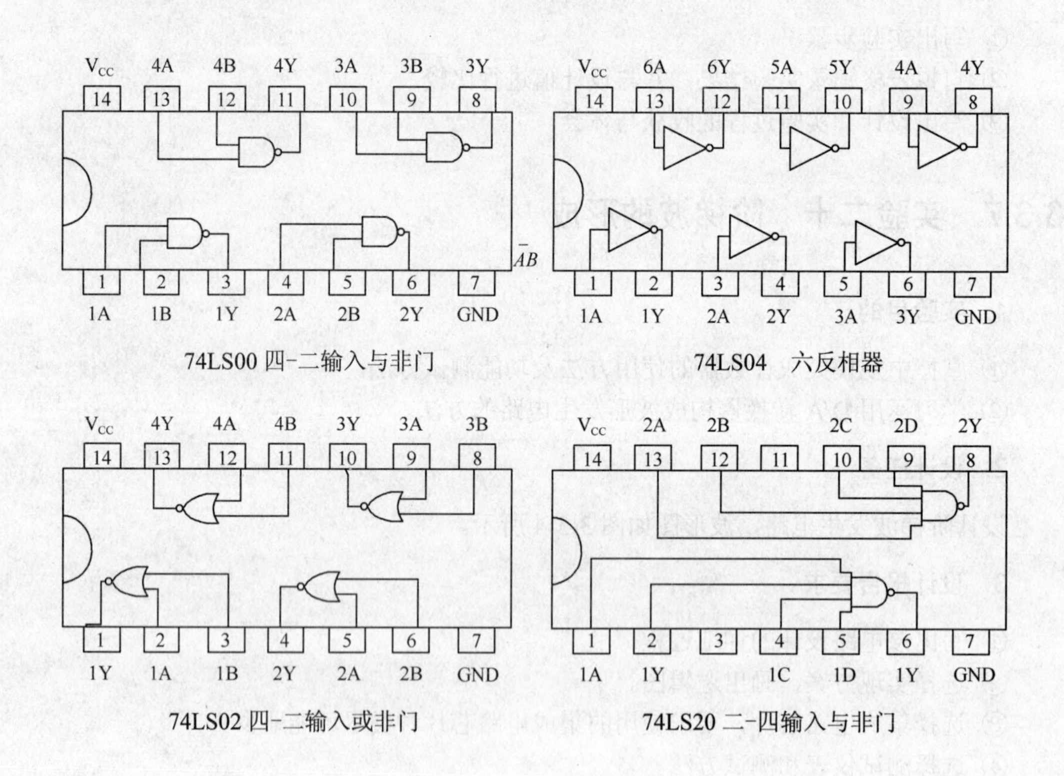

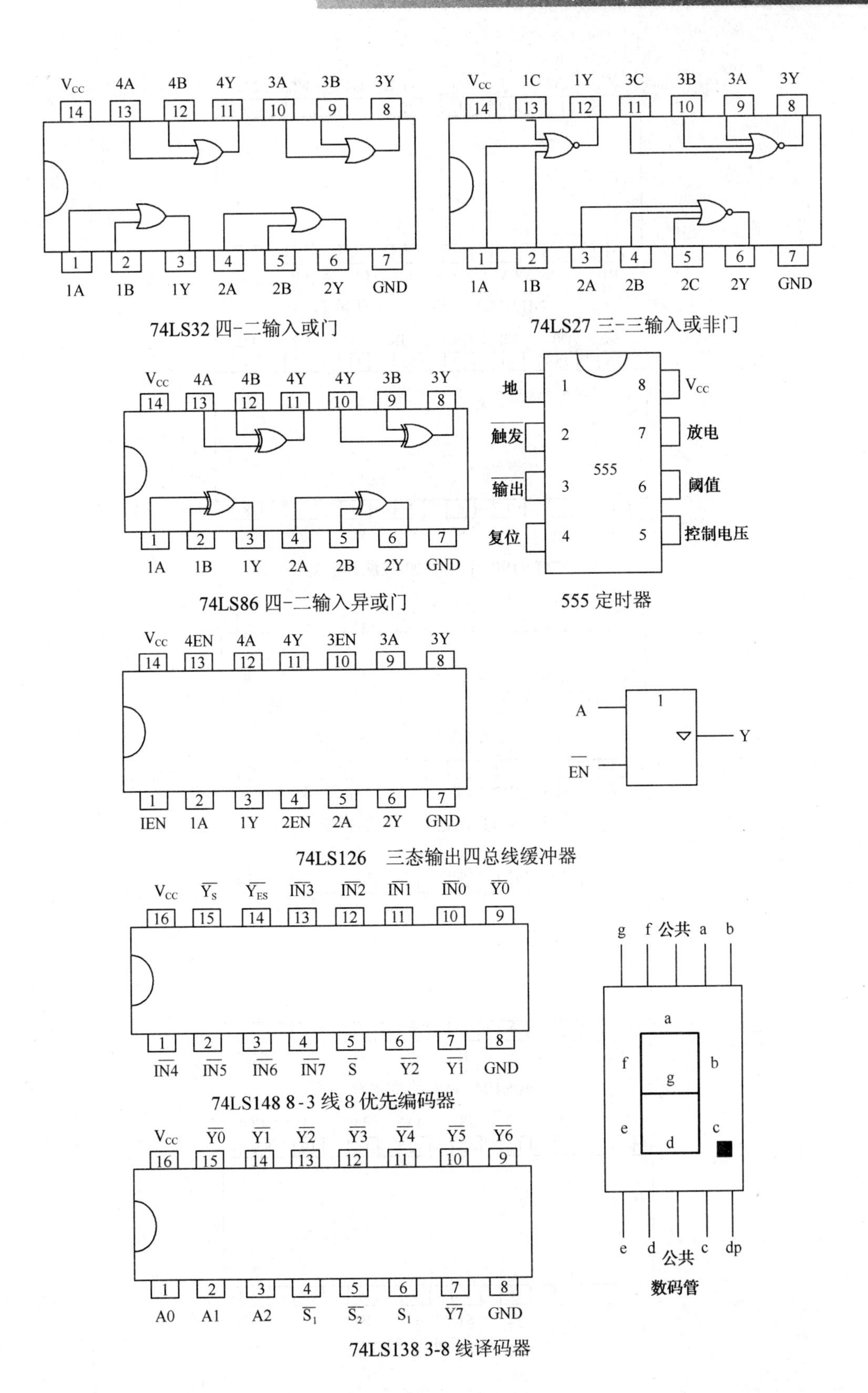

74LS32 四-二输入或门

74LS27 三-三输入或非门

74LS86 四-二输入异或门

555 定时器

74LS126　三态输出四总线缓冲器

74LS148 8-3 线 8 优先编码器

数码管

74LS138 3-8 线译码器

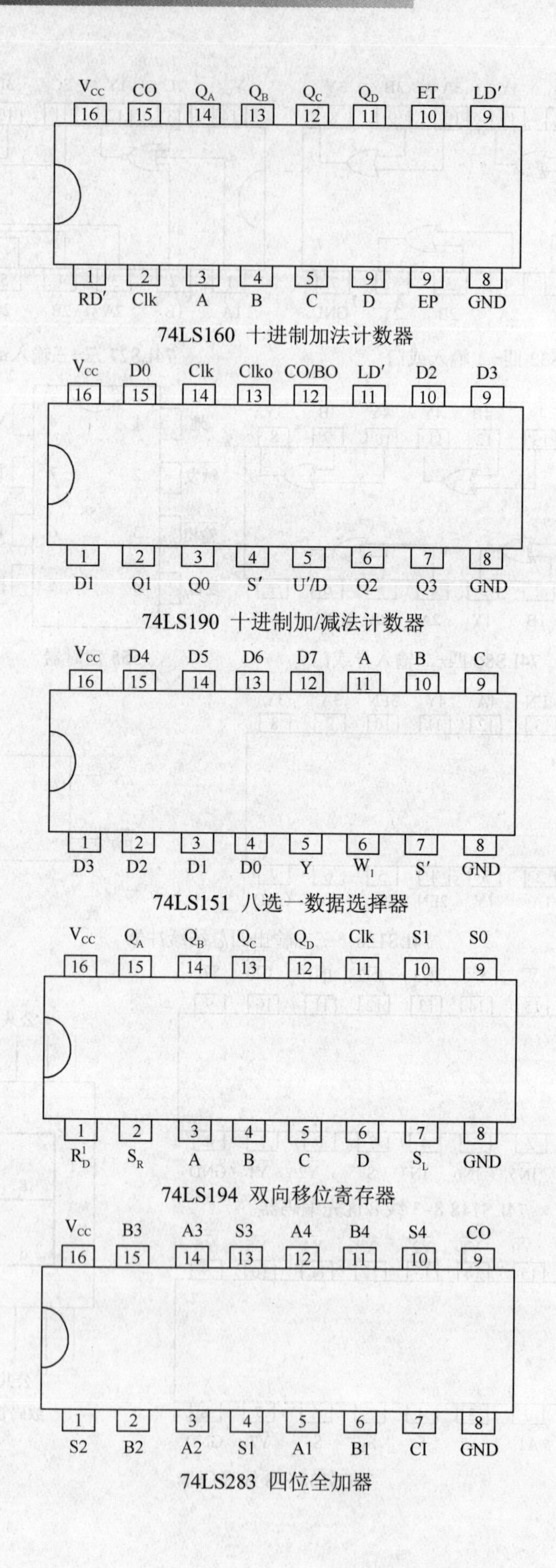

74LS160 十进制加法计数器

74LS190 十进制加/减法计数器

74LS151 八选一数据选择器

74LS194 双向移位寄存器

74LS283 四位全加器

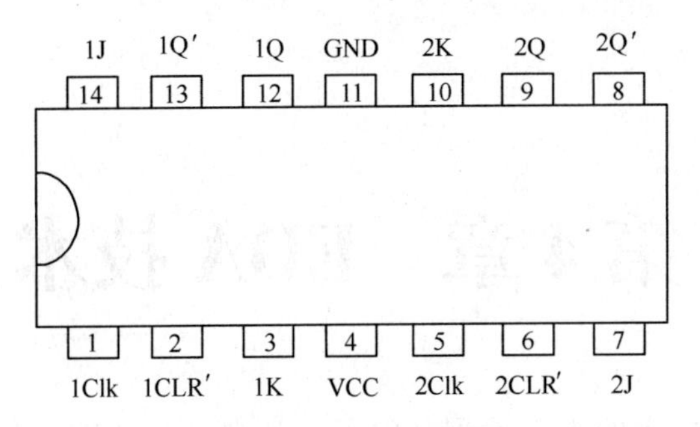

74LS73 双JK触发器

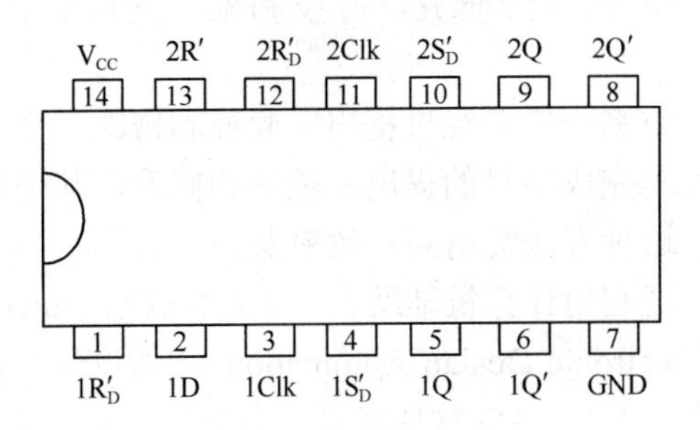

74LS74 双D触发器

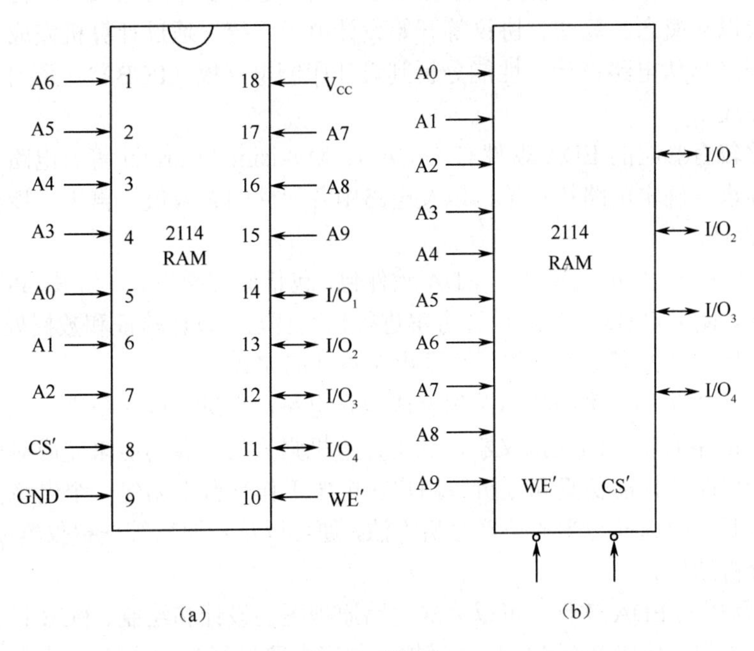

2114引脚图

第4章 EDA技术

随着计算机应用技术的不断发展，电子设计自动化（EDA）技术在电子技术中的应用越来越广泛。对EDA技术的研究、开发和推广应用必将进一步推动电子工业的发展。

一个电子产品的设计方案一般要经过提出、验证和修改三个阶段。传统的方法在方案验证和修改阶段一般由人工完成项目的提出、验证和修改，其中设计项目的验证一般都采用搭接实验电路的方法，这种方法费用高、效率低。

在电子设计领域，广泛利用计算机辅助设计CAD（Computer Aided Design）技术实现电子设计自动化EDA（Electronic Design Automation）。由设计者根据指标需求进行总体设计并提出具体的设计方案，使用CAD软件对设计方案进行仿真评价、设计验证和数据处理等工作。重复上述工作过程以使方案接近理想，直至电路设计的完成。而利用EDA工具，电子工程师可以从概念、算法、协议等开始设计电子系统，通过计算机完成大量工作，并最终实现电子产品从电路设计、性能分析到设计印制电路板（PCB）一系列工作在计算机上自动处理完成。

目前，比较有影响的EDA软件有OrCAD、Multisim和Protel等。电路设计就是根据功能和指标需求，确定电路拓扑结构以及电路中各元件的参数值，再进一步将电路原理图转换为PCB设计。

OrCAD是一个大型的电子线路EDA软件包，包括原理图设计、仿真、PCB设计、PLD设计等软件包。使用CAD软件对设计方案进行仿真评价、设计验证和数据处理等工作。重复上述工作过程以使方案接近理想，直至电路设计的完成。

Multisim 可以将不同类型的电路组合成混合电路，并进行电路仿真，尤其适合于数字电路。Multisim 中有丰富的虚拟仪器，利用计算机强大的计算功能来完成对模拟电路、数字电路、混合电路的性能仿真和分析，用户在电子工作平台上创建一个电路以后，启动电子工作台电源开关或选择适当的仿真分析方法，便可以从示波器等虚拟仪器（或分析图表）上看到仿真分析结果。

Protel是常用的EDA软件，可以完成电路原理图的设计和绘制、PCB设计、自动布线和电路仿真等工作。使用Protel软件对模拟与数字电路进行PCB设计，力求在较短时间内掌握PCB设计制作要领。

4.1　OrCAD 软件

4.1.1　简介

OrCAD 是一种集成化 EDA 软件，使用 OrCAD 系统进行电路仿真与设计的工作流程，如图 4-1-1 所示为软件系统结构图。

（1）电路原理图输入 OrCAD/Capture

用于生成各类模拟电路、数字电路和数/模混合电路的电路原理图。

（2）逻辑仿真 OrCAD/Express

对 Capture 生成的数字电路进行门级仿真、VHDL 综合和仿真。

（3）电路仿真 OrCAD/PSpice

对模拟、数字和 D/A 混合电路进行仿真，具有设计优化的功能。PSpice 是 SPICE（Simulation Program with Integrated Circuit Emphasis）软件的 PC 版本。

（4）PCB 设计 OrCAD/Layout

由 OrCAD/Capture 生成的电路图，产生 PCB（Printed Circuit Board）设计。

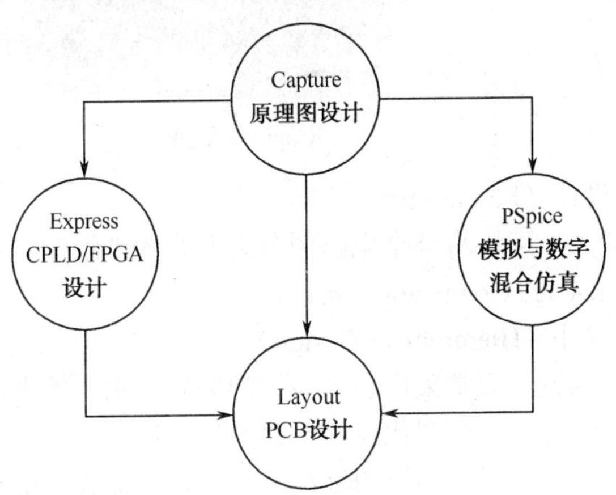

图 4-1-1　软件系统结构图

4.1.2　电路原理图输入 Capture

电路原理图输入 Capture 界面如图 4-1-2 所示。

1. 电路原理图的基本结构

根据所绘电路图的规模和复杂程度不同，分别采用三种不同的电路结构。

1）单页图纸结构（One Sheet）

若电路图规模不大，可将整个电路图绘制在同一张图纸中。

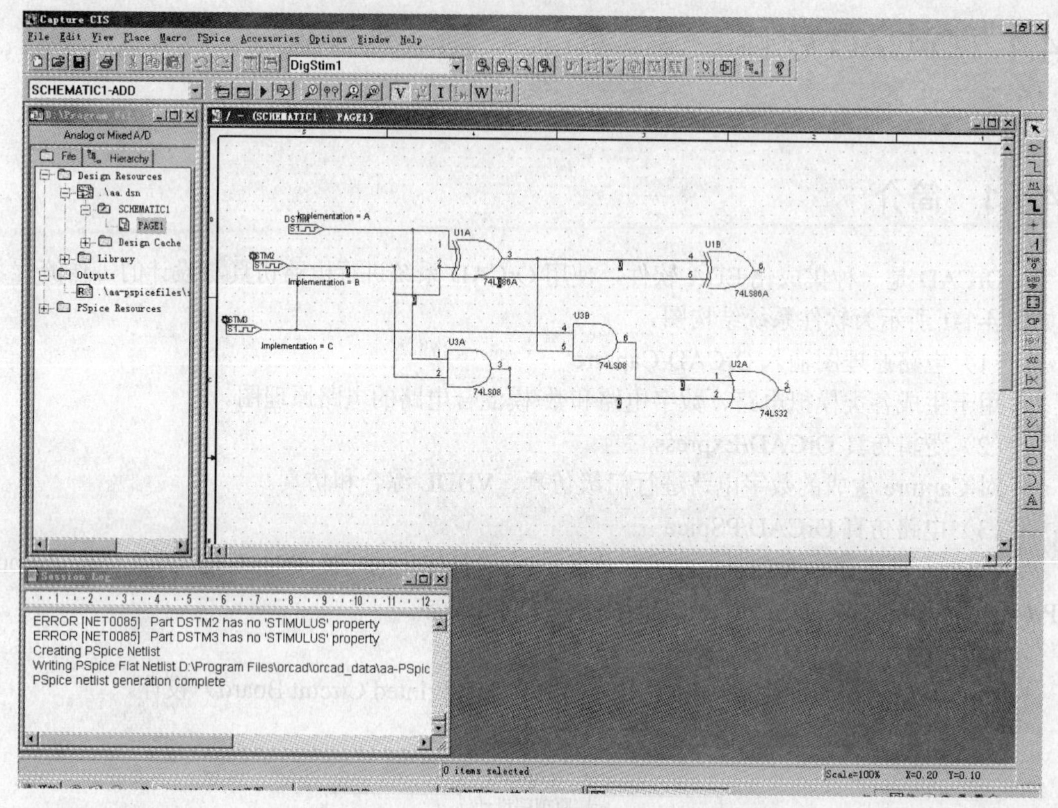

图 4-1-2 Capture 界面

2）平铺式电路图设计（Flat Design）

如果电路图规模较大，可以将整个电路图分为几张图纸绘制，各张图纸之间的电连接关系用端口连接器（Off-Page Connector）表示。

3）分层式电路图设计（Hierarchical Design）

对于复杂电路系统的设计通常采用自上而下的分层结构。首先，用框图形式设计出总体结构；其次，分别设计每一个框图代表的电路结构。每一个框图的设计图纸中可能还包括下一层框图，按分层关系将子电路框图逐级细分，直到最底一层完全为某一子电路的具体电路图。每一框图相互之间是分层调用关系，子电路可以在多处被调用。

2. 电路原理图输入 Capture 操作步骤

步骤 1　启动 OrCAD/Capture

选择开始→程序→OrCAD→Capture，以进入 Capture 工作环境。

步骤 2　创建新项目

① 在 Capture 菜单中，选择 File/New/Project 命令，创建新项目。

② 出现 New Project 对话窗口。可在 Name 对话框中输入欲建立项目的名字（如 My Project），在 Location 对话框中输入该项目的保存地址（如 E:\My Document），并在 Create a New Project Using 复选框中选择 Analog or Mixed Signal Circuit。单击 OK 按钮。

③ 出现 Create PSpice Project 对话窗口。可在 Create base upon an existing project 复选

框中选择电路结构，如 simple.opj（单页电路图结构）。

步骤 3　电路原理图编辑

在项目管理器中，依次双击 Design Resources，MyProject.dsn，Schematic1，Page1，进入原理图编辑器界面。

1）放置元器件符号

从 OrCAD/Capture 符号库中调用合适的元器件符号，如电阻、电容、晶体管、电源和接地符号等并将它们放置在电路图的适当位置。对分层式电路设计，还需绘制各层次框图。

2）元器件间的电连接

包括互连线、总线、电连接标识符、节点符号及节点名等。对分层式电路设计，还需绘制框图端口符。

3）绘制电路图中辅助元素

非必须步骤，可以绘制图纸标题栏、在电路图中添加书签、绘制特殊符号（如矩形、椭圆等）以及注释性文字说明。

步骤 4　修改电路原理图

对已输入的电路原理图进行修改，如删除无用的元件、改变元件的放置位置、修改元件的属性参数等。

步骤 5　电路原理图保存

执行 File/SAue 命令，将绘制好的电路图存入文件。

步骤 6　电路的 PSpice 仿真

执行 PSpice 菜单下的命令。

3. 原理图输入方法

1）元件（Part）与库（Library）

元件就是实际电路器件的计算机描述，它包括器件参数（Parameter）、符号（Symbol）、封装（Package）。参数主要用于电路的仿真，符号用于表示原理图，封装是指元件的尺寸、引脚排列等信息，主要用于 PCB 制作。

库是一个文件，为元件的集合。功能类似或属于同一器件生产商的元件通常放在同一个库文件中。必须添加并打开相应的库文件，才能在原理图中放置一个所需的器件。

（1）元件类型与编号

在电路图绘制过程中，每个元器件符号均按放置次序自动进行编号，电路图中各元器件编号的第一个字母按表 4-1-1 所规定的字母代号赋值。例如，电阻编号为 R_1、R_2 等，二极管的编号为 D_1、D_2 等，双极晶体管的编号为 Q_1、Q_2 等。

表 4-1-1　元器件字母代号

代号	元器件类别	代号	元器件类别	代号	元器件类别
B	GaAs 场效应管	D	二极管	F	电流控制电流源
C	电容	E	电压控制电压源	G	电压控制电压源

续表

代号	元器件类别	代号	元器件类别	代号	元器件类别
H	电流控制电压源	N	数字输入	U	数字电路单元
I	独立电流源	O	数字输出	UTIM	数字电路激励源
J	结型场效应管	Q	双极晶体管	V	独立电压源
K	互感，传给线耦合	R	电阻	W	电流控制开关
L	电感	S	电压控制开关	X	单原子电路调用
M	MOS 场效应管	T	传输线	Z	绝缘栅双极晶体管

（2）元器件符号库

OrCAD/Capture 元器件符号库文件由以下四种库文件构成：

① 商品化元器件符号库：半导体器件和集成电路元器件符号库。

元器件符号库文件的名称有两类：一类以元器件的类型为库文件名。例如，TTL74 系列数字电路器件库文件名以 74 开头，CMOS4000 系列数字电路器件库文件名为 CD4000，双极晶体管器件库文件名为 BIPOLAR，运算放大器库文件名为 OPAMP 等。另一类以元器件生产商名称命名库文件。例如，西口子半导体器件库文件名为 SIEMENS，摩托罗拉半导体器件库文件名为 MOTOR 开头等。

② 常用的非商品化元器件符号库，包括以下常用器件符号库文件：

ANALOG 库：包括模拟电路中的各种无源元件，如电阻、电容、电感等元器件符号。

BREAKOUT 库：包括参数按规律变化的各种无源元件及各种半导体器件，可用于统计仿真分析。

SOURCE 库：包括各种电压源和电流源符号，用于电路仿真分析的输入激励信号。

SOURCSTM 库：包括采用 StmEd 模块设置信号波形的激励信号源符号。

SPECIAL 库：包括一些特殊符号，在进行某些类型电路特性分析以及在电路分析中进行某些特殊处理时将要采用这些符号。

③ DsignCached：在电路图绘制过程中自动形成的专用符号库文件，包括曾经采用过的各种元器件符号。

④ CAPSYMJ 库：库文件包括电源符号（Power）、接地符号（Ground）、电连接标识符（Off-PageConnector）、分层电路设计中的框图端口（HierarchicalPort）和图纸标题栏（TitleBlock）等符号。

（3）创建新元件

如果元器件符号库中没有电路设计所需的元件，则可在原理图编辑器界面创建新元件，例如，创建新元件 NPN 三极管 VT9013，$\beta\approx180$，可按下列步骤进行：

步骤 1　执行 File/New/PSpice Liberary 命令。出现 PSpice Model Editor 界面。

步骤 2　在 PSpice Model Editor 界面，执行 Model/New，出现的 New…对话框。

步骤 3　在对话框 Model 栏中填写 Q9013，即为欲创建的新元件名；在 From 栏选择 Bipolar Transistor；在 Polarity 选择 NPN，单击 OK 按钮。

步骤 4　按 Forward DC Beta 按钮，以设定三极管β值。

步骤 5　在 Forward DC Beta 表格中填入若干（I_c,h_{FE}）数值，如（0.01mA,179）、（1mA,180）、

（1A,179）。

步骤 6　执行 Tools/Extract Parameters 命令（参数提取）。

步骤 7　执行 FileSAueAs…命令，在另存为对话框中填写新元件保存路径，如 C:\My Document，填入库名如 MyLibrary，单击保存按钮。

步骤 8　执行 File/Create Capture Parts 命令，在 Create Parts for Library 对话框中，按 Enter Input Model Library 栏的 Browse…按钮以选择创建新元件路径，如 C:\My Document\MyLibrary，单击 OK 按钮。

步骤 9　在出现的新元件检查结果窗口，如 E:\My Document\MyLibrary 窗口，单击 OK 按钮。

步骤 10　关闭 PSpice Model Editor 窗口。

2）元器件的放置（Place/Part）

从 OrCAD/Capture 系统配置的元器件符号库中调出所需的元器件符号并按一定的方位放置在电路图中的合适位置。

① 执行 Place/Part 命令，出现元器件符号选择窗口 Place Part。

② 在元器件符号 Part 列表框中选择所需的元器件名，单击 OK 按钮。

③ 如果 Part 列表框中没有所需的元器件名，则可在元器件符号库 Libraries 列表框中选择所需的元器件所在的符号库名称，再进行步骤②的操作。

④ 如果元器件符号库 Libraries 列表框中没有所需元器件所在的符号库名称，则可按 Add Library…，在出现的 Browse File 对话框中，使元器件符号库搜寻路径为 C:\Program Files\OrCAD\Capture\Library\PSpice，选择所需的元器件所在的符号库名称，单击打开再进行步骤②、③的操作。

⑤ 将元器件符号放置在电路图的合适位置。通过步骤②被调至电路图中的元器件符号将附着在光标上并随着光标的移动而移动。移至合适位置时单击鼠标左键，即在该位置放置一个元器件符号。这时继续移动光标，还可在电路图的其他位置继续放置该元器件符号。

⑥ 结束元器件的放置。可按 Esc 键以结束绘制元器件状态，也可单击鼠标右键，屏幕上将弹出快捷菜单，选择执行其中的 End Mode 命令，即可结束绘制元器件状态。

3）电源与接地符号的放置（Place/Power 和 Place/Ground）

（1）电源和接地符号

OrCAD/Capture 符号库中有两类电源符号。

第一类为 CAPSYM 库提供的四种电源符号以及四种接地符号，该类符号在电路原理图中只表示该处与某一电源相连。V_{DD}、V_{EE} 等都是这种类型电源符号。

第二类为 SOURCE 库中提供的电源以及接地符号。在电路原理图中该类电源符号代表某种激励电源，通过设置可以赋予电平值，而该类接地符号代表电位为零的电平参考点。

（2）电源和接地符号的使用

① 模拟电路中的直流电压源（或电流源）、交流和瞬态信号源以及数字电路中的输入激励信号源均通过执行 Plate/Part 命令，从 SOURCE 库（或 SOURCSTM 库）中获得。

② 数字电路输入端的高电平信号和低电平信号均通过执行 Place/Power 命令，从 SOURCE 库中获得$D-HI 和$D-LO 两种符号。

③ 为了对模拟电路进行仿真分析，电路中必须有1个电位为零的电平参考点。该零电位接地符号通过执行 Place/Ground 命令从 SOURCE 库中获得名称为 0 的符号。

④ 如果使用了CAPSYM库中的电源或接地符号，则还需要调用SOURCE库中的符号，并使两者用电路相连，以进一步说明这些电源和接地符号的电平值。

4）端口连接符号的放置（Place/Off-Page Connector）

对于规模较大的电路设计，采用平铺式电路图方案，以端口连接符（Off-Page Connector）表示各电路图之间的连接关系。

执行 Place/Off-Page Connector，可在各单页电路图中放置端口连接符。

存放在 CAPSYM.OLB 库中的端口连接符号有两种，符号名分别为 OFFPAGELEFT-L 和 OFFPAGELEFT-R，放置到电路图中后，可以对符号名进行编辑修改。

5）互连线的绘制（Place/Wire）

在电路图中各元器件符号之间进行互连线绘制，实现各元器件之间的电连接。

（1）绘制互连线的基本步骤

步骤1　执行 Place/Wire 命令，进入绘制互连线状态，光标形状由箭头变为十字形。

步骤2　将光标移至互连线的起始位置处，单击鼠标左键从该位置开始绘制一段互连线。

步骤3　用鼠标或者键盘的方向键控制光标移动，随着光标的移动，互连线随之出现。

步骤4　在电路图中的恰当位置处，单击鼠标左键，以结束绘制当前段互连线。继续移动鼠标控制光标移动，以绘制下一段互连线。

步骤5　如果互连线绘制完毕，则可单击鼠标右键，从快捷菜单中选择执行 End Wire 子命令，即可结束互连线绘制状态。

（2）互连线与元器件的连接

绘制互连线时，必须使互连线端头与元器件引脚端头准确对接，以保证电学连接的正确性。如果电路图上元器件引脚端头处存在空心方形连接区，则元器件与其他元器件及其互连线之间无电学连接。如果元器件引脚端头处是实心方形连接区，则可以判断其电学连接正常。

（3）互连线之间的连接

两条互连线交叉时，如果在交点处存在出现节点（Junction），则表示这两条互连线存在电学连接，否则这两条交叉互连线不存在电学连接。为了使交叉互连线形成连接节点，可以人为放置电连接节点。

6）电连接节点的放置（Place/Junction）

在两条互连线交叉点处放置电连接节点，以实现互连线之间的电学连接。

① 执行 Place/Junction 命令，箭头伏光标处出现实心圆点。

② 移动光标至互连线交叉点处。

③ 单击鼠标左键，在该处放置一个电连接节点。转步骤②可以继续放置其他电连接节点。

④ 欲结束电连接节点的放置，可单击鼠标右键，从快捷菜单中选择执行 End Mode 子命令。

在绘制电连接节点的状态下，如果将带有实心圆点的光标移至一个电连接节点处并单击鼠标左键，则该位置原有的电连接节点将被删除。

7）节点名的放置（Place/Net Alias）

电路原理图中，除了以连线表示各元器件之间的连接关系，还可通过放置相同节点名以实现电路中不同位置各节点之间的电学连接。

① 执行 Place/Net Alias 命令，出现 Place/Net Alias 对话窗。

② 在 Alias 文本框中输入节点名，不区分字母大小写。

③ 单击 OK 按钮，则光标箭头处会附着一个代表节点名的小矩形框。

④ 将光标箭头指向欲放置节点名的互连线或总线上，单击鼠标左键，即可将节点名设置于该位置。可以在电路中其他位置连续放置相同节点名。

⑤ 欲结束节点名的放置，可单击鼠标右键，从快捷菜单中选择执行 End Mode 子命令。

8）总线

总线是一种具有多位信号的互连线，它由总线名以及总线引入线组成。在电路原理图中总线以粗线表示，以区别于一般的互连线。

总线名的基本格式：总线名称[*m*…*n*]。*m* 和 *n* 代表总线信号位数的范围，总线位数为 *n* 与 *m* 之差加 1。例如，DATA[0…7]或 DATA[7…0]都表示 8 位 DATA 总线。

总线引入线用以表示总线上各个信号位的接入端。与节点名类似，引入线名是用来表示总线中各信号位与电路中其他节点之间的连接关系。例如，总线 DATA[0…7]可以有 8 个总线引入线，可能的引入线名为 DATA0,DATA1,…,7。

放置总线的步骤如下：

步骤 1　Place/Bus 命令，用互连线绘制类似的方法绘制总线。

步骤 2　执行 Place/Net Alias 命令，以基本格式设置总线名。

步骤 3　执行 Place/Bus Entry 命令，以放置总线引入线。

步骤 4　执行 Place/Net Alias 命令，以设置引入线名。

9）电路图的编辑修改

对已绘制的电路图进行移动、删除、复制等基本编辑修改操作。

（1）被编辑对象的选中和去除选中

待编辑修改的对象必须先被选中，被选中的对象将以特定的颜色（默认为粉红色）显示。

① 单个或多个对象的选中。用鼠标左键单击某个待编辑对象，可使其被选中。如果按住 Ctrl 键后再依次单击欲选中的对象，则可选择多个对象。

② 区域内对象的选中。光标移至某一位置后单击鼠标左键，然后在保持鼠标左键单击的同时拖动光标。当松开鼠标时，位于矩形框线内的所有对象均处于选中状态。如果按住 Ctrl 键后，再选择其他区域，则可使多个区域内的对象同时处于选中状态。

③ 特定互连线的选中。选中某段互连线后，单击鼠标右键，执行快捷菜单中的 Select Entire Net 命令，则与该段互连线相连的所有互连线均被选中。

④ 全部电路的选中。选择执行 Edit/Select All 子命令，可使当前页电路图中的所有对象均被选中。

⑤ 选中状态的去除。可用鼠标单击电路图上的空白位置，将使电路图中所有被选中的对象脱离选中状态。也可在按 Ctrl 键的同时用鼠标单击其中某一个对象，将使其脱离选中

状态。

（2）被编辑对象的移动、方位与删除

① 移动。单击鼠标左键不放，将选中的被编辑对象拖动到新的位置后再放开鼠标。

② 方位。选中被编辑对象后，单击鼠标右键，执行快捷菜单中的 Mirror Horizontally、Mirror Vertically 或 Rotate 命令，可以使被编辑对象作水平镜向翻转、垂直镜向翻转或逆时针转 90°。

③ 删除。选中被编辑对象后，按 Del 键。

10）元器件属性参数的编辑修改

（1）属性参数编辑

元件被选中后，执行 Edit Properties 命令，进入属性编辑器（Properties Editor）界面。属性编辑器由编辑命令按钮、参数过滤器（Filter）、电路元素类型选择标签和属性参数编辑工作区四部分组成。

① 编辑命令按钮。由位于编辑器界面左上部的 New、Apply、Display、Delete Property 四个按钮组成。

New 按钮用于为选中的元件新增一个属性参数。Apply 按钮用于更新被编辑元器件的属性参数。Display 按钮用于设置属性参数的显示方式。Delete Property 按钮用于删除选中的属性参数。

② 参数过滤器（Filter）。每一种元器件属性参数很多，参数过滤器（Filter）的作用是有选择地显示所需参数。从 Filter 文本框右侧下拉式列表中选择某一类型后，参数编辑器中将只显示出元器件中与之相关的属性参数。

③ 属性参数类型选择标签。使用编辑器界面左下部的元器件（Parts）、节点（Schematic Nets）、元器件引线（Pins）和图纸标题栏（Title Block）共四个标签来选定编辑修改某类属性参数。

④ 属性参数编辑工作区。编辑器界面中部以表格形式显示的是参数编辑区。每一行对应一个电路元素，最左边一格是元器件的编号名称及其所在的电路设计名和电路图纸名，右边单元格内是元器件属性参数值（Value）。以斜体表示的参数值不允许修改。

（2）元器件单项参数编辑

如果只修改其中一项参数（如元器件电阻 R_1，电阻值 4.7kΩ），可按下述方法进行：

① 选中待修改的 R_1 电阻值 4.7kΩ（注意不是选中整个 R_1 电阻符号），双击鼠标左键。

② 屏幕上出现 Display Properties 设置窗口。

③ 在 Value 文本框中输入新的电阻值，单击 OK 按钮。

4.1.3 电路仿真 PSpice

电路仿真 PSpice 的界面如图 4-1-3 所示。

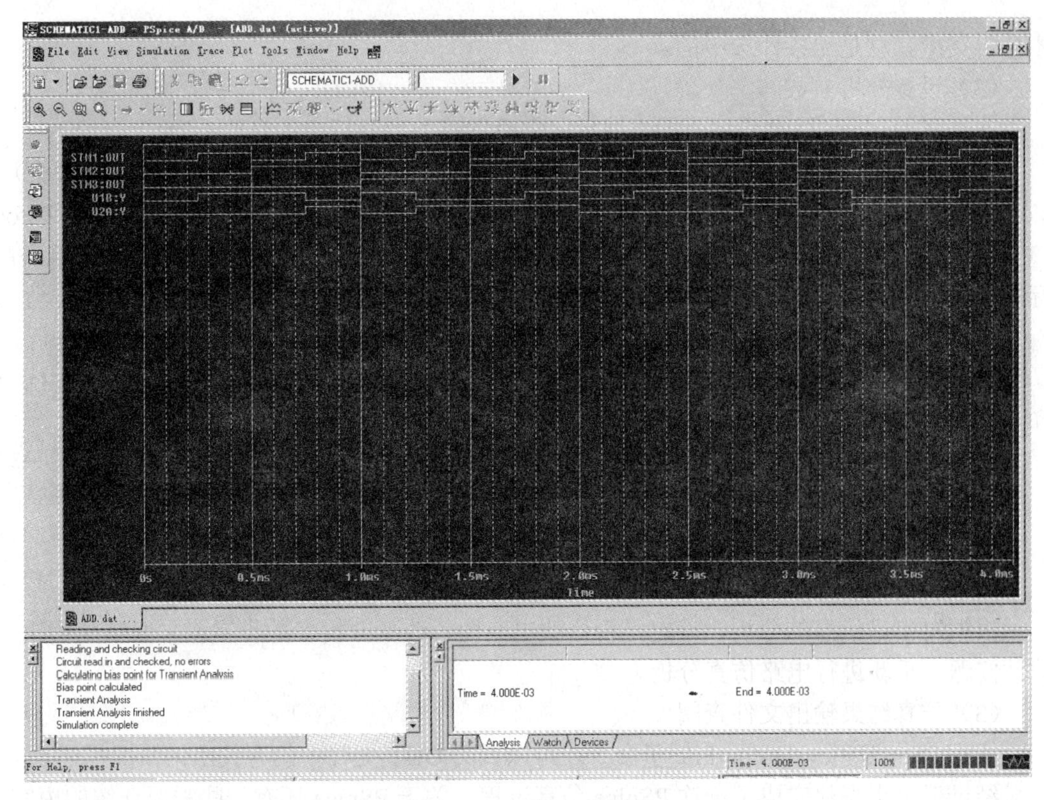

图 4-1-3　PSpice 的界面

仿真的一般步骤为以下 6 步。

步骤 1　绘制电路原理图。

为建立待分析电路的拓扑结构以及元器件参数值，绘制电路原理图是电路仿真分析之前的必须过程。

步骤 2　在 Capture 界面中执行 PSpice/Create Netlist 命令，以建立电路网表。

网表（Netlist）是一个描述待分析电路中元件名、元件参数、元件连接信息的 ASCII 码文件，通过网表可以检查出电路中的错误。

步骤 3　在 Capture 界面中执行 PSpice/Edit Simulation Profile 命令，建立仿真类型描述。

屏幕上弹出 Simulation Setting 对话框。框中的 Analysis 标签页用于电路仿真分析类型和参数的设置，Options、Data Collection 和 Probe Window 三个标签页用于设置波形显示和分析模块 Probe 的参数，其余四个标签页用于电路模拟中有关文件的设置。

Analysis 标签页中需完成三类参数内容设置。

（1）设置基本分析类型

由 Analysis Type 栏的下拉式列表中选择 Time Domain（瞬态分析）、DC Sweep（直流扫描）、AC Sweep/Noise（交流小信号频率分析）和 Bias Point（直流偏置解计算）四种基本电路分析类型中的一种。

（2）设置仿真类型描述选项

在 Options 栏选定该仿真类型描述中需要同时进行的电路特性分析。General Settings（基本分析类型）总是无条件选中的。

（3）设置分析参数

在选择 Options 栏中某种分析类型后，需设置该类型分析中的必要参数。

步骤 4　在 Capture 界面中执行 PSpice/Markers 命令下的 VoltageLevel（电压仪探头）、VoltageDifferential（电压差仪探头）、CurrentIntoPin（电流仪探头）、PowerD：ss：Paton（功耗仪探头）子命令，将测量仪器探头用鼠标拖至电路原理图的待仿真节点处。可单击鼠标右键执行 End Mode 命令以结束仪器探头的放置。

步骤 5　在 Capture 界面中执行 PSpice/Run 命令，即调用 PSpice 进行电路特性分析。

屏幕上出现 PSpice 仿真分析窗口，显示仿真分析的进程。仿真结束后分别生成以.DAT 和.OUT 为扩展名的两种结果数据文件，并在一个子窗口中显示分析结果波形。

步骤 6　电路仿真结果分析

(1) 仿真结果信号波形分析

调用 Probe 模块，以.DAT 结果数据文件为输入分析仿真结果。

（2）出错信息显示分析

根据对出错信息的分析，确定是否修改电路图、改变分析参数设置或采取措施解决不收敛问题，重新进行电路仿真分析。

（3）仿真结果输出文件查阅

执行 PSpice/View OutputFile 子命令，可以查阅.OUT 文件中的有关出错情况描述。

经过以上步骤就完成了一次 PSpice 仿真过程，关于 PSpice 还有一些需要介绍的内容。

1．输出变量表示

代表 PSpice 仿真分析结果的输出变量基本分为电压名和电流名两类。

1）基本表示

（1）电压变量的基本格式

V（节点号 1[，节点号 2]）

V 是表示电压的关键字符，表示节点号 1 与节点号 2 之间的电压输出变量。若省略节点号 2，则表示节点号 1 与地之间的电压输出变量。

（2）电流变量的基本格式

I（元器件编号[：引出端名]）

I 是表示电流的关键字符。对于两端元器件，不需要给出引出端名。对无源两端元件，电流正方向定义为从 1 号端流进，2 号端流出，对于独立源，电流正方向定义为从正端流进，负端流出。对于多端有源器件，电流正方向定义为从引出端流入器件。

2）AC 分析表示

在交流小信号 AC 分析中的所有输出变量，除了可采用基本表示格式外，还可用 AC 分析格式表示。

3）元件引出端名表示

用元器件编号及其引出端名表示的输出变量格式，就是将引出端名称放在关键词 *V* 或 *I* 后面，元器件编号名放在括号内。对于交流小信号 AC 分析，关键词后面还可附加表 4-1-2

所示的各种 AC 标示符。

表 4-1-2　AC 分析中变量名标示符

标示符	含义	示例	示例说明
M	输出变量振幅	VM（cl：1）	电容 C_1 的 1 号引出端上交流电压震幅
		IM（cl）	流过电容 C_1 的交流电流震幅
DB	输出变量振幅分贝数	CDB（R_L）	电阻 R_1 两端的交流电压震幅分贝数
		IDB（R_1）	流过电阻 R_1 的交流电流震幅分贝数
P	输出变量相位	VP（R_1）	电阻 R_1 两端的交流电压相位
		IP（R_1）	流过电阻 R_1 的交流电流相位
R	输出变量实部	VR（Q_1：C）	晶体管 Q_1 集电极的交流电压实部
		IR（Q_1：C）	流过晶体管 Q_1 集电极的交流电压实部
I	输出变量虚部	VI（M_2：D）	M_2 晶体管漏电极的交流电压虚部
		II（M_2：D）	流过 M_2 晶体管漏电极的交流电压虚部

（1）两端或多端元器件某一引出端上的电压变量表示

V[引出端名]（元器件编号）

例如，V_1（R_2）表示电阻 R_2 的 1 号引出端上的电压，VC（Q_3）表示双极晶体管 Q_3 的集电极电压。

（2）两端器件的两端电压变量表示

V（元器件编号）

例如，*V*（R_1）表示电阻 R_1 两端的电压。

（3）多端元器件中某两个引出端之间的电压变量表示

V[引出端名 1][引出端名 2]（元器件编号）

例如，VBC（Q_2 表示双极晶体管 Q_2 的基极和集电极之间的电压）。

（4）多端元器件某一引出端的电流变量表示

I[引出端名]（元器件编号）

例如，IC（Q_2）表示流过双极晶体管 Q_2 集电极的电流。

2．直流工作点分析（Bias Point）

1）仿真分析类型和参数的设置

执行 PSpice/New Simulation Profile 命令，或 PSpice/Edit Simulation Profile 命令，出现 Simulation Setting 窗口。

在 Analysis type 栏选择 Bias Point。可在 Output File Options 栏单独或共同选中三项选择：

（1）直流工作点分析设置

选择 Include detailed bias point information for nonlinear controlled sources and semiconductors。

（2）直流工作点灵敏度分析设置

选择 Perform Sensitivity analysis。

（3）直流传输特性分析设置（Transfer Function）

选择 Calculate small-signal DC gain。在 From Input Source 栏填入输入信号源名，在 To Output 栏填入输出变量名。完成 Analysis 栏的设置后，单击确定按钮。

2）结果输出

执行 PSpice/Run 命令，PSpice 将仿真分析结果自动存入.OUT 文件中。

① 对于直流工作点分析，PSpice 将各节点电压，各电压源的电流，总功耗以及所有非线性受控源和半导体器件的小信号（线性化）参数自动存入.OUT 输出文件中。

② 对于直流传输特性分析，PSpice 首先计算电路直流工作点并在工作点处对电路元件进行线性化处理，然后计算出线性化电路的小信号增益、输入电阻和输出电阻并将结果自动存入.OUT 文件中。

3. 直流特性扫描分析（DC Sweep）

当电路中第一参数（自变量）与第二参数（参变量）在一定范围内改变时，分析计算电路中输出变量的对应直流偏置特性。在分析过程中，将对电路做电容开路、电感短路、信号源取直流分量等处理。

1）仿真分析类型选择

执行 PSpice/New Simulation Profile 命令，或 PSpice/Edit Simulation Profile 命令，出现 Simulation Setting 窗口，在 Analysis type 栏选择 DC Sweep，出现仿真分析参数设置框。

2）自变量的设置

① 在 Options 框选择 Primary Sweep。

② 在 SweepVariable 栏选择五种自变量中的一种。

若选定的自变量为独立源（Voltage Source 或 Current Source），则必须在 Name 栏输入独立源名称。

若自变量为全局参数（Global Parameter），则必须在 Parameter 栏输入全局参数名。

若自变量为模型参数（Model Parameter），则必须从 Model 栏的下拉列表中选择模型类型，在第二 Model 栏输入模型名称，在 Parameter 栏设置模型参数名称。

若自变量类型为温度（Temperature），则无需自变量名。

③ 在 SweepType 栏选定三种自变量参数扫描方式的一种。

若选择线性扫描（Linear），则必须在 Start、End 和 Increment 栏分别输入自变量变化的起始值、终点值和步长。

若选择对数扫描（Logarithmic），则必须在 Start、End 和 Points/Decade 栏分别输入自变量变化的起始值、终点值和 10 倍量程点数。

若选择 Value List，则必须在 Value List 栏输入自变量变化的所有取值。

3）参变量的设置

如果 DC Sweep 分析中只有一个自变量参数，那么完成自变量参数设置后即可单击确定按钮。

对于 DC Sweep 分析中除了具有自变量参数还存在参变量参数的情况，还应该在 Options 栏选择 Secondary Sweep，以设置参变量。参变量参数设置方法与自变量参数设置完全相同。

4）结果输出

执行 PSpice/Run 命令，PSpice 将仿真分析结果自动存入.OUT 文件中。

4．交流小信号频率特性分析（AC Sweep）

当交流信号源的频率在设定范围内变化时，分析计算电路交流输出变量的对应变化。

1）激励信号源的放置

执行 Place/Part 命令，将电路原理图中的激励信号源替换成 VAC 或 IAC 交流信号源。

2）分析类型的选择

执行 PSpice/New Simulation Profile 命令，或 PSpice/Edit Simulation Profile 命令，出现 Simulation Setting 设置窗口。

在 Analysis 栏中选择 AC Sweep/Noise，出现交流小信号特性分析参数设置框。

3）分析参数的设置

① 在 AC Sweep Type 框选择线性扫描（Linear）或对数扫描（Logarithmic）。

② 填写扫描起始频率（Start）、扫描结束频率（End）。对于 Linear 扫描必须填写扫描频率点总数(Total)，对于 Logarithmic 扫描必须填写每十倍频程扫描点数(Points/Decade)。

③ Noise Analysis 框中的几项参数设置与噪声特性分析有关。

4）输出变量的确定

调用 Probe 模块，可观察不同节点处的频率响应曲线。

5．瞬态特性分析（Time Domain（Transient））

在给定输入激励信号作用下，计算电路的输出变量在不同时刻的数值，并由 Probe 模块显示瞬态响应时间波形。

1）仿真分析类型和参数的设置

① 执行 PSpice/New Simulation Profile 命令，或 PSpice/Edit Simulation Profile 命令，出现 Simulation Setting 设置窗口。

② 在 Analysis 栏选择 TimeDomain（Transient），并填写仿真终止时间（Run To）、仿真起始时间（Start Saving Data）、仿真时间步长（Maximum Step）。

③ 若选中 Skip the initial transient bias point calculation，则瞬态分析时将跳过初始偏置点的计算。

2）输出文件选项

① 按 Output File Option 按钮，以设置写入 OUT 文件中的瞬态分析结果内容。

② 在 Print values in the output 栏填写瞬态分析结果数据的时间步长。

③ 如果选中 Include detailed bias point information for nonlinear controlled sources and Semiconductor/（OP）选项，则瞬态分析结果数据中将包含非线性相关源的偏置工作点信息。

④ 如果选中 Perform Fourier Analysis 选项，则分析结果数据中将包含傅里叶分析数据。

3）傅里叶分析（Fourier Analysis）

通过傅里叶积分，计算瞬态分析结果波形中的直流分量、基波和各次谐波分量。方法是在输出文件选项中选择 Perform Fourier Analysis 选项，并对下列三项参数进行设置。

① 在 Center 栏，指定傅里叶分析的基波频率，基波周期应该小于瞬态分析结束时间。

② 在 Number of 栏，确定傅里叶分析计算的最高谐波阶数。

③ 在 Output 栏，确定欲进行傅里叶分析的输出变量名。

6. 输入激励信号

对电路进行 DC Sweep、AC Sweep、Time Domain（Transient）仿真分析时，在电路输入端必须加入激励信号波形。PSpice 激励源包括参数设置型信号源符号库 SOURCE.OLB 和交互式编辑型信号源符号库 SOURCSTM.OLB 两大类。

1）SOURCE.OLB 符号库

Source 符号库中包括直流电压源 V_{DC}、交流电压源 V_{AC}、脉冲电压源 VPULSE、分段线性电压源 VPWL、衰减正弦电压源 VSIN、调频正弦电压源 VSFFM、指数电压源 VEXP 7 种模拟激励。电流源也有 7 种类似激励信号源，只是其名称以 *I* 开头。

对于 DC Sweep 分析，上述 7 种信号源均只需设置信号源参数中的直流值。

对于 AC Sweep 分析，除了直流源 V_{DC}（或 IDC）无作用外，其余 6 种信号源均只需设置信号源参数中的交流幅度值。

对于 TimeDomain（Transient）分析，直流源 V_{DC}（或 IDC）与交流源 V_{AC}（或 I_{AC}）无作用，其余 5 种信号源均为瞬态分析使用的激励信号波形。下面以电压源为例介绍这 5 种信号源：

（1）脉冲信号 VPULSE

表 4-1-3 为脉冲电压源的 7 个参数，表 4-1-4 为电压源信号值与参数之间的时间关系。

表 4-1-3　脉冲信号原参数

参数	V_1	V_2	PER	PW	TD	TF	TR
名称	起始电源	峰值电源	周期	宽度	延迟时间	下降时间	上升时间
单位	V	V	s	s	s	s	s

表 4-1-4　脉冲信号源电平值与参数的关系

时间	O	TD	TD+TR	TD+TR+PW	TD+TR+PW+TF	TD+PER	TD+PER+TR
电平	V_1	V_1	V_2	V_2	V_1	V_1	V_2
周期	起始	延迟	上升	持续	周期结束	新周期开始…	

（2）分段线性信号 VPWL

分段线性信号波形由几条线段组成。设置方法是双击该信号源符号，填写线段转折点的坐标数据。

（3）衰减正弦信号 VSIN

表 4-1-5 为衰减正弦电压源的六个参数，信号源时间波形与参数的关系为：

当 $t \in [0, T_D)$ 时，$V_{SIN}(t) = V_{OFF} + V_{AMPL} \cdot \sin(2\pi \cdot PHASE/360)$。

当 $t\in[T_{\rm D},T_{\rm STOP})$ 时，有 $V_{\rm SIN}(t)=V_{\rm OFF}+V_{\rm AMPL}\cdot {\rm e}^{-D_{\rm F}\cdot(t-T_{\rm D})}\cdot\sin[2\pi\cdot({\rm FREQ}\cdot(t-T_{\rm D})+{\rm PHASE}/360)]$。

这里，$T_{\rm STOP}$ 为仿真分析终止时间。

表 4-1-5　衰减正弦值号参数

参数	$V_{\rm OFF}$	$V_{\rm AMPL}$	FREQ	PHASE	DF	TD
名称	偏置值	峰值振幅	频率	相位	阻尼因子	延迟时间
单位	V	V	Hz	0	1/s	s

（4）调频正弦信号 VSFFM

表 4-1-6 为调频正弦电压源的 5 个参数，信号源时间波形与参数的关系为：

$V_{\rm SIN}(t)=V_{\rm OFF}+V_{\rm AMPL}\cdot\sin[2\pi\cdot(F_{\rm C}+{\rm MOD}\cdot\cos(2\pi\cdot F_{\rm M}\cdot t))\cdot t]$

表 4-1-6　调频正弦信号参数

参数	$V_{\rm OFF}$	$V_{\rm AMPL}$	FC	MOD	FM
名称	偏置值	峰值振幅	载波频率	调制指数	调制频率
单位	V	V	Hz	Hz	Hz

（5）指数信号 VEXP

表 4-1-7 为指数电压源的 6 个参数，信号源时间波形与参数的关系为：

当 $t\in[0,T_{\rm D1})$ 时，$V_{\rm EXP}(t)=V_1$。

当 $t\in[T_{\rm D1},T_{\rm D2})$ 时，$V_{\rm EXP}(t)=V_2-(V_2-V_1)\cdot{\rm e}^{-\frac{t-T_{\rm D1}}{T_{\rm C1}}}$。

当 $t\in[T_{\rm D2},T_{\rm STOP})$ 时，$V_{\rm EXP}(t)=V_1-(V_1-V_2)\cdot{\rm e}^{-\frac{t-T_{\rm D2}}{T_{\rm C2}}}$。

表 4-1-7　指数信号参数

参数	V_1	V_2	$T_{\rm D1}$	$T_{\rm C1}$	$T_{\rm D2}$	$T_{\rm C2}$
名称	起始电压	峰值电压	上升延迟	上升时间	下降延迟	下降时间
单位	V	V	s	s	s	S

2）SOURCSTM.OLB 符号库

SOURCSTM 符号库中，包括电压源 VSTM 和电流源 ISTM 两种模拟信号源。这两种信号源的瞬态信号波形可以通过调用激励信号波形编辑模块 StmEd 进行设置。

选中电路原理图中的电源符号 VSTM 或 ISTM，执行 Edit/PSpice Stimulus 命令，开启 Stimulus Editor 窗口，以生成所需的激励信号波形。

（1）脉冲、指数、调频和正弦激励信号波形的设置

在 Stimulus Editor 窗口，执行 Stimulus/New 命令，出现 New Stimulus 对话框。在 Name 栏中填写新增信号源的名称，在 Analog 栏中选择五种激励信号波形中的一种，单击 OK 按钮。

在弹出的对应信号波形参数设置框，填写了该种波形需设置的几个参数，单击 OK 按钮，Stimulus Editor 窗口将显示相应的信号波形。

执行 File/SAue，保存激励信号波形设置结果。

（2）分段线性信号波形的设置

在 Stimulus Editor 窗口，执行 Stimulus/New 命令，出现 New Stimulus 对话框。在 Name 栏中填写新增信号源的名称，在 Analog 栏选中 PWL（Piecewise Linear），即分段线性信号波形，单击 OK 按钮。在 Stimu1us Editor 窗底部出现该信号源名称，光标成为画笔形状。

设置坐标轴范围和最小坐标分辨率，能够保证信号波形的精确绘制。执行 Plot/Axis Settings 命令，出现 Axis Settings 对话框。在 Displayed Data Range 栏设置显示坐标轴刻度范围，在 Extent of the Scrolling Region 栏设置可翻滚坐标轴范围，在 Minimum Resolution 栏设置坐标轴最小分辨度。

PWL 波形绘制方法是在 Stimulus Editor 窗口中单击鼠标左键，就在光标当前位置设置了一个转折点。系统自动在连续的转折点之间连成折线，形成 PWL 信号的完整波形。单击鼠标右键或按 Esc 键可结束波形绘制状态。

执行 File/SAue 命令，保存激励信号波形设置结果。

（3）原有信号波形的显示与编辑

在 Stimulus Editor 窗口，执行 Stimulus/Get 命令，出现 GetStimulus 对话框。从当前激励信号波形列表中选择一个或多个信号名，单击 OK 按钮，窗口中显示所选的激励信号波形。

执行 Tool/Options 命令，出现任选项参数设置框，可以对原有信号波形进行编辑。

7. 波形显示和分析模块 Probe

通过对电路进行仿真分析，可调用 Probe 模块以交互方式直接在屏幕上显示不同节点电压和支路电流的波形曲线，实现示波器功能。若需要，可以在每个信号波形上添加注释符号。

Probe 还可以对信号进行包括傅里叶变换在内的多种运算处理，直接得到多种参数的计算结果（如功率）。Probe 窗口显示方式也可以按需要由波形曲线图形模式转换为数据描述文本模式。

1）仿真信号波形显示的基本步骤

① 在 Capture 界面，执行 PSpice/Run 命令，进行电路仿真分析后进入 Probe 窗口。

另外，也可以在 Capture 界面执行 PSpice/View Simulation Results 命令，以先前的电路仿真分析结果为 Probe 数据输入文件，进入 Probe 窗口。

② 在 Probe 窗口，执行 Trace/Add Trace 命令，出现 Add Trace 对话框。

③ 在 Simulation Output Variables 列表框选择欲显示分析结果的输出变量名，在 Functions or Macros 框选择 Analog Operators and Functions 中的分析运算符，被选中的变量名与运算符将依次出现在 Trace Expression 文本框中。

④ 单击 OK 按钮，在 Probe 窗口将显示与所选变量名及其运算对应的信号波形。

⑤ 若需要，可在 Probe 窗口执行 Tools/Options 命令，在出现的 Probe Options 对话框中设置与波形显示有关的选项。

⑥ 若需要，可在 Probe 窗口用光标指向某一条波形曲线后单击鼠标右键，以配置波形曲线显示属性和信息显示选项。

2）仿真信号的运算处理

Probe 窗口不但可以直接显示信号波形，而且可对信号波形进行运算处理并将结果波形显示出来。AddTrace 对话框中 Function or Macros 下列出了一些运算符、函数或宏。例如，可以用 DB（V（RL：2）/V（V1：10））表示电路电压增益的分贝数。

3）坐标轴的设置

在 Probe 窗口，执行 Plot Axis Settings 命令，进入 Axis Setting 设置框。选择该框的 X Axis 或 Y Axis 标签，可进行坐标轴设置。例如，通过设置 X Axis 标签中的 Axis Variable，可以改变水平坐标轴的坐标定义。

4）两根 *Y* 轴的波形显示

为了同时显示幅度相差很大的两个以上波形，需要采用两根 *Y* 坐标轴。

① 采用两根 *Y* 轴显示的步骤

在 Probe 窗口中显示电路分析结果中的第一个信号波形。再执行 Plot/Add Y Axis,Probe 窗口上出现标号为 2 的 *Y* 轴，原来的 *Y* 轴自动标为 1 号。最后通过 Trace Add Trace 显示电路分析结果中的第二个信号波形。

② 两根 *Y* 轴的选中与删除

欲选中某号 *Y* 轴，可用鼠标单击该号 *Y* 轴坐标线的左侧区域，被选中的 *Y* 轴底部左侧产生“>>”符号。

执行 Plot/Delete Y Axis 命令，可删除选中的 *Y* 轴。

5）标尺

标尺是 Probe 窗口显示信号波形特征数据的测量工具。

（1）标尺的启用

在 Probe 窗口中，执行 Trace/Cursor/Display 命令，即可启动两组十字型标尺，同时出现标尺数据显示框。若再次执行 Trace/Cursor/Display 命令，则关闭标尺。

（2）标尺的控制

单击鼠标左键可以拖拽第一组标尺沿信号波形移动，单击鼠标右键可以拖拽第二组标尺沿信号波形移动。如果执行 Trace/Cursor/Freeze 命令，将使两组标尺锁定在当前位置。

（3）标尺数据显示框

第一行数据为第一组标尺的 *X* 和 *Y* 坐标值。第二行数据为第二组标尺的 *X* 和 *Y* 坐标值。第三行数据为两组标尺的 *X* 和 *Y* 坐标之差。可通过执行 Tools/Options 命令设置坐标数据的有效位数。

（4）波形特征点的定位

仿真信号波形上的特殊位置可通过标尺来定位，表 4-1-8 为波形特征点的定位的标尺命令。

表 4-1-8　波形特征点标尺定位命令

Probe 命令	标尺定位
Trace/cursor/peak	沿仿真信号波形移至下一个峰顶位置
Trace/cursor/trough	沿仿真信号波形移至下一个谷底位置
Trace/cursor/slope	沿仿真信号波形移至下一个斜率极大值位置
Trace/cursor/min	沿仿真信号波形移至最小值位置
Trace/cursor/max	沿仿真信号波形移至最大值位置
Trace/cursor/point	沿仿真信号波形移至下一个数据点位置

4.2　Multisim 软件

4.2.1　简介

Multisim 系统的组成如同一个实际的电子实验室，主要由以下几个部分组成：元器件栏、电路工作区、仿真电源开关、电路描述区等。其标准工作界面如图 4-2-1 所示。

图 4-2-1　Multisim 工作界面

元器件栏中用于存放各种元器件和测试仪器，用户可以根据需要调用其中的元器件和测试仪器。元器件栏中的各种元器件按类别存放在不同的库中，如二极管库、晶体管库、模拟集成电路库等。测试仪器与实际的仪器具有相同的面板和调节旋钮，使用方便。

电路工作区是工作界面的中心区域，它就像实验室的工作平台，可以将元器件栏中的各种元器件和测试仪器移到工作区，在工作区中搭接设计电路。连接并接好测试仪器后，单击仿真电源开关，就可以对电路进行仿真测试。打开测试仪器，可以观察测试结果。再次单击仿真电源开关，可以停止对电路的仿真测试。

Multisim 利用计算机强大的计算功能来完成对模拟电路、数字电路、混合电路的性能仿真和分析，用户在电子工作平台上创建一个电路以后，启动电子工作台电源开关或选择适当的仿真分析方法，便可以从示波器等虚拟仪器（或分析图表）上看到仿真分析结果。

Multisim 对电路的仿真分析过程有如下四个步骤：

① 数据输入：将创建的电路结构、元器件数据读入，选择分析方法。

② 参数设置：程序会检查输入数据的结构和性质，以及电路中阐述的内容，对参数进行设置。

③ 电路分析：对输入数据进行分析计算，形成电路的数值解，并将相关的数据送给输出级。

④ 数据输出：仿真运行的结果有的直接在示波器中显示，有的在分析显示图中以数据表格、波形形式和曲线形式显示。

4.2.2　Multisim 的电路输入

1. 电路的输入与运行

电路实验的输入与运行包括以下几个步骤：放置元器件、对元件进行赋值、设置元件标号、调整元件在电路工作区的位置和方向、连接电路、放置并连接测试仪器、运行电路开始仿真分析。利用仪器观察窗口或显示图表观察仿真结果。

步骤 1　放置元器件

单击元器件库，在库中选择所需的元件，用鼠标拖至工作区。

步骤 2　对元件进行赋值

用鼠标双击元件，或选中元件后单击元件属性图标，出现该元件的属性对话框，在对话框中可以对元件进行赋值和设置标号等操作。

步骤 3　调整元件在电路工作区的位置和方向

用鼠标拖动元件，调整元件在工作区中的位置；选中元件后单击旋转、水平翻转、垂直翻转图标可以调整元件的方向。

步骤 4　连接电路

将光标指向一个元件的连接点时，在连接点处会出现一个小黑点，单击鼠标左键，移动鼠标，使光标指向另一个元件的连接点，在该连接点处会出现另一个小黑点，放开鼠标，这两个元件对应的连接点就会连接在一起。

当鼠标指向连线时，单击鼠标左键，移动鼠标，可以调整连线的位置。

当鼠标指向连线的一个端点，出现一个小黑点时，单击鼠标左键，移动鼠标，可以删除该连接线。

步骤 5　放置并连接测试仪器

单击仪器库，在库中选择所需的仪器，用鼠标拖至工作区。将仪器与测试点相连。

步骤 6　运行电路开始仿真

单击仿真电源开关，电路开始运行。

步骤 7　观察仿真结果

双击仪器可以打开仪器的窗口，可以观察实验结果；或单击显示图表命令，可以观察到电路的测试数据或测试波形。

2. 子模块电路的创建和使用

子模块电路是指用户建立的一种单元电路。可以将子电路存放在用户的器件库中，在需要时调用，供电路设计和仿真时使用。子模块电路的创建和使用主要有以下几个步骤：根据设计要求进行子模块电路的输入，子模块电路的测试，子模块电路的创建，子模块电路的调用和子电路的修改等。

步骤 1　子电路的输入

根据需要将要作为子电路的电路输入到工作区。

步骤 2　子模块电路的测试

使用适合的信号源，对子模块电路进行测试。

步骤 3　创建子电路

去掉测试用的信号源、仪器仪表等输入、输出部分，在对应的位置选择 Place—Input/Output 添加模块的输入/输出引脚。单击电路菜单中的命令存储电路。

步骤 4　子电路的调用

在工作区中，选择 Place—Hierarchial Block 选择子模块电路，在打开窗口中选择所需的子模块电路名，单击打开按钮，子模块电路将作为一个电路模块出现在工作区。

3. 文件格式的变换

为了方便使用，Multisim 软件除了可以对*.msm 文件进行编辑和仿真外，还允许接收其他文件格式描述的电路，或者将电路保存为其他文件格式输出。

当执行 File/Import（输入文件）命令是，根据对话框的提示，Multisim 允许装入 SPICE（*.CIR）描述的电路文件，调入该文件后，Multisim 将其转换为原理图形式，格式转换后，可以对该电路进行各种仿真操作。

当执行 File/Export（输出文件）命令时，可以将连接及仿真正确的电路以其他文件格式输出，供第三方电路软件使用。可以供选择的电路输出格式有

后缀为*.CIR，供 SPICE 软件使用；

后缀为*.NET，供 ORCAD 软件、TANGO 软件、RPROTEL 软件使用；

后缀为*.SCR，供 EAGLE 软件使用；

后缀为*.CMP，供 LAYOL 软件使用；

后缀为*.PLC，供 ULTIMATE 软件使用。

4.2.3 仿真分析

Multisim 共有 13 种分析方法，用户可以根据仿真电路、仿真目的和要求进行选择。下面介绍部分常用的分析方法的功能和使用方法。

1．直流工作点分析

直流工作点分析是其他分析的基础；在对电路进行直流工作点分析时，电路中的交流源将被自动置零，电容视为开路，电感视为短路，数字器件视为高阻接地。直流工作点分析的步骤为

① 在电子工作平台上画出待分析的电路，然后用鼠标单击 Circuit 菜单中的 Schematic Options，选定 Show nodes（显示节点）把电路的节点标志显示在图上。

② 用鼠标单击 Analysis（分析）菜单中的 DC Operating point 项，Multisim 自动把电路中所有的节点电压数值及流过电源支路的电流数值显示在分析结果图中。

2．交流频率分析

交流频率分析，即频率响应分析。分析时，首先对电路进行直流工作点分析，为建立电路中非线性元件交流小信号模型奠定基础。输入信号为正弦波形式。若使用函数信号发生器作为输入信号时，即使选用三角波或方波形式，分析时 Multisim 也将自动将它改为正弦波输出。

对电路中的某节点进行频率分析时，会自动产生该节点电压为频率函数的曲线（幅频特性曲线）及该节点电压相位为频率函数的曲线（相频特性曲线）。结果与波特图仪分析相同。

交流分析步骤为

① 在电子工作平台上画出待分析的电路，然后用鼠标单击 Circuit 菜单中的 Schematic Options，选定 Show nodes（显示节点）把电路的节点标志显示在图上。

② 用鼠标单击 Analysis（分析）菜单中的 ACFrequency（交流频率分析）项打开相应的对话框，根据提示设置参数。对话框中参数的含义如下：

Start frequency（FSTART）：扫描起始频率，默认设置：1Hz。

End frequency（FSTOP）：扫描终点频率，默认设置：1GHz。

Sweep type：扫描种类，显示曲线 *X* 轴刻度形式，有 10 倍频（Decade）、线性（Line）、2 倍频（OctAue）三种。默认设置：Decade。

Number of points：显示点数，默认设置：100。

Vertical scale：显示曲线 *Y* 轴刻度形式，有对数（Log）、线性（Line）、分贝（Decibel）三种，默认设置：Log。

Nodes for analysis：待分析的节点，可同时分析多个节点。在 Nodesincircuit 栏中选择

待分析的节点，单击 Add 按钮，待分析的节点便写入 Nodes for analysis 栏中。若从 Nodes for analysis 栏中移出分析节点，先在该栏中选择待移出的节点，然后单击 Remove 按钮即可。

③ 单击 Simulate 按钮，显示已选节点的频率特性。

3. 瞬态分析

瞬态分析，就是时域分析（Time-domain analysis），观察电路节点电压对时间变量的响应，Multisim 软件将每一个输入周期划分成若干个时间间隔，而且在对每一个时间点执行一次直流工作点分析。某个节点的电压波形是通过对整个周期内的每个时间点的电压数值来测定的。在瞬态分析时，直流电源保持常数，交流信号源数值随时间而变，电路中的电容和电感都以能量储存形式出现。

如果先执行了直流工作点分析，Multisim 将以直流工作点分析的结果作为瞬态分析的初始条件。如果 Set to Zero 被选用，瞬态分析将从零初始条件开始。如果 User-defined 被选用，则瞬态分析将以 Component Properties 对话框中所设置的条件作为初始条件进行分析。

瞬态分析分析的步骤如下：

① 画电路图并显示节点。

② 选择 Analysis（分析）菜单中的 Transient 项，打开相应的对话框，根据对话框的提示设置参数。

对话框中各参数的含义如下：

Set to zero：初始条件为零开始分析。默认设置：不选用。

User defined：由用户定义的初始条件进行分析。默认设置：不选用。

Calculate DC operation point：将直流工作点分析的结果作为初始条件进行分析。默认设置：选用。

Start time（TSTART）：瞬态分析起始时间。要求大于零小于终点时间。默认设置：0s。

Stop time（TSTOP）：瞬态分析结束时间。必须大于起始时间，默认设置：0.001s。

Generate time steps automatically：自动选择一个较为合理的最大的时间步长。默认设置：选用。该参数有两项设置 Minimum number of time points 仿真图上，从起始时间到终点时间的点数，默认设置：100。Maxim time step 最大时间步长，默认设置：1.0E−5.0s。这两项设置是关联的，只要其中设置一个，另一个会自动变化。

Setplotting increment/plotting increment：设置绘图线增量。默认设置：1.0E−5.0s。它跟随 Minimum number of time points 的设置值自动变化，也可以单独设置。

Nodes for analysis：待分析的节点。

③ 单击 Simulate 按钮，显示待分析的节点的瞬态响应波形，按 Esc 键停止仿真运行。

4. 参数扫描分析

参数扫描分析就是检测电路中某个元件的参数，在一定取值范围内变化时对电路直流工作点、瞬态特性、交流频率特性的影响。在实际电路设计中，可以针对某一技术指标，如三极管电流、管压降、电压放大倍数、上限频率、下限频率等对电路的某些参数、性能指标进行优化。

参数扫描分析的步骤如下：

画电路图并显示节点。

① 选择 Analysis（分析）菜单中的 Parameter Sweep 项，打开相应的对话框，根据对话框的提示设置参数。

对话框中各参数的含义如下：

Component：选择待扫描分析的元件。

Parameter：选择扫描分析元件的参数。对于电容器意指电容，对于电阻器意指电阻，对于电感线圈意指电感，对于交流信号源意指其幅度、频率、相位，对于直流电压源仅指其电压大小。使用者必须根据被扫描元件的参数来设置。

Start value：待扫描元件的起始值。其值可以大于或小于电路中所标注的参数值。默认设置：电路中元件的标注参数值。

End value：待扫描元件的终值。默认设置：电路中元件的标注参数值。

Sweep type：扫描类型，包括：10 倍频（Decade）、线性（Line）、2 倍频（OctAue）。默认设置：10 倍频（Decade）。

Increment step size：扫描步长，仅在线性（Line）扫描形式时允许进行设置。默认设置：1。

Output node：待分析节点，每次扫描仅允许选取一个节点。

Sweep for DC Operating Point（直流工作点）/Transient Analysis（瞬态）/AC Frequency Analysis（交流频率）：选择扫描类型。默认设置：Transient Analysis（瞬态）。

② 选择 Transient Analysis（瞬态）或 AC Frequency Analysis（交流频率）时，可分别单击 Set Transient options（设置瞬态选项）、Set AC options（设置交流选项）按钮，打开对话框进行相应的设置。

单击 Simulate 按钮，开始扫描分析，按 Esc 键停止分析。

扫描分析结果以曲线形式表示，曲线数目与扫描类型设置有关。采用线性扫描方式时，曲线数目等于参数终值减去初始值除以扫描步长；采用 10 倍频扫描方式时，曲线数目等于初始值乘 10 的倍数直至终值的倍数值；采用 2 倍频扫描方式时，曲线数目等于初始值直至终值的倍数值。

参数扫描分析时，数字器件将被当作高阻接地。

5．温度扫描分析

温度扫描分析就是研究在不同温度条件下的电路特性（在 Multisim 中主要考虑电阻和半导体器件的温度特性）。

温度扫描分析步骤如下：

① 画电路图并显示节点。

② 选择 Analysis（分析）菜单中的 Temperature Sweep 项，打开相应的对话框，根据对话框的提示设置参数。

对话框中各参数的含义如下：

Start temperature：起始分析温度。默认设置：27℃。

End temperature：终止分析温度。默认设置：27℃。

Sweep type：扫描类型，包括：10 倍频（Decade）、线性（Line）、2 倍频（OctAue）。默认设置：10 倍频（Decade）。

Increment step size：扫描步长，仅在线性（Line）扫描形式时允许进行设置。默认设置：1。

Output node：待分析节点，每次扫描仅允许选取一个节点。

Sweep for DC Operating Point（直流工作点）/Transient Analysis（瞬态）/AC Frequency Analysis（交流频率）：选择扫描类型。默认设置：Transient Analysis（瞬态）。

当选择了 Transient Analysis（瞬态）或 AC Frequency Analysis（交流频率）时，可分别单击 Set Transient options（设置瞬态选项）、Set AC options（设置交流选项）按钮，打开对话框进行相应的设置。

③ 单击 Simulate 按钮，开始扫描分析，按 Esc 停止分析。

④ 设置电阻的温度特性时，双击选定电阻，弹出 Resistor properties 对话框，对其温度系数进行设置。其中 Resistance 表示电阻设置的基本数值或称为标称温度时的电阻值（Value（Tnom）），First-order temperature coefficient 表示电阻的一阶温度系数（简写为 T_{c1}），Second-order temperature coefficient 表示电阻的二阶温度系数（简写为 T_{c2}）。

只有预先对电阻的温度特性进行设置，在温度扫描分析中，电阻的温度特性对电路的特性的影响才能体现出来。

6．傅里叶分析

所谓傅里叶分析就是求解一个时域信号的直流分量、基波分量、和谐波分量的幅度和相位。傅里叶分析前，首先，确定分析节点；其次，把电路的交流激励信号源的频率设置为基波频率。如果电路存在几个交流源，可将基波频率设置在这些频率值的最小公因数上，例如，有 6.5kHz 和 8.5kHz 的两个交流信号源，则取 0.5kHz，因为 0.5kHz 的 13 次谐波是 6.5kHz，17 次谐波是 8.5kHz。

傅里叶分析的步骤为

① 画电路图并显示节点。

② 选择 Analysis（分析）菜单中的 Temperature Sweep 项，打开相应的对话框，根据对话框的提示设置参数。

对话框中各参数的含义如下：

Output node：待分析节点。默认设置：电路中的第一个节点.

Fundamental fequency:：基波频率，即交流信号激励源的频率或最小公因数频率。频率的确定由电路所要处理的信号来决定。默认设置：1.0kHz。

Number of harmonics：包括基波在内的谐波总数。默认设置：9。

Vertical scale：*Y* 轴刻度类型选择，包括：对数（Log）、线性（Line）、分贝（Decibel）三种。默认设置：线性（Line）。

Display phase：显示傅里叶分析的相频特性。默认设置：不选用。

Output as line graph：显示傅里叶分析的幅频特性。默认设置：不选用。

单击 Simulate 按钮，显示经傅里叶变换后的离散频谱波形，按 Esc 键停止分析。

7. 直流和交流灵敏度分析

当电路中某个元件参数值发生变化时，必然会影响到电路中节点电压、支路电流的大小和频率响应指标。灵敏度分析就是研究元件参数变化对它们的影响程度。假定电路中的某个元件参数为 x，电路中某个节点的电压（或支路电流）、频率响应指标作为 x 的函数，用 y（x）表示，则定义函数 y（x）对 x 的灵敏度：$S_x^y = \partial y/\partial x$。进行直流灵敏度分析时，首先进行电路的直流工作点分析，然后再作直流灵敏度分析交流分析是进行交流小信号状态下的分析。

直流灵敏度分析时，一次可以得到某个节点电压（或支路电流）对电路中所有元件参数变化的灵敏度。交流灵敏度分析时，一次仅能分析一个元件参数变化的灵敏度。

灵敏度分析步骤如下：

① 画电路图并显示节点。

② 选择 Analysis（分析）菜单中的 Sensitivity 项，打开相应的对话框，根据对话框的提示设置参数。

对话框中各参数的含义如下：

Analysis：分析变量，可选择节点电压或支路电流。默认设置：Voltage。

Output node：待分析节点，默认设置：电路中的第一个节点。

Output reference；选择输出参考电压的节点。默认设置：0（公共地节点）。

Current：被分析的变量是电流，必须是电路中的源。

DC Sensitivity/AC Sensitivity：选择直流灵敏度分析或交流灵敏度分析。默认设置：DCSensitivity（直流灵敏度分析）。当选择交流灵敏度分析时，可以对扫描频率的起始值、终值、扫描尺度、幅频特性尺度进行修改设置。

Component：在交流灵敏度分析是选择的元件。即测量被测元件的电压或电流的相对参数灵敏度，直流灵敏度分析对该项不作考虑。

③ 单击 Simulate 按钮，分析开始，按 Esc 键停止分析。

直流灵敏度分析的结果以表格形式显示；交流灵敏度分析的结果以曲线形式显示。

4.3 Protel 软件

PCB 设计是电路实现的关键过程。设计者通过 Protel——PCB 编辑软件绘制导电图形（如元件引脚焊盘、连线、过孔等）、丝网漏影符号（如元件轮廓、序号、型号等说明性文字），形成 PCB 文件。Protel 的工作界面如图 4-3-1 所示。PCB 制造商根据 PCB 文件描述的 PCB 电气连接信息，通过电子束曝光，在覆铜绝缘基板上刻蚀出导电图形，钻出元件引脚焊盘孔、实现多层电气互连的过孔及固定整个 PCB 所需的螺丝孔，并使焊盘与过孔金属化。

电路中的各个器件通过绝缘基板上的印制导线、焊盘及金属化过孔实现元器件引脚之间的电气连接，形成与电路原理图拓扑结构完全一致的 PCB。

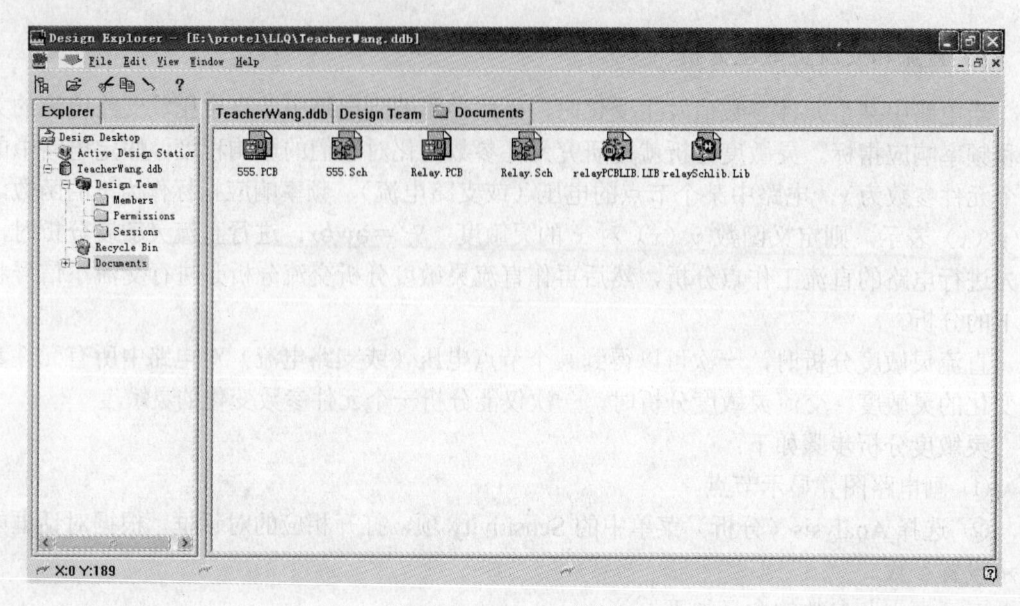

图 4-3-1 Protel 工作界面

4.3.1 PCB 设计原理

1. PCB 层次结构

根据导电层数目，将 PCB 分为单面板、双面板和多层电路板。

单面板所用的绝缘基板只有一面敷铜箔，只能在敷铜箔面上制作包括固定、连接元件引脚的焊盘和实现元件引脚互连的印制导线。该导电图形面称为焊锡面或底层（Bottom Layer）。没有铜膜的一面用于安放元件，称为元件面或顶层（Top Layer）。单面板结构简单，生产成本低，但布线设计难度最大，布通率低，少量无法通过印制导线连接的节点，只能使用飞线连接。

双面板的绝缘基板上下两面均覆盖铜箔，因此，能够在上下两面制作元件焊盘、印制导线、实现上下两面电气互连的金属化过孔。在双面板中，元件安装在顶层（Top Layer）另一面为底层（Bottom Layer）焊锡面。双面板制作成本较高，但布线设计相对容易，布通率高。

多层板中电层的数目一般为 4 层以上，顶层（Top Layer）、底层（Bottom Layer）以及中间层（Mid Layer）可以作为信号层（Signal Layer），中间层还可以有电源/地线层（Internal Plane）。各层之间的电气连接通过元件引脚焊盘和金属化过孔实现。多层板布通率高，PCB 面积可以很小，只是成本最高。

表征元件轮廓、序号、型号等说明性文字的丝网漏影符号通常处于元件面上（Top Over Layer）。

2. PCB 元件布局

PCB 元件布局是 PCB 设计的关键，元件布局的合理性对 PCB 布线的布通率影响很大，布局的一般过程是，先手工放置核心元件、电源及信号接插件、对干扰敏感元件以及大功率元件，然后对剩余元件进行自动布局，最后再手工调整个别元件的位置。

1）分区放置

在电路系统中，数字电路、模拟电路以及大电流电路必须分区放置，区域内元件集中布局，使各区域的参考地线便于集中一点接地，以防止各子系统之间的地线耦合干扰。

元件按信号流向依次放置，输入信号缓冲元件、输出信号驱动元件以及信号接插件应尽量靠近 PCB 边框，以尽可能缩短输入/输出信号线。

2）元件间距

元件距离 PCB 边框一般大于 200mi1（5.08mm）。必须增加发热元件之间、发热元件与热敏元件之间的距离，以保证电路系统的热稳定性。对于电位差较大的相邻分区，如高压电路与低压电路之间的元件间距应足够大，以防止干扰与击穿。

但是，不适当地拉大元件间距，除了使 PCB 面积增大，成本增加外，还会使连线过长，印制导线寄生电容、电阻、电感等增加，降低整个电路系统的性能。

3）退耦电容

退耦电容一般采用 0.1μF 的瓷片电容，其寄生电感为 5nH，可以滤除 10MH，以下的高频信号。原则上在每 1～4 块数字 IC 芯片的电源和地线引脚之间并联一个退耦电容，在电源接插件的电源线和地线间并联 l0μF 左右的钮电解电容（寄生电感小）。

4）较重元件如变压器应靠近支撑点，以防止 PCB 产生弯曲。

3．PCB 布线

通过印制导线布线，实现由电路原理图所描述的元件之间的电气连接。

1）走线方向

印制导线转折点内角选择为 135。如果小于 90°，则导线总长度增加，致使导线电阻和寄生电感增大。在双面或多层 PCB 中，上下两层信号线的走线方向应尽量相互垂直，避免平行走线，以减少相互间的信号耦合，高频电路的走线须严格限制平行布线的长度，

2）隔离屏蔽

在数据总线中，可间隔布置信号地线，以实现各位信号间的隔离。模拟信号线应尽量靠近地线，远离大电流和电源线。在双面电路板中，为防止高频时钟信号产生的辐射，可在时钟电路下万底层面内放置一个金属填充接地区，以避免在时钟电路下方走线。

3）单点接地

分区域布线的数字电路、模拟电路、大电流电路、高压电路等子系统的电源线、地线必须先单独走线，然后再分别单点接到系统电源线、地线上。不能多点接地，否则难以避免子系统间通过电源线、地线的寄生电阻或电感形成的相互干扰。

4）印制导线宽度

印制导线的宽度选择取决于该导线上电流的大小，50μm 厚度×1.27mm（50mil）宽度的铜箔导线的最大允许电流约为 lA。对于小功率的数字、模拟电路 PCB，地线和电源印制导线宽度一般可选择为 50～100mil，大功率电路地线和电源线宽应该为 200mil 以上。数字、模拟电路的信号线通常电流较小（50mA 以下），线宽可取 10mil。

5）印制导线间距

受绝缘电阻、击穿电压、刻蚀工艺等因素的限制，印制导线之间、印制导线与焊盘、或过孔之间的距离不能过小。对于低压电路（数字电路），最小间距可取 10mil。对于 200V 以上电压的电路板，间距不小于 50mil。

4.3.2 Protel 的使用

1. Protel 的操作流程

① 启动 Protel。

② 编辑原理图。

③ 必要时对电路原理图进行仿真测试。

④ 对电路原理图进行电气规则检查 ERC 生成网络表文件。

⑤ 若电气规则检查结果正确，则进入⑥。否则返回②，修改原理图。

⑥ 设计、编辑 PCB。

⑦ 对印制板图进行设计规则检查 DRC。

⑧ 若设计规则检查出错，则进入⑨。否则返回⑥，修改印制板图。

⑨ 保存电路设计结果。

2. Protel 的启动

① 执行开始→程序→Protel 99SE 命令，启动 Protel。

② 在 Protel 主界面，执行 File/New 命令，创建一个新的设计文件库（.ddb）。

③ 在 New Design Database 对话窗口，单击 Location 标签，指定新设计文件库文件（.ddb）的存放路径，可通过 Browse 按钮选择目录路径，如 E:\MyDocument\Circuit。并在 Database File Name 文本框内输入新的设计文件库文件名，如 MyProject。必要时可单击 Password 标签，输入访问该设计文件库（.ddb）文件的密码。

单击 OK 按钮，进入 Protel 的设计状态。

④ 出现 Design Explorer-[E:\My Document\Circuit\MyProject.ddb]窗口。

设计文件库 MyProject.ddb 包括存放于 Documents 文件夹的原理图文件（.sch）、PCB 文件（.pcb）、仿真测试波形文件（.wAu）以及各种报表文件等所有设计文件，存放于 Design Team 文件夹的设计队伍、权限、会议记录等日常设计管理信息，存放于 Recycle Bin 文件夹的所有被删除文件。

⑤ 执行 File/New 命令，出现 New Document 选择窗口。从列出的 Schematic Document（电原理图文件）、Schematic Library（电原理图元件库文件）、PCB Document（PCB 文件）、PCB Library（PCB 图形库文件）、Spread Sheet Document（表格文件）、TXT Document（文本文件）、WAueform Document（波形文件）、Document Folder（文件夹）等文件类型中，选择相应文件类型，单击 OK 按钮，生成相应的设计文件。

⑥ 双击相应设计文件图标，进入相应的编辑状态。

3. 电路原理图编辑步骤

① 根据Protel的启动步骤⑤，选择Schematic Document（原理图文件），单击OK按钮，再双击Sheet1图标，进入电路原理图编辑状态。

② 原理图编辑器工作参数设置（非必须步骤）。

③ 按PageUp、PageDown键，以适当放大编辑区。

④ 在原理图内放置所需元件。

⑤ 执行Place/PowerPort命令，以放置原理图中的地GND，以及偏置电源V_{DD}、V_{SS}、V_{CC}等符号。

⑥ 执行Place/Wire（画线）、Place/Junction（节点）、Place/NetLabel（网络标号）等命令，将有关电路元件符号连接在一起。

⑦ 用鼠标双击待编辑元件符号，进入元件属性选项设置Part窗口，指定元件序号Designator、封装形式Footprint、型号Part等选项后，再单击OK按钮。

⑧ 检查原理图中所有集成电路器件的电源和地线引脚名称，以确定其与原理图中的V_{DD}、V_{SS}、V_{CC}、GND等名称一致。可双击图中某集成电路器件，在元件选项属性设置窗内，单击PinHidden复选框，再单击OK按钮退出。

⑨ 执行ERC检查，找出并纠正电路图中可能存在的缺陷。

⑩ 执行Design Update PCB命令直接创建PCB文件，或先执行Design Create Netlist命令，生成网络表文件。

4. PCB设计步骤

① 编辑原理图，确定各元件的封装形式。

② 在原理图编辑窗口执行Design Update PCB命令，生成相应的PCB文件，实现原理图与PCB之间的联系。

③ 设置PCB编辑器的工作参数。选择PCB的层数，设置可视栅格的大小及形状，以及元件、连线移动栅格的大小。

④ 在禁止布线层（Keep Out Layer）上，执行PlaceTrack命令，画出由导线围成的封闭图形区，以确定PCB的布线区与PCB尺寸。

⑤ 执行Place/Pad命令，在PCB特定位置放置固定螺丝孔。以双击来改变这些固定螺丝孔的属性（主要是孔径）。

⑥ 将元件封装图移至PCB布线E内，完成元件布局。

⑦ 定义自动布线规则，主要设置最小线间距、最小线宽、布线层及走线方向等。

⑧ 对电源线，地线、重要的信号线等先预布线，然厉进行自动布线。

⑨ 自动布线后，对不理想的连线、没有布通的连线进行手工修改，还可用敷铜填充区以及泪滴焊盘来提高PCB的可靠性。

⑩ 进行设计规则检查，纠正布线错误。

⑪ 编辑丝印层（Top Over Layer）上的元件序号、注释字符串。

⑫ 保存PCB的编辑结果。

4.3.3 电路原理图编辑

1．设置 SCH 的工作环境

1）光标选择

执行 Tools/Preferences 命令，在 Preferences 窗口单击 Graphical Editing 标签，在 Cursor/Grid Options 设置框内，单击 Cursor 可选择光标的形状和大小。

2）可视栅格选择

执行 Tools/Preferences 命令，在 Preferences 窗口单击 Cursor/GridOp-tions 设置框内的 Visible 项，可选择可视栅格的形状。单击 ColorOptions 选项框内的 Grid 项，可选择栅格的颜色。

3）电气节点自动放置选择

在连线过程中，在连线交叉点或元件引脚端点处 SCH 编辑器会自动放置电气节点。

执行 Tools/Preferences 命令，在 Preferences 窗口单击 Schematic 标签，在 Options 设置框内的 Auto-Junction 复选框，可关闭或打开自动节点放置功能。

4）图纸类型格式选择

执行 Design Options 命令，在 Document Options 窗口内，单击 Sheet Options 标签，设置图纸类型、尺寸、底色等有关选项。

在 Standard Style 设置框内的下拉列表窗内选择所需的图纸尺寸类型，如 A4 等。

在 Options 设置框选择图纸方向、标题栏式样、关闭或打开图纸边框等。

2．元件原理图符号库

元件原理图符号位于 C:\DesignExplorer99SE\Library\Sch 路径下各数据库文件（.ddb）中。例如，仿真元件库文件名为 SIM.ddb，分立元件库文件名为 Miscellaneous Devices.ddb，集成电路元件库文件名以相应器件生产商名称命名（.ddb），由 Protel 使用者自行创建的元件原理图符号可以在其他路径下。

元件原理图符号的放置是电路原理图编辑的重要过程，该过程通过从元件库中选择所需的元件原理图符号拖曳到原理图编辑区内来完成。

1）当前库文件的选择

如果已知待放置元件的所在库（.lib）文件名，则可在原理图编辑窗口左侧 Browse Sch 标签中找出并单击对应的元件库（.lib）文件名，使其成为当前元件库。

如果 Browse Sch 标签中没有列出目标元件库文件名，则可通过单击 Add/Remove 按钮，从特定路径下装入。

2）元件所在库名称的确定

单击原理图编辑窗口左侧 BrowseSch 标签下的 Find 按钮，可从帮助查找待放置元件所属的元件原理图符号库文件名称。

在 Find Schematic Component 窗口内的 Find Component 文本框内输入待查找的元件名，设置查找范围后，单击 Find Now 按钮，启动元件查询操作。输入的待查元件名可以使用*

（字符串）或?（字符）等通配符。

3. 放置元件

1）放置元件的操作过程

① 执行 Place/Part 命令，出现 Place Part 对话框。

② 单击 Browse 按钮，出现 Browse Libraries 对话框，测览元件所在原理图符号库文件。

③ 选择 Libraries 列表中的器件库。如电阻、电容、电感、晶体管、常规接插件等包含在 Miscellaneous Devices.lib 库。如果所需元件库文件不在 Libraries 器件库列表中，则可单击 Add/Remove 按钮，以添加所需元件库至 Libraries 器件库列表中。

④ 选择 Components 列表中的器件符号。例如 Miscellaneous Devices.lib 库中的 RESl 为电阻符号、CAP 为非极性电容符号等，单击 Close 按钮，返回 Place Part 对话框。

⑤ 单击 OK 按钮，将所需元件符号拖到原理图编辑区内。

⑥ 在编辑区内，将所需元件符号移到指定位置后，必要时按下空格、X、Y 键旋转翻转元件位置，然后单击鼠标左键，固定该元件。

⑦ 连续执行步骤⑤与⑥，可以连续放置相同性质的元件符号。单击鼠标右键或 Esc 键以结束目前的操作，退出元件符号放置状态。

2）元件的删除

可通过三种方式之一完成原理图元件中的删除。

① 将鼠标对准待删除元件，单击鼠标左键，然后再按 Del 键。

② 执行 Edit/Delete 命令，然后将鼠标对准待删除元件，单击鼠标左键。单击鼠标右键可以退出删除状态。

③ 若欲删除矩形区域内多个元件，则可将光标移到待删除区的左上角，单击鼠标左键，移动光标到删除区右下角，单击鼠标左键，然后执行 Edit 菜单下的 Clear 命令。

4. 修改元件选项属性

1）元件属性

（1）LibRef

在原理图符号库中该元件的名称，无需修改。

（2）Footprint

元件封装形式。元件封装包含器件外形、引脚焊盘形状、尺寸以及间距信息，PCB 中由元件封装形式来替代器件的导电图形。

电阻器常用的封装形式是 AXIAL0.3～AXIAL1.0（引脚焊盘间距为 0.3 或 1.0mil）。如 1/8W 电阻可采用 AXIAL0.3 或 AXIAL0.4，1W 电阻可采用 AXIAL0.8。

电解电容的封装形式可采用从 RB.2/.4（引脚焊盘间距为 0.2mil，外径为 0.4mil）到 RB.5/1.0（引脚焊盘间距为 0.5mil，外径为 1.0mil）。

普通二极管封装形式为 DIODE0.4～DIODE0.7（引脚焊盘间距为 0.4 或 0.7mil）。

三极管的封装形式常见的有 TO-39,TO-42,TO-54,TO-92A,TO-92B,TO-220 等。

小尺寸的表面安装器件，如电阻、电容、电感等采用线封装 SMC 方式，三极管、集成电路采用 SMD 封装方式。

集成电路的封装形式主要有双列直插 DIP 方式、单列直插 SIP 方式、小尺寸封装 SOP 方式、塑料四边引脚扁平封装 PQFP 方式、塑料有引线芯片载体封装 PLCC 方式、陶瓷无引线芯片载体封装 LCCC 方式、插针网格阵列 PGA 方式、球形网格阵列 BGA 方式等。

可以在 PCB 编辑器窗口内，执行 Design Browse Components 命令，从 Ad-vpcb。。ddb 元件封装图形库中找出所需元件的封装形式。

（3）Designator

元件序号。在放置元件时可同时给出，也可用默认的 R？、C？、Q？或 U？等表示，事后进行修改或自动编号。

（4）第一 Part

元件型号字符串。如电阻可用阻值 1kΩ表示，74 系列 2 输入四与非门可用 74LS00 表示。

（5）第二 Part

封装中的电路套号。如必须指定在 6 非门器件 74LS04 封装内选用第几套非门。

（6）Selection

选中状态。如果希望固定后的元件自动处于选中状态，可以选择该项。

（7）Hidden Pins

显示隐含的元件引脚。欲显示隐含的元件引脚，如集成电路芯片中的电源引脚 V_{CC} 和地线 GND，可以选择该项。

（8）Hidden Field 元件仿真参数 Part Field1～Part Field16 的数值显示。

（9）Field Name 元件仿真参数 Part Field1～Part Field16 的名称显示。

2）元件属性的修改方法

（1）元件放置时修改

在元件放置过程中，未单击鼠标左键前，按键盘上的 Tab 键，可调出元件属性设置窗口，对元件属性进行修改。

（2）元件激活后修改

以鼠标直接双击待编辑元件可以调出元件属性设置窗口，对元件属性进行修改。

（3）元件序号/型号的修改

以鼠标对准待编辑元件的序号，如电阻 R_4，或型号，如阻值 10kΩ，单击鼠标左键不放，可以移动该序号或型号的位置，同时按空格键还可以旋转序号或型号字符串。

以鼠标直接双击待编辑元件的序号或型号，可以对其进行编辑修改。

5. 元件自动编号

对使用元件序号默认设置的元件，如以 U？作为元件序号的集成电路器件，以 R？作为元件序号的电阻等，进行自动编号。

1）元件自动编号操作步骤

（1）执行 Tools/Annotate…命令，出现 Annotate 窗口。

（2）从 Annotate Options 下拉列表中，选择 All Parts（对所有元件）、Parts（仅对默认序号元件）或 Reset All Designator（还原为默认序号形式）。

（3）若选择 Update Sheet Numbers 项，则层次电路原理图编号将随元件编号而自动更新。

（4）必要时，单击 Group Parts Together if Match By 框相应的选项，将满足特定条件的元件组视为同一元件。如果选择 Part Type 选项，则集成器件中的各单元被视为同一器件。

（5）单击 OK 按钮，进行元件自动编号。完成后，进入报告文件（.rep）编辑状态，显示编号前后元件序号的对应关系。

（6）单击编辑区窗口上原理图文件名，返回原理图编辑状态。

2）元件序号推荐形式

（1）单页电路

元子电路系统的单页原理图中的元件序号信息仅包含元件类型和顺序号。如当电阻元件数目在 99 以内时，对于序号在 1～9 之间的元件默认序号可以设置为 R_0?，对于序号在 10～99 之间的元件默认序号可以设置为 R？，这样可以使元件序号长度一致。

（2）层次电路

层次电路中的子电路分别具有各自的原理图，子电路中的元件序号可以包含元件类型、子电路号以及元件在该子电路中的顺序号等信息。如属于 5 号子电路的电阻元件默认序号可以设置为 R_5?或 R_{50}？。

6．放置电源和地线

1）放置方法

执行 Place/Power Part 命令，将所需电源或地线符号移到指定位置后，单击鼠标左键，将其放置在该位置。可以连续放置所需电源或地线符号，单击鼠标右键或 Esc 键以结束目前的操作。

2）电源和地线属性设置

以鼠标双击待编辑电源或地线符号，或者在电源或地线符号拖曳过程中按 Tab 键，两者都可以调出 Power Port 窗口，进行电源/地线选项属性设置。

（1）网络标号 Net

电源的网络标号可以为 V_{CC}、V_{DD}、V_{SS} 等，地线的网络标号可以为 GND。例如，TTL 逻辑电路的电源引脚名为 V_{CC}，地线引脚名为 GND。

（2）电源/地线形状 Style

通过 Power Port 窗口内的 Style 列表框进行选择。形状主要有 Circle、Arrow、Bar、WAue、PowerGround、SignalGround、Earth 等。

7．连线操作

连线操作包括放置导线、总线、总线分支、电气节点、网络标号、I/O 端口等操作。

1）放置导线

（1）执行 Place/Wire 命令

将光标移到连线起点，并单击鼠标左键固定。当光标移到导线拐弯处时，单击鼠标左键以固定导线的转折点。当光标移到连线终点时，单击鼠标左键以固定导线的终点，再单击鼠标右键结束本次连线。单击鼠标右键或按 Esc 键，可以退出放置导线状态。

（2）删除连线

以鼠标单击待删除的导线，然后按 Del 键。

2）放置电气节点

执行 Place/Junction 命令，在导线交叉点处单击鼠标左键，可放置表示交叉导线相连的电气节点。

删除电气节点的方法是以鼠标单击待删除的电气节点，再按 Del 键。

3）放置总线与总线分支

总线以及总线分支所表达的电气连接关系必须通过标号实现。

(1) 放置总线

执行 Place/Bus 命令，将光标移到总线的起点并单击鼠标左键，移动光标到转弯处单击鼠标左键，移动光标到总线终点并单击鼠标左键，然后再单击鼠标右键结束该总线放置。单击鼠标右键或按 Esc 键，可以退出放置导线状态。

（2）放置总线分支

执行 Place/Bus/Entry 命令，通过空格、*X* 或 *Y* 键调整总线分支方向，移动光标至恰当位置，再单击鼠标左键，可以连续放置多个总线分支。单击鼠标右键可结束总线分支放置。

4）放置网络标号

原理图中具有相同网络标号的电气节点均为电气相连，即可用网络标号代替连线。网络标号通常置于一段导线之上，在总线分支放置网络标号也必须插入一段导线。

放置网络标号的步骤是：执行 Place/Net Label 命令，光标处出现一个虚线框，按 Tab 键，在 Net Label 窗口设置网络标号名称等属性后，将光标移到特定节点或导线上，单击鼠标左键完成网络标号放置。

删除网络标号的方法是以鼠标单击待删除网络标号名，再按 Del 键。

5）放置 I/O 端口

I/O 端口用于表示同一电路系统中（或层次电路）各分电路图之间的连接关系，也指示信号流向。具有相同名称的 I/O 端口均为电气相连。放置 I/O 端口的操作步骤如下：

① 执行 Place/Port 命令，光标处出现带方向的 I/O 端口框。

② 按 Tab 键，在 Port 窗口设置端口名（Name）、端口形状（Style）、输入/输出特性（I/O Type）。单击 OK 按钮退出 Port 窗口。

③ 将光标移到适当位置，单击鼠标左键，固定 I/O 端口的一端，移动光标，再单击鼠标左键，固定端口的另一端，完成 I/O 端口放置。

删除 I/O 端口的方法是以鼠标单击待删除 I/O 端口，再按 Del 键。

8. 原理图的电气规则检查

电气规则测试（ERC）能够检查出电路编辑过程中产生的各种缺陷。ERC 步骤如下：

① 执行 Tools/ERC…命令，出现 Setup Electrical Rule Check 对话框，单击 Setup 标签。

② 在 ERC Options 项目框内选择需要测试的项目。

包括：Multiple net names on net（一个节点多个网络标号）、Unconnected net label 无连接的网络标号）、Unconnected power object（无连接的电源与地）、Duplicate sheet numbers

(图纸号重复)、Duplicate component designator（元件序号重复）、Bus label format error（总线标号格式错误）、Flloating input pins（输入端悬空）、Suppress warning（告警忽略）8项测试项目。

③ 在Options框内选择测试报告选项。

包括Create report file（产生报告文件）、Add error marker（添加错误标记）、Descend into sheet（原理图标记）等选项。

在Sheets to Netlist下拉列表中可选择Active sheet（当前原理图）、Active project（设计项目）、Active sheet plus sub sheets（当前原理图及其子电路）等范围内的节点来确定网络表清单。

④ 在Net Identifier Scope框内选择网络标号的作用范围。

Net Labels and Ports Global为网络标号及I/O端口，在整个设计项目内有效。Only Port Global为I/O端口，在整个设计项目内有效，网络标号只在子电路图内有效。Sheet Symbol Port Connections为在整个设计项目只用子电路I/O端口表示上下层电路之间的连接关系。

⑤ 单击OK按钮，文本编辑器显示检测报告文件（.ERC）内容。

ERC结果中可能包含警告性错误Warning、致命性错误Error。在原理图窗口内纠正所有错误Error，再进行ERC测试，直至无错误Error出现。

9. 报表生成

1）网络表文件

网络表是记录电原理图中元件类型、序号、封装形式以及各元器件之间连接关系等信息的文本文件，是电路原理图与PCB之间过渡纽带。

可以通过执行Design Create Netlist...命令，从原理图中抽取网络表文件（.net）。

2）元件清单报表

生成元件清单文件（.xls）记录了一个设计项目所包含的元件类型、封装形式、数量等信息，以指导元件采购或进行项目成本预算。生成元件清单的步骤如下：

① 执行Reports/Bill of Material命令，在BOM Wizard窗口内单击Next按钮。

② 在接着出现的窗口内，可选择Footprint（封装形式）、Description（元件标号、型号）等报表内容。单击Next按钮。

③ 在接着出现的窗口内，可用其他字符串（包括汉字）取代Part Type、Designator、Footprint、Description等表头信息。单击Next按钮。

④ 在接着出现的窗口内，可选择Prote Format（Prote格式）、CSV Format（Excel表格）、Client Spread sheet（电子表格）等元件清单报表文件格式。单击Next按钮。

⑤ 在接着出现的窗口内，单击Finish按钮。启动表格编辑器，列出元件清单报表。

10. 层次电路编辑方法

层次电路就是将系统分解为若干子系统，若需要则还可将子系统再分解为若干子电路，以多张子电路原理图共同表达整个电路系统。建立层次电路项目文件可以采用自上而下、自下而上两种编辑步骤。

1）自上而下建立层次电路项目

① 执行 File/New 命令，在出现的 New Document 窗口内，单击 Schematic Document 图标，以建立新的电路原理图项目文件（.prd）。

② 在原理图编辑窗口内，执行 Place/Sheet Symbol 命令，出现一个随光标移动的方框。

③ 按 Tab 键，在 Sheet Symbol 对话窗设置子电路的 Name（子电路名）、Filename（子电路原理图文件名.sch）、Border（子电路边框线条宽度、颜色）、Fill Color（子电路填充色）、Draw（子电路填充色显示开关）等属性。单击 OK 按钮。

④ 移动光标到指定位置，单击鼠标左键，固定子电路的左上角。再移动光标，单击鼠标左键，固定子电路的右下角，产生一个子电路方框。

⑤ 重复步骤③与④，继续产生多个子电路方框。单击鼠标右键，退出子电路产生状态。

⑥ 执行 Place/Add Sheet Entry 命令，在子电路方框内单击鼠标左键，出现一个随光标移动的子电路 I/O 端口。

⑦ 按 Tab 键，在 Sheet Entry 对话窗设置子电路 I/O 端口的 Name（名称）、Style（形状）、I/O Type（类型）、Side（侧位）、Position（位置）等属性。单击 OK 按钮。

⑧ 将光标移到适当位置，单击鼠标左键，固定子电路 I/O 端口。

⑨ 重复步骤⑦与⑧，继续放置多个 I/O 端口。单击鼠标右键，退出端口放置状态。

⑩ 使用导线或总线将不同方框中端口名称相同的子电路 I/O 端口连接在一起，获得电路总图。

⑪ 执行 Design Create Sheet Form Symbol 命令，由子电路方框创建子电路原理图。

⑫ 以鼠标单击相应子电路方框，出现端口电气特性 Confirm 选择框，可单击 No 按钮，进入子电路原理图文件（.sch）编辑区。

⑬ 采用原理图常规编辑方法，编辑该子电路原理图。

⑭ 重复步骤⑪～⑬，完成所有子电路原理图文件（.sch）的编辑。

2）自下而上建立层次电路项目

① 在设计文件包的 Document 文件夹内，建立并编辑若干个子电路原理图文件（.sch）。

② 执行 File/New…命令，在 New Document 窗口内，选择 Schematic Document，创建原理图新项目文件（.prj）。

③ 在设计文件管理器窗口内，单击原理图新项目文件名（.prj），进入原理图编辑状态。

④ 执行 Design Create Symbol Form Sheet 命令，由子电路原理图创建子电路方框。

⑤ 在 Choose Document to Place 窗内，单击子电路文件名（.sch）。单击 OK 按钮。

⑥ 出现端口电气特性 Confirm 选择框，可单击 NO 按钮。

⑦ 在原理图项目编辑窗口，将子电路方框移到适当位置，单击鼠标左键固定。

⑧ 重复步骤⑤～⑦，将所有子电路（.sch）创建为原理图项目文件（.prj）中的子电路方框。

⑨ 使用导线、总线将各子电路方框 I/O 端口连接在一起，完成项目文件原理图编辑。

4.3.4 PCB设计

1．由原理图生成PCB

电路原理图编辑完成后，可通过更新方式或网络表方式将电路原理图中元件的电气连接关系转化为PCB中元件的连接关系。

1）更新方式

① 在原理图编辑窗口执行Design Update PCB…命令，出现Update Design对话窗。

② 如果是单张电路原理图，则转步骤④。

③ 对于层次电路结构原理图，需从Connectivity下拉框中选择Sheet Symbol/Port Connections（子电路方框I/O端口连接）、Net Labelsand Port Global（网络标号及I/O端口全局连接）、Only Port Global（仅I/O端口全局连接）等有效连接方式。

④ 从Components框选择Update component footprint（更新PCB图中元件封装）、Delete Components（删除原理图中孤立元件）等选项。

⑤ 根据需要可以对Rules（PCB规则）、Classes（分类）框中的选项进行设置。

⑥ 单击Preview Changes按钮，预览更新的改变情况。

如果Changes信息列表窗口内存在Error信息，按Cancel按钮。在原理图编辑窗口纠正错误，再执行步骤①的更新操作，直到Changes信息列表窗内没有报告Error为止。

⑦ 单击Execute按钮，以更新PCB文件，进入PCB编辑窗口。

2）网络表方式

① 编辑原理图并生成网络表文件（.net）。

② 执行File/New…命令，在New Document窗内，选择PCB Document类型，单击OK按钮，生成新的PCB文件。

③ 在设计文件管理器窗口内，单击该PCB文件，进入PCB编辑状态。

④ 单击PCB编辑区下边的Keep Out Layer标签，在禁止布线层执行Place Track命令，绘制PCB的封闭边框。

⑤ 执行Design/Netlist…命令，出现Load Forward Annotate Netlist窗口。

⑥ 单击Netlist File文本框右侧的Browse按钮，从出现的Select窗口内选择相应的网络表文件（.net），然后单击OK按钮。

⑦ 返回至Load Forward Annotate Netlist窗口，根据需要可以对Delete components not in netlist（删除原理图中孤立元件）、Update footprint（更新PCB图中元件封装）选项进行设置。

⑧ 如果网络表装入信息列表窗口内存在Error信息，按Cancel按钮。在原理图编辑窗口纠正错误，重新生成网络表文件（.net）。再进入PCB编辑状态，执行步骤⑤～⑧的操作，直到网络表装入信息列表窗内没有报告Error为止。

⑨ 单击Execute按钮，以装入网络表文件。

⑩ 采用手工自动布局方法，将叠放在PCB布线区的元件彼此分离放置。

2．工作环境设置

PCB 编辑工作环境设置包括工作层设置与栅格选项设置两类。在 PCB 编辑窗口执行 Design Options 命令，可以弹出 Document Options（工作环境）设置窗。

1）工作层设置

在 Document Options 设置窗，单击 Layers 标签，按需选择工作层。

① Signal Layers（信号层）选择包括 Top Layer（顶层元件面）、Bottom Layer 底层焊锡面）、Mid（中间层）。

② Internal Planes（内电源/地层）选择包括 4 层。

③ Mechanical Layers（机械层）选择包括 4 层。

④ Masks（掩膜层）选择包括 Top Solder（顶层阻焊）、Bottom Solder（底层阻焊、Top Paste（顶层助焊）、Bottom Paste（底层助焊），

⑤ Silkscreen（丝印层）选择包括 Top Overlay（顶层丝印）、Bottom Overlay（底层丝印）。

⑥ Other（其他工作层）选择包括 Keep OutLayer（禁止布线层）、MultiLayer（多层显示）、Drillguide（钻孔定位）、Drilldrawing（钻孔符号）。

⑦ System（显示开关）选择包括 DRC Errors（布线错误显示）、Connection（连接飞线显示）、Pad Holes（焊盘显示）、Via Holes（过孔显示）、Visible Grid（可视栅格尺寸）。

2）栅格选项

在 Document Options 设置窗口，单击 Options 标签，按需选择栅格属性。

① Snap（布线锁定距离）选择包括水平与垂直两个方向的布线移动最小步长。

② Component（元件锁定距离）选择包括水平与垂直两个方向的元件移动最小步长。

③ Electrical Grid（电气栅格锁定选项）与 Range（电气栅格锁定搜索半径）须联合设置。

④ Measurement Unit（长度单位）选择包括英制或公制。

3．元件手工布局

在 PCB 编辑窗口，按照元件布局一般原则，用手工方式安排各元件的位置。

1）元件的移动

将光标对准待移动元件，按鼠标左键不放，将元件移到指定位置，然后松开鼠标左键。也可以执行 Edit/Move Drag 命令，移动元件。

在移动元件操作过程中，单击空格键可使元件产生旋转，按 X、Y 键可使元件产生水平或垂直翻转，经翻转过的元件应该安装在 PCB 的底面（Bottom Layer）。

2）飞线的隐藏与显示

可执行 View/ Connections/ Hidden All（隐藏所有飞线）、View/ Connections/ Hidden Net（隐藏与特定节点相连的飞线）、View/ Connections Hidden Component Nets（隐藏与特定元件相连的飞线）、View/ Connections/ Show All（显示所有飞线）、View/ Connections/ Show Net（显示与特定节点相连的飞线）、View/ Connections/ Show Component Nets（显示与特定元件相连的飞线）等命令，以选择隐藏或显示表示元件之间连接关系的飞线。

4．元件自动布局

1）元件分类

① 执行 Design Classes…命令，在 Object Classes 窗口内，单击 Component 标签，对元件进行分类。

② 单击 Add…按钮，在 Edit Component Class 窗口中 Non Members 列表框内选择元件后，再单击→按钮，可将被选择元件加入到 Members 列表框内。

③ 在 Name 栏内输入元件类名字符串。

④ 单击 Close 按钮，产生以类名字符串命名的元件分类组。

2）自动布局参数设置

执行 Design Rules…命令。在 Design Rules 窗口内，单击 Placement 标签，在 Rule Classes 列表窗内选择元件自动布局规则。

（1）元件自动布局间距设置

选择 Component Clearance Constraint（元件间距）设置项。可单击 Add…按钮以增加新的元件间距规则，也可单击 Delete 按钮以删除选定的元件间距规则，也可单击 Properties 按钮以编辑选定的元件间距规则。

（2）元件放置方向设置

选择 Component Orientations Rule（元件方向）设置项。可单击 Add…按钮以增加新的元件放置方向规则。

（3）元件放置面设置

选择 Permitted Layers Rule（元件放置面）设置项。如果欲将元件放在焊锡面，则可单击 Add…按钮，在 Permitted Layers 对话窗口，选择 Filter kind 下拉列表中的 Component，在随后出现的元件列表框内单击目标元件。在 Rule Attributes 框选择 Bottom Layer，再单击 OK 按钮。

3）自动布局

① 执行 Tools/Auto Place 命令，出现 AutoPlace 窗口。

② 在 Preferences 选项框内可选择 Cluster Place（网络关系密切）或 StatHcalPlace（统计连线距离最短）方式放置元件。

③ 选择 Group Components，以使网络表文件中关系密切的元件位置彼此相邻。

④ 选择 Rotate Components，布局过程中允许元件旋转位置。

⑤ 分别在 Power Nets、Ground Nets 栏填写电源与地线的网络标号名，如 V_{CC} 与 GND。

⑥ 在 Grid Size 栏填写自动布局元件移动最小步长。

⑦ 单击 OK 按钮，启动元件自动布局过程。

5．设计规则设置

PCB 的编辑（如布线放置等）按照设计规则进行，所有违反设计规则的 PCB 编辑错误不能够通过 DRC（设计规则检查）结果予以明确指示。

执行 Design Rules…命令，进入 Design Rules 窗口，分别单击 Routing、Manufacturing、HighSpeed、Placement、Signal Integrity、Other 标签，可以设置有关的布线参数、制造参数、

高速、放置、信号完整性和其他设计规则。

1）Routing（布线）参数设置

Routing 标签下，包含 Clearance Constraint（安全间距）、Routing Corners（转角）、Routing LayersC（布线层）、Routing Priority（布线优先权）、Routing Topology（布线拓扑）、Routing Via Style（布线过孔）、SMD To Corner Constraint（表面安装器件布线转角）、Width Constraint（布线宽度）等布线参数设置。

（1）Clearance Constraint（安全间距）设置

选择 Rule Classes 列表窗口中的 Clearance Constraint，以设置导线与焊盘及过孔之间的最小距离。单击 Properties 按钮，出现 Clearance Rule 对话窗。Rule Scope 选项框内的 Filterkind（安全间距适用范围）可设为 Whole Board（整个电路板）、Layer（特定层）、Net（特定节点）、Net Class（某类节点）、Component（特定元件）、Component Class（某类元件），通常设为 Whole Board。Rule Attributes 选项框内的 Num Clearancenj 输入导线与焊盘及过孔之间的安全间距数值，如 12mil。在表示适用节点类型的下拉列表框，可以选择 Different Nets Only（仅适用于不同节点）、Same Nets Only（仅适用于相同节点）、AllNets（所有节点），通常选择 Different Nets Only 或 All Nets。

单击 OK 按钮。必要时，也可以单击 Add...按钮，以增加布线安全间距规则。

（2）Routing Layers（布线层及走线方向）设置

选择 Rule Classes 列表窗中的 Routing Layers，以选择布线层及层内走线方向。单击 Properties 按钮，出现 Routing Layers Rule 对话窗口。

在 Rule Attributes 选项框设置工作层走线方向。如果设为 Not Used，则表示该层不布线。上下两层一般选择水平 Horizontal 或垂直 Vertical 方向走线，以减少层间信号耦合。

（3）Routing Via Style（布线过孔类型及尺寸）设置

选择 Rule Classes 列表窗中的 Routing Via Style，以选择过孔类型及尺寸。单击 Properties 按钮，出现 Routing Via Style Rule 对话窗。

在 Rule Attributes 选项框内的 Style 下拉列表中可选择 Through Hole（通孔）、Blind Buried [Adjacent Layers]（相邻两层之间的盲孔或半通孔）、Blind Buried [Any Layers Pair]（任意两层之间的盲孔或半通孔）等过孔形式，对于双面板，则选择通孔。在 Via Diameter，Via Hole Size 栏可填写过孔外径及内径尺寸，通常为 50mil、28mil。

（4）Width Constraint（布线宽度）设置

选择 Rule Classes 列表窗中的 Width Constraint，以设置布线宽度。

对于普通印制导线宽度的设置，可以单击 Properties 按钮，出现 Max-Min Width Rule 对话窗。从 Filter Kind 下拉列表中选择 Whole Board，在 Rule Attributes 属性框内填写最小与最大线宽，通常为 14mil，单击 OK 按钮。

对于电源、地线等较大电流导线宽度的设置，可以单击 Add...按钮，在 Max-Min Width Rule 对话窗，从 Filter Kind 下拉列表中选择 Net，在 Net 栏填写相应端口 V_{CC} 等，在 Rule Attributes 属性框内填写最小与最大线宽，单击 OK 按钮。

继续单击 Add...按钮，设置地线（GND）或特殊网络名的布线宽度。

2）Manufacturing（制造参数）设置

Manufacturing 标签下，包含 AcuteAngle Constraint（最小布线夹角）、Confinement Constraint（布线区限制）、MinimunAnnularRing（焊盘铜环最小值）、Paste Mas kExpansion（焊锡膏层扩展宽度）、Polygon Connect Style（覆铜区与焊盘连接方式）、Power Plane Clearance（内电源/地层安全间距）、Power Plane Connect Style（内电源/地层连接方式）、Solder Mask Expansion（阻焊层扩展宽度）等制造参数设置。

3）High Speed（高速驱动参数）设置

高速驱动规则用于约束高频信号的布线。

High Speed 标签下，包含 Daisy Chain Stub Length（菊花链分支长度）、Length Constrain（布线最大长度）、Matched Net Lengths（匹配网络布线长度）、Maximum Via Count Constrain（过孔最大数量）、Paraller Segment Constrain（平行布线间距与长度限制）、ViaSUnderSMDConstraint（表面安装器件焊盘过孔限制）等高速驱动参数设置。

6．手工与自动布线

1）手工布线

① 选择布线层，在 PCB 编辑器窗口下单击信号层标签。如选择在 Bottom Layer（焊锡面）上连线。

② 执行 Place/Track 命令，然后按 Tab 键，在 Track Properties 属性窗设置 Width 等导线属性。

③ 将光标移到连线的起点，单击鼠标左键固定，移动光标到印制导线转折点，单击鼠标左键固定，再移动光标到印制导线的终点，单击鼠标左键固定，再单击鼠标右键终止。

④ 执行步骤③，以继续放置其他印制导线，单击鼠标右键或按 Esc 键可结束布线操作。

2）自动布线

经过元件布局、布线规则处理后，可执行 Auto Route/All（对整个电路）、Auto Route/Net（对特定网络）、Auto Route/Connection（对特定连线）、Auto Route/Component（对特定元件）、Auto Route/Area（对某区域）进行自动布线。

可执行 Auto Route Stop 命令停止布线。也可执行 Auto Route Pause，Auto Route Restart 命令，以暂停或通过重新开始布线。

若要拆除布线，可以执行 Tools/Un-Route/All（拆除全部连线）、Tools/Un-Route/Net（拆除特定节点的所有连线）、Tools/UnRoute/Connection（拆除连接于两个焊盘之间的连线）、Tools/UnRoute/Component（拆除与特定元件的所有连线）等命令。

7．敷铜区与填充区的放置

与接地节点相连的覆铜区或填充区具有屏蔽高频干扰、减少接地电阻的作用。将覆铜区或填充区放置于功率元件四周，能够改善器件的散热条件。

1）覆铜区的放置

① 执行 Place/Polygon Plane 命令，出现 Polygon Plane 对话窗口。在 Net Options 选项框，选择 Connect to Net 下拉列表内要与覆铜 E 相连的节点，如 GND。选中 Pour Over Same

复选框，以覆铜区覆盖所选网络节点。还可选中 Remove Dead Copper 复选框，以删除孤立覆铜区。

在 Hatching Style 选项框，可以选择 90-Degree Hatch（垂直格）、45-Degree Hatch（斜格）、Vertical Hatch（垂直线）、Horizontal Hatch（水平线）、No Hatch（无影线）等覆盖影线形状。

在 Plane Settings 选项框，设置 Grid Size（覆盖影线间距）、Track Width（影线宽度）、Layer（所在布线层）等参数。

在 Surround Pads With 选项框，可以选择 Octagons（八角）或 Arcs（圆弧）覆盖包围焊点。

② 单击 OK 按钮。

③ 将光标移到覆铜区起点，单击鼠标左键，不断移动光标在多边形的多个顶点处，单击鼠标左键。当单击鼠标右键时，可形成多边形覆铜区。

④ 以鼠标双击覆铜区可以修改覆铜 E 属性。

2）填充区的放置

① 执行 Place/Fill 命令，按 Tab 键，在 Fill 窗口内，选定填充区所在工作层、与填充区相连的节点、旋转角等参数后，单击 OK 按钮，退出填充属性设置窗。

② 将光标移到填充区左上角，单击鼠标左键。移动光标到填充区右下角，单击鼠标左键，获得矩形填充区。可以继续绘制另一填充区，也可以单击鼠标右键退出。

8．设置泪滴焊盘及泪滴过孔

为提高焊盘或过孔与导线连接处的宽度，可通过焊盘或过孔泪滴化来实现。

① 执行 Edit/Select 命令，选择将要泪滴化的区域。

② 执行 Tools/Teardrops/Add 命令，将选中的焊盘、过孔变为泪滴状态。

③ 执行 Edit/DeSelect 命令，解除选中。即可获得泪滴化结果。

④ 为恢复焊盘原来状态，可以先选择区域，再执行 Tools/Teardrops/Remove 命令。

9．设计规则检查

PCB 的自动布线及手工布线完成后，可以通过设计规则检查 DRC 来检验电路板的设计是否违反布线规则。

① 执行 Tools/Design Rule Check…命令，出现 Design Rule Check 对话窗。

② 可以选择 Report 标签以产生 DRC 报告文件，或选择 OnLine 标签以直接在 PCB 编辑区产生错误标记而无 DRC 报告文件。两种标签下的 DRC 设置项目类似。

③ 可选择 Routing Rules 框内的 Clearance Constraint（安全间距检查）、Max/Min Width Constraint（最大/最小线宽限制检查）、Short Circuit Constraint（最短走线检查）、Un-Routed Net Constraint（检查没有布线的网络）等选项。

④ 可选择 Manufacturing Rules 框内的最小夹角、最小焊盘等检查项目。

⑤ 可选择 High Speed Rules 框内的与高速驱动规则设置有关的检查项目。

⑥ 选择 Creat Report 复选项，以产生设计规则检查结果（.drc）文件。

⑦ 选择 Creat Violation 复选项，以直接在 PCB 编辑区产生设计规则检查错误标记。

⑧ 单击 RunDRC 按钮，启动检查进程，随后产生 DRC 结果文件（.drc）。

⑨ 分析报告文件（.drc）中的所有错误（Vlolation）信息。返回 PCB 编辑窗口，修正所有致命性错误。然后再运行设计规则检查 DRC，直到不再出现 Violation 信息为止。

10. PCB 元件重新编号及原理图元件序号更新

1）PCB 元件重新编号

可在元件布局结束后，执行 Tools/Re-Annotate 命令，在 Positional Re-Annome 窗口内选择编号顺序后，单击 OK 按钮，对 PCB 的元件重新编号，并产生新旧编号对照信息文件（.was）。

2）更新 SCH 原理图元件编号

对 PCB 中的元件重新编号后，再进行原理图中元件编号更新，以使 PCB 与原理图元件编号对应。

① 单击原理图文件标签，进入 SCH 编辑状态。

② 执行 Tools/Back Annotate 命令。

③ 在 Select 窗口内，选择由 PCB 元件重新编号产生的新旧编号对照信息文件（.was），然后单击 OK 按钮。

11. 信号完整性分析

信号完整性分析能够根据布线长度、PCB 厚度以及铜膜厚度等参数计算印制导线的特性阻抗、节点信号的过冲及斜率等参数，并提出信号补偿方法。信号完整性分析操作分为设置、运行、补偿三步骤。

1）信号完整性分析设置

执行 Design Rules…命令，单击 Design Rule 窗口中的 Signal Integrity 标签，可以在 Rule Classes 列表窗中选择 Flight Time-Falling Edge（下降时间限制）、Flight Time-Rising Edge（上升时间限制）、Impedance Constraint（导线阻抗限制）、Layer Stack（信号层属性）、Overshoot-Falling Edge（下降过冲限制）、Overshoot-Rising Edge（上升过冲限制）、Signal Base Value（信号峰值限制）、Signal Stimulus（激励信号属性）、Signal Top Value 信号峰值限制）Slope-Falling Edge（下降斜率限制）Slope-Rising Edge（上升斜率限制）、Supply Net（电源属性）、Undershoot-FallingEdge（下降反冲限制）、Undershoot-Rising Edge（上升反冲限制）等信号完整性分析规则进行设置。

（1）Layer Stack（信号层属性）设置

在 Rule Classes 列表窗中选择 Layer Stack。单击 Add…按钮，在随后出现的 Layers 窗口中的 Rule Attributes 属性框设置 PCB 结构参数。

单击 Copper 标签，选择 PCB 信号层。单击 OK 按钮。

单击 Dielectrics 标签，再单击 Properties…按钮，设置 PCB 的 Layer（铜膜厚度）、Core（基板厚度）等非电气参数值。单击 OK 按钮。

单击 Solder 标签，设置阻焊层的 Height（厚度）、Epsilon（介电参数）等参数值。单击 OK 按钮。

（2）在 Rule Classes 列表窗中选择 Supply Nets

单击 Add…按钮，设置与电源网络（如 V_{CC}、GND 等）有关的电压值。单击 OK 按钮。

（3）在 Rule Classes 列表窗中选择 Signal Stimulus

单击 Add…按钮，设置激励信号属性参数。

（4）单击 Close 按钮，返回 PCB 编辑窗口

2）信号完整性分析运行

① 执行 Tools/Signal Integrity…命令，在出现的 Confirm 窗内单击 Yes 按钮。启动信号完整性分析，出现 Protel Signal Integrity 窗口。

② 执行 Edit Components 命令，在出现的 Edit Components 窗内设置电路元件的类属（Category）。

执行 Edit Nets 命令，在出现的 Edit Nets 窗内设置电路节点的类属（Category）与电压值（Voltage）。

③ 单击 All Nets 列表框内的待分析节点，执行 Edit Take Over 命令可将选中节点提取到 Simulation 列表框。在与待分析节点相连的元件引脚列表框内选择相应的元件引脚，单击 In<->Out 按钮可指定其输入/输出特性。

④ 执行 Simulation Reflection 命令，信号完整性分析结果显示在 Protel Waue Analyzer 窗口。

3）信号补偿

对于具有 Bi/Out 或 Bi/In 特性的元件引脚，信号完整性分析提供了 7 种信号补偿方案。

① 在 Protel Signal Integrity 窗口，单击 All Nets 列表框内的待补偿节点，执行 Simulation Termination Advisor 命令。

② 在 Termination Advisor 窗口中的 Methods 框内，对于待补偿的元件引脚，可以选择 Serial R（串联电阻）、Parallel R to V_{CC}（对电源并联电阻）、Parallel R to GND（对地并联电阻）、Parallel R's to V_{CC} and GND（分别对电源和地并联电阻）、Parallel C to GND（对地并联电容）、R and C to GND（对地并联阻容串联网络）、Parallel Schottky Diodes（分别对电源和地并联稳压二极管）等信号补偿方式。单击 OK 按钮。

③ 重新进行信号完整性分析、信号补偿，根据最有效的补偿方案修改 PCB。

4.4 电子电路的仿真实验

4.4.1 实验一 Orcad 单级放大电路仿真分析

1. 实验目的

① 理解晶体管单管放大电路与绝缘栅型场效应管放大电路的工作原理。

② 熟练掌握 Orcad 分析方法及放大器特性观察与参数测量方法。

2．实验原理

1）晶体管单管放大电路

如图 4-4-1 所示为晶体管单管共射放大电路原理图。电路采用分压式偏置电流负反馈方式，以减小静态工作点电流 I_{CQ} 及电压 V_{CEQ} 对晶体管参数的依赖性，使电路的静态工作点更稳定。

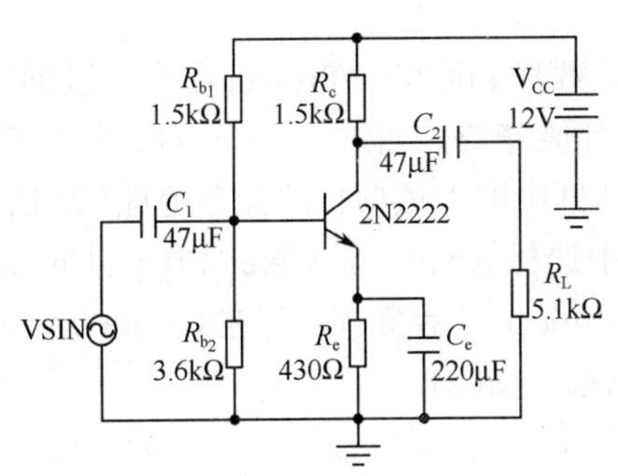

图 4-4-1　晶体管单管共射放大电路

系统的中频增益绝对值为

$$A_u = \frac{\beta \cdot R_c // R_L}{r_{be}}$$

2）MOSFET 共源放大电路

如图 4-4-2 所示为 N 沟道增强型 MOS 场效应管共源放大电路，电路采用分压式偏置电流负反馈方式，具有较好的静态工作点稳定性。

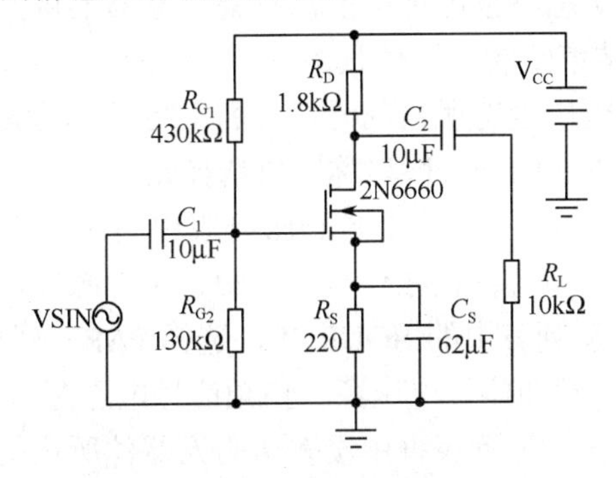

图 4-4-2　MOSFET 共源放大电路

场效应管动态跨导为

$$g_m = \frac{2}{V_{th}}\sqrt{I_{DSS} \cdot I_{DQ}}$$

系统的中频增益绝对值为

$$A_u = g_m \cdot R_D // R_L = 2\frac{R_D // R_L}{V_{th}}\sqrt{I_{DSS} \cdot I_{DQ}}$$

3．实验内容

1）电路原理图输入

运用 Capture 程序，输入晶体管单管放大电路和 MOSFET 共源放大电路，原理图如图 4-4-1、图 4-4-2 所示。

（1）启动 OrCAD/Capture

选择开始→程序→OrCAD→Capture，进入 Capture 的工作环境。

（2）创建新项目

① 在 Capture 菜单中。选择 File/New/Project 命令，以创建新项目。

② 出现 New Project 对话窗口。可在 Name 对话框中键入欲建立项目的名字（如 MyProject），在 Location 对话框中键入该项目的保存地址（如 E:\My Document），并在 Create a New Project Using 复选框中选择 Analog or Mixed-Signal Circuit，单击 OK 按钮。

③ 出现 Create PSpice Project 对话窗口，可在 Create base upon an existing project 复选框中选择 simple.opj，单击 OK 按钮。

（3）电路原理图编辑

在项目管理器中，依次双击 Design Resources、MyProject.dsn、Schematicl、Page1，进入原理图编辑器界面。至此，设计者可进行电路原理图的绘制。

① 放置元器件符号。执行 Place/Part 子命令屏幕上弹出元器件符号选择框 Place Part。在元器件符号 Part 列表框中选择所需的元器件名，单击 OK 按钮。将元器件符号放置在电路图的合适位置。选择元器件，被调至电路图中的元器件符号将附着在光标上并随着光标的移动而移动。移至合适位置时单击鼠标左键，即在该位置放置一个元器件符号。这时继续移动光标，还可在电路图的其他位置继续放置该元器件符号。结束元器件的放置。可按 Esc 键以结束绘制元器件状态，也可单击鼠标右键，屏幕上将弹出快捷菜单，选择执行其中的 End Mode 命令即可结束绘制元器件状态。

注意：如果 Part 列表框中没有所需的元器件名，则可在元器件符号库 Libraries 列表框中选择所需的所需元器件所在的符号库名称，再选择元器件。

电阻、电容、电感在元器件符号库 Libraries 列表中的 ANALOG，选择 PART 列表中的 R、C、L 作为电阻、电容、电感；正弦信号电压源、矩形脉冲信号电压源、扫频信号电压源在元器件符号库 Libraries 列表中的 SOURCE，选择 PART 列表中的 VSIN、VPULSE、V_{AC} 作为正弦信号电压源、脉冲信号电压源、扫频信号电压源。

如果元器件符号库 Libraries 列表框中没有所需元器件所在的符号库名称，则可按 Add Library…在出现的 Browse File 对话框中，使元器件符号库搜寻路径为 C:\Program File、OrCAD\Capture\Library\PSpice，选择所需元器件所在的符号库名称，单击打开。

② 放置系统零电平参考点（地）符号。执行 Place Ground 子命令屏幕上弹出元器件符号选择框 Place Ground。在地符号 Msymbol 列表框中选择 O/Design Cache 或 O/SOURCE，单击 OK 按钮。将地符号放置在电路图的合适位置。将被调至电路图中的地符号将附着在光标上并随着光标的移动而移动。移至合适位置时单击鼠标左键，即在该位置放置一个地符号。这时继续移动光标，还可在电路图的其他位置继续放置地符号。结束地符号的放置。

提示：地符号在符号库 Libraries 列表中的 Design Cache 或 SOURCE。

③ 元器件间的电连接。执行 Place/Wire 子命令，进入绘制互连线状态。这时光标形状由箭头变为十字形。将光标移至互连线的起始位置处，单击鼠标左键从该位置开始绘制一段互连线。用鼠标或者键盘的方向键控制光标移动，随着光标的移动，互连线随之出现。在电路图中的恰当位置处，单击鼠标左键，以结束绘制当前段互连线。继续移动鼠标控制光标移动，以绘制下一段互连线。如果互连线绘制完毕，则可单击鼠标右键，从快捷菜单中选择执行 End Wire 子命令，即可结束互连线绘制状态。

④ 修改电路原理图。对绘好的电路图，通常都要根据需要进行修改，如删除电路中无用的元素、改变元器件的放置位置、修改元器件的属性参数等。

⑤ 电路原理图保存。将绘制好的电路图存入文件。可在 Capture 菜单中，选择 File/SAue 命令。

2）晶体管单级放大电路

实验电路如图 4-4-1 所示，晶体管 Q2N2222 属于 BIPOLAR 元件库。

（1）瞬态分析

信号源为正弦电压源 VSIN（V_{OFF}=0V，VAMPL=5～50mV，FREQ=10kHz）。

仿真设置为 Time Domain （Transient）：Run to（11ms），Start saving data（10ms），Maximum step（0.001 ms）。

① 测量放大器的静态工作点 I_{CQ}、V_{CEQ}。

② 在放大器输出不失真条件下测量放大器的中频增益 A_u。

③ 改变输入正弦信号的幅度，测量放大器的最大不失真输出范围 V_{opp}。

④ 改变发射极偏置电阻 R_e 为 300Ω或 910Ω，分别测量上述三类参数。

（2）交流扫描分析

发射极偏置电阻 R_e 仍为 430Ω信号源为扫频正弦电压源 V_{AC}（5mV_{AC}，0V_{DC}）。

仿真设置为 AC Sweep/Noise：Logarithmic（Decade），Start（1Hz），End（100 MegHz），Point Decade（100）。

① 放大器增益的频率特性。Trace/Add Trace 命令下，增益分析变量表达式为 V[RL:2]/V[V_i:+]，即电压增益。使用标尺测量中频增益 A_u、下截止频率 f_L、上截止频率 f_H。

② 放大器输入阻抗的频率特性。Trace/Add Trace 命令下，输入阻抗分析变量表达式为 V[V_i:+]/I[V_i]，即信号源电压与电流之比。使用标尺测量中频处输入阻抗。

③ 放大器输出阻抗的频率特性。将放大器输入端的电压信号源用短路线代替，负载换为信号源 V_t:V_{AC}。

Trace/Add Trace 命令下，分析变量表达式为 V[V_t:+]/I[V_t]，即信号源电压与电流之比。使用标尺测量中频处输出阻抗。

④ 电容元件参数对放大器增益频率特性的影响。分别单独改变耦合电容或射极旁路电容，研究放大器的增益频率特性，分析电容元件参数的改变对放大器下截止频率 f_L 的影响。

（3）记录实验数据

① 瞬态分析。将实验结果记录在表 4-4-1 中。

表 4-4-1　瞬态分析

射极电阻	静态工作点		中频增益 A_u	最大不失真输入与输出范围	
R_e/kΩ	I_{CQ}/mA	V_{CEQ}/V		V_{ipp}/mV	V_{opp}/V
0.43					
0.30					
0.91					

② 交流扫描分析。将实验结果记录在表 4-4-2 中。

表 4-4-2　交流扫描分析

旁路与耦合电容			中频增益	截止频率		输入与输出阻抗	
C_e（μF）	C_1（μF）	C_2（μF）	A_u	f_L（Hz）	f_H（Hz）	R_i（kΩ）	R_o（kΩ）
220	47	47					
220	4.7	47	—		—	—	—
220	47	4.7	—		—	—	—
22	47	47	—		—	—	—

3）绝缘栅型场效应管共源放大器分析

实验电路如图 4-4-2 所示，场效应管 2N6660 属于 PWRMOS 元件库。

（1）瞬态分析

信号源为正弦电压源 VSIN（V_{OFF}=0V，VAMPL=5～80mV，FREQ =10kHz）。

仿真设置为 Time Domain（Transient）: Run to（11ms），Start saving data（10ms），Maximum step（0.001ms）。

① 测量放大器的静态工作点 I_{DQ}、V_{GSQ}。

② 在放大器输出不失真条件下测量放大器的中频增益 A_u。

③ 改变输入正弦信号的幅度，测量放大器的最大不失真输出范围 V_{opp}。

④ 改变源极偏置电阻 R_s 为 1kΩ或 100Ω分别测量上述三类参数。

（2）交流扫描分析

源极偏置电阻 R_s 仍为 220Ω，信号源为扫频正弦电压源 V_{AC}（5mVAC，0 VDC）。

仿真设置为 AC Sweep/Noise: Logarithmic （Decade），Start（1 Hz），End （100 MHz），Point Decade（100）。

① 放大器增益的频率特性。Trace/AddTrace 命令下，增益分析变量表达式为 V[RL:2]/V[V_i:+]，即电压增益。使用标尺测量中频增益 A_u、下截止频率 f_L、上截止频率 f_H。

② 放大器输入阻抗的频率特性。Trace/Add Trace 命令下，输入阻抗分析变量表达式为 V[V_i:+]/I[V_i]。即信号源电压与电流之比。使用标尺测量中频处输入阻抗。

③ 放大器输出阻抗的频率特性。将放大器输入端的电压信号源用短路线代替，负载换为信号源 V_t:V_{AC}。

Trace/Add Trace 命令下，分析变量表达式为 V[V_t:+]/I[V_t]，即信号源电压与电流之比。

使用标尺测量中频处输出阻抗，

④ 电容元件参数对放大器增益频率特性的影响。分别改变稍合电容、源极旁路电容，研究放大器的增益频率特性，分析电容元件参数的改变对放大器下截止频率f_L的影响。

（3）记录实验数据

① 瞬态分析。将实验结果记录在表4-4-3中。

表4-4-3 瞬态分析

射极电阻	静态工作点			中频增益 A_u	最大不失真输入与输出范围	
R_s（kΩ）	V_{GSQ}（V）	I_{DQ}（mA）	V_{DSQ}（V）		V_{ipp}（mV）	V_{opp}（V）
0.220						
1.000						
0.100						

② 交流扫描分析。将实验结果记录在表4-4-4中。

表4-4-4 交流扫描分析

旁路与耦合电容			中频增益	截止频率		输入与输出阻抗	
C_s（μF）	C_1（μF）	C_2（μF）	A_u	f_L（Hz）	f_H（Hz）	R_i（kΩ）	R_o（kΩ）
62	10	10					
62	1	10	—		—	—	—
62	10	1	—		—	—	—
6.2	10	10	—		—	—	—

4．实验报告

① 保存实验结果文件。

② 填写实验数据表格。

③ 分析实验结果，包括数据、波形、曲线等，并对结果进行必要的分析讨论，如主要元件参数对性能的影响等。

④ 由计算机绘制的电路图、波形、曲线等图形要规范、布局合理、尺寸合适。

⑤ 总结实验中出现的问题，说明解决问题的方法和效果。

4.4.2 实验二 Orcad有源滤波电路分析

1．实验目的

① 理解的滤波电路工作原理。

② 熟练掌握Orcad分析方法及滤波电路特性观察与参数测量方法。

2．实验原理

1）一阶有源滤波电路

如图4-4-3所示为一阶低通滤波电路。

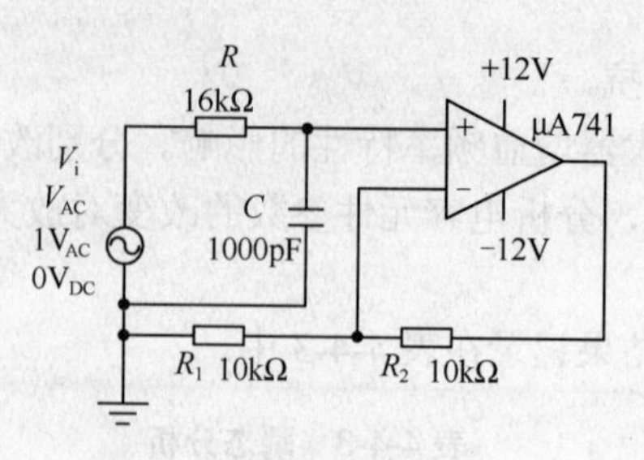

图 4-4-3　一阶低通滤波电路

一阶低通滤波电路传递函数为

$$H(s) = A\frac{\omega c}{s+\omega c},$$

其中，$A=1+R_2/R_1$

$$f_c=1/（2\pi RC）。$$

如图 4-4-4 所示为一阶高通滤波电路。

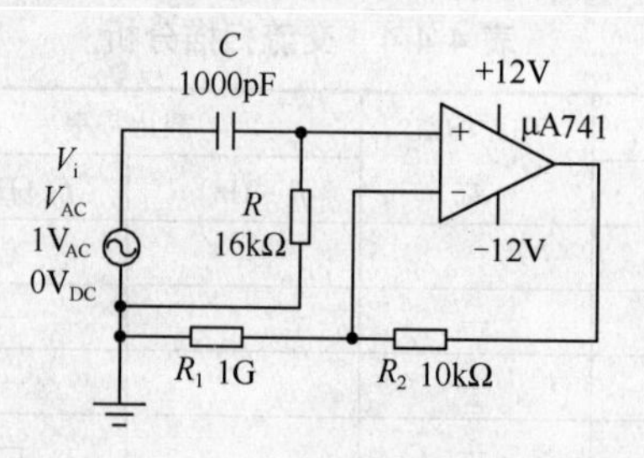

图 4-4-4　一阶高通滤波电路

一阶高通电路传递函数为

$$H(s) = A\frac{s}{s+\omega c},$$

其中，$A=1+R_2/R_1$

$$f_c=1/（2\pi RC）。$$

2）二阶有源滤波电路

如图 4-4-5 所示为二阶低通滤波电路。

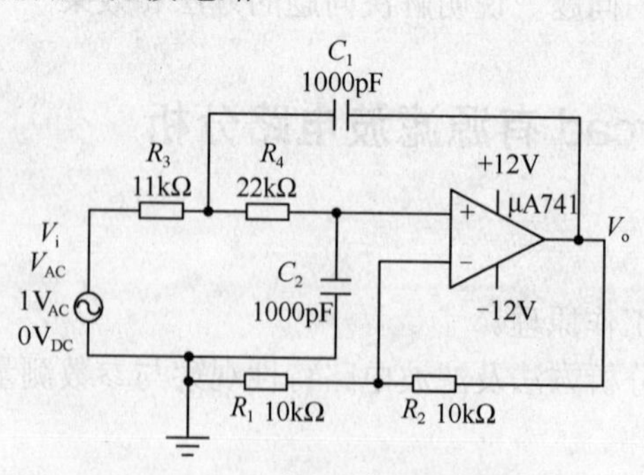

图 4-4-5　二阶低通滤波电路

二阶低通滤波电路传递函数为

$$H(s)=A\frac{\omega c^2}{s^2+2\xi\omega c\cdot s+\omega c^2}$$

式中

$$A=1+R_2/R_1$$

$$f_c=\frac{1}{2\pi\sqrt{R_3C_1R_4C_2}}$$

$$\xi=\frac{(R_3+R_4)C_2-(A-1)R_3C_1}{2\sqrt{R_3C_1R_4C_2}}$$

如图 4-4-6 所示为二阶高通滤波电路。

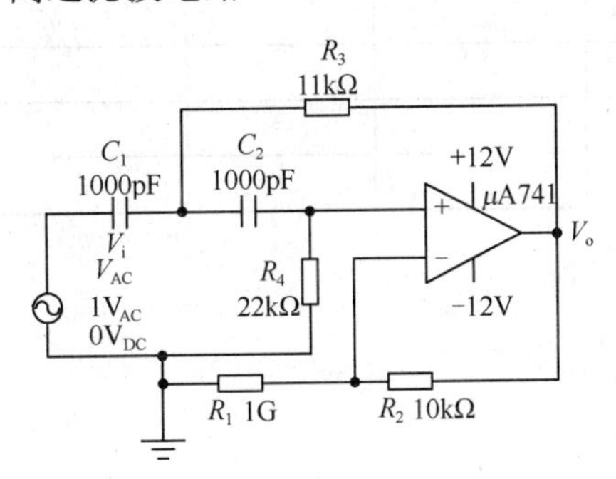

图 4-4-6　二阶高通滤波电路

二阶高通滤波电路传递函数为

$$H(s)=A\frac{s^2}{s^2+2\xi\omega c\cdot s+\omega c^2}$$

式中

$$A=1+R_2/R_1$$

$$f_c=\frac{1}{2\pi\sqrt{R_3C_1R_4C_2}}$$

$$\xi=\frac{R_3(C_1+C_2)-(A-1)R_4C_2}{2\sqrt{R_3C_1R_4C_2}}$$

3．实验内容

运算放大器μA741 属于 OPAMP 元件库。

1）通过对图 4-4-3、图 4-4-4 所示的一阶有源高低通滤波电路进行交流扫描分析，测量滤波电路增益 A、−3dB 截止频率 f_c、$10f_c$ 频率处滤波电路的衰减。

其中，信号源为扫频电压源 V_{AC}（0 V_{DC},1 V_{AC}）。

仿真设置为 AC Sweep/Noise；Logarithmic（Decade），Start（1 Hz），End（100 MHz），Point/Decade （100）。

分析变量表达式为 $V[R_4:2]/V[V_i:+]$，即滤波电路电压增益频率特性。使用标尺可测得电路电压增益 A 和−3dB 截止频率 f_c、$10f_c$ 频率处滤波电路的衰减。

2）信号源、仿真设置不变，通过对图 4-4-5、图 4-4-6 所示的二阶有源高低通滤波电路进行交流扫描分析，测量滤波电路增益 A、−3dB 截止频率 f_c、$10f_c$ 频率处滤波电路的衰减。

分析变量表达式为 $V[R_4:2]/V[V_i:+]$，即滤波电路电压增益频率特性。使用标尺可测得电路电压增益 A、−3dB 截止频率 f_c、$10f_c$ 频率处滤波电路的衰减。

3）记录实验数据

有源滤波器电路的交流扫描分析，将实验结果记录在表 4-4-5 中。

表 4-4-5　有源滤波器交流扫描

滤波器	一阶		二阶	
	低通	高通	低通	高通
增益 A				
截止频率 f_c（kHz）				
$10f_c$ 处衰减		—		—
$0.1f_c$ 处衰减	—		—	

4. 实验报告

① 保存实验结果文件。

② 填写实验数据表格。

③ 分析实验结果，包括数据、波形、曲线等，并对结果进行必要的分析讨论，如主要元件参数对性能的影响等。

④ 由计算机绘制的电路图、波形、曲线等图形要规范、布局合理、尺寸合适。

⑤ 总结实验中出现的问题，说明解决问题的方法和效果。

4.4.3 实验三　Orcad-位全加器的分析

1. 实验目的

① 了解 PSpice 对数字电路仿真方法；

② 分析全减器电路的功能和特性。

2. 实验原理

在 PSpice 中对数字电路仿真主要包括以下内容

① 分析数字电路输出与输入之间的逻辑关系。

② 分析数字电路的延迟特性。

③ 进行数字与模拟混合仿真，同时显示电路内的模拟与数字信号波形。

④ 检查数字电路中是否存在竞争和冒险现象，并给出最坏情况分析。

在 PSpice 中对数字电路仿真分析的步骤和分析模拟电路相同，即原理图的输入、确定分析类型、设置仿真参数、进行逻辑分析和观察仿真结果。

对数字电路的输入端施加激励信号有三类。

① 时钟信号（Clock Stimulus）：规则的 1 位周期信号。

② 一般激励信号（Digital signal stimulus）：1 位周期信号，波形变化比时钟复杂。

③ 总线激励信号（Digital bus stimulus）：分成 2、4、8、16、32 位五种。

一位全加器电路的逻辑图如图 4-4-7 所示，其中 A、B 为两个加数，CI 为来自低位的进位，输出信号 S、CO 分别为本位上的和与进位。

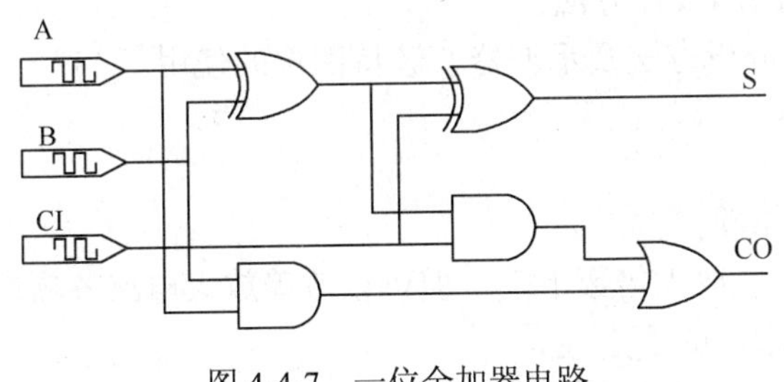

图 4-4-7　一位全加器电路

3. 实验内容

输入信号采用 SOURCESTM 库中的 DigStim1，电路中用到的逻辑门电路异或门（74ls86）、与门（74ls08）、或门（74ls32）在 74ls.olb 中的选择。

① 根据图 4-4-7 绘制仿真电路图。

② 设置激励信号波形。

选择 DSTM1，执行 Edit/PSpice Stimulus 后，在 StmEd 工作区的 New Stimulus 对话框中，Name 栏中输入 A，选择 Digital 中的 Clock 选项，单击 OK 按钮，打开属性设置框，在其中设置：

A 路信号频率（Frequency）为 2kHz，占空比（Duty cycle）为 0.5，起始值（Initial value）为 0，时间延迟（Time delay）为 0。

同样方法设置 B 频率为 1kHz、C 频率为 500Hz。

设定完毕后使用 File/Exit 命令，关闭 StmEd 并存储。

③ 设置分析类型和参数。

在 New Simulation 中，Name 栏中输入 ADD 后，打开 Simulation Settings-ADD 对话框，设置仿真类型为瞬态分析，仿真时间（Run to）去 4ms（信号中最大周期为 2ms，4ms 为 2 个周期）。

④ 进行仿真。

在 Trace 窗口中打开 ADD Traces 对话框，即可观察 A、B、CI 和 S、CO 各变量的波形。

⑤ 设计两位全加器电路，并在 Orcad 中仿真。

4. 实验报告

① 保存实验结果文件。

② 分析实验结果，包括数据、波形、曲线等，将波形图转化为逻辑真值表，进行必要的分析讨论。

③ 由计算机绘制的电路图、波形、曲线等图形要规范、布局合理、尺寸合适。

④ 总结实验中出现的问题，说明解决问题的方法和效果。

4.4.4 实验四 Multisim负反馈放大电路的仿真

1. 实验目的

① 理解负反馈电路的设计方法。

② 掌握Multisim分析方法及示波器、波特图仪的使用。

2. 实验原理

1）负反馈的工作原理

引入负反馈后，电压放大倍数下降，但可以改善放大电路各项性能指标。

① 提高放大电路增益的稳定性。

② 扩展放大电路的通频带。

③ 改变放大电路的输入阻抗与输出阻抗。一般情况下，并联负反馈能降低输入阻抗，串联负反馈能提高输入阻抗，而电压负反馈使输出阻抗降低，电流负反馈使输出阻抗升高。

2）电压串联负反馈电路

如图4-4-8所示电路为电压串联负反馈电路，已知条件如下

① 电源电压 V_{cc}=12V，V_i=10mV，f=lkHz。

② R_1=51kΩ，R_2=11kΩ，R_3=50kΩ，R_4=l0kΩ，R_{cl}=R_{c2}=R_L=5kΩ，R_{e1}=R_{e2}=R_5=R_6=0.5kΩ，R_f=3kΩ，C_1=C_2=C_4=5μF，C_3= C_5=47μF。

③ 三极管选 Q2N2222（设β=150）。

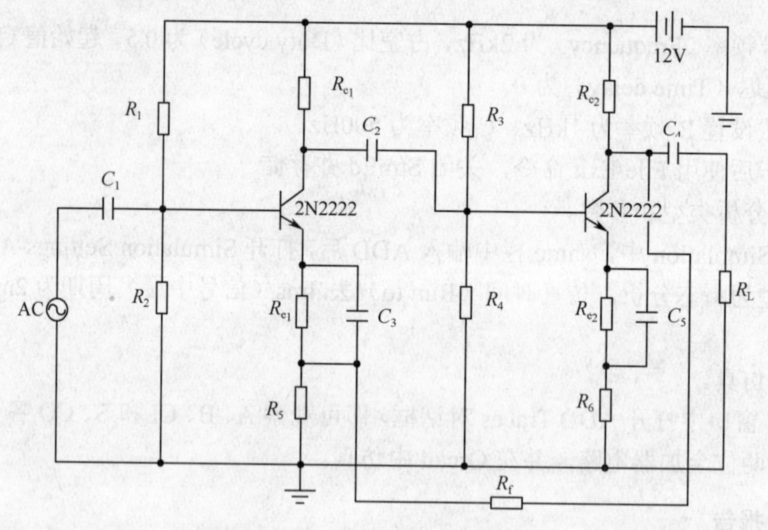

图4-4-8 电压串联负反馈电路

3. 实验内容

① 按图4-4-8所示电路分别从元件库中取出相应的元件，连接每一个元件，在反馈电阻 R_f 旁加入开关Key=Space，即用空格键控制此开关，如图4-4-9所示。

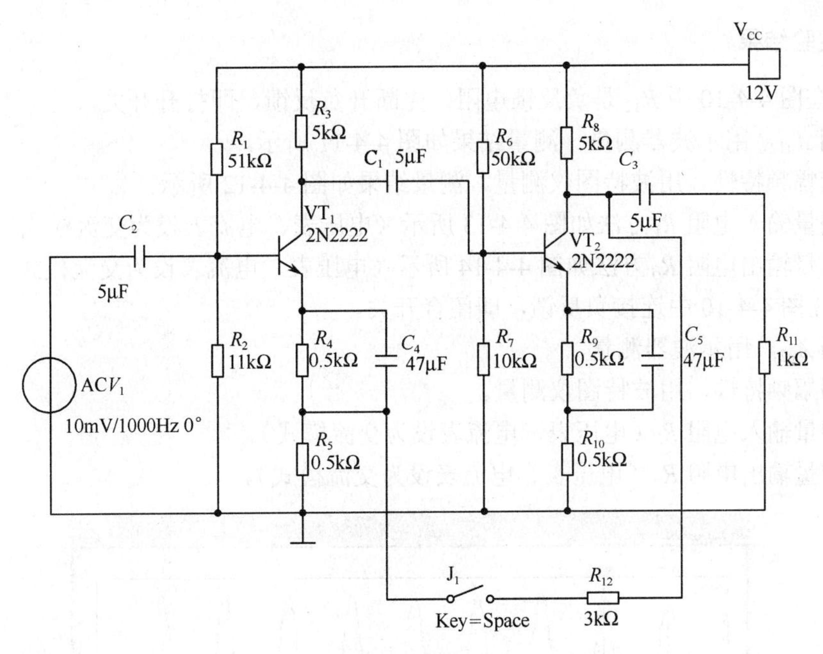

图 4-4-9　电压串联负反馈 Multisim 电路

② 从仪器库中分别取出示波器和波特图仪并合理连接，如图 4-4-10 所示。

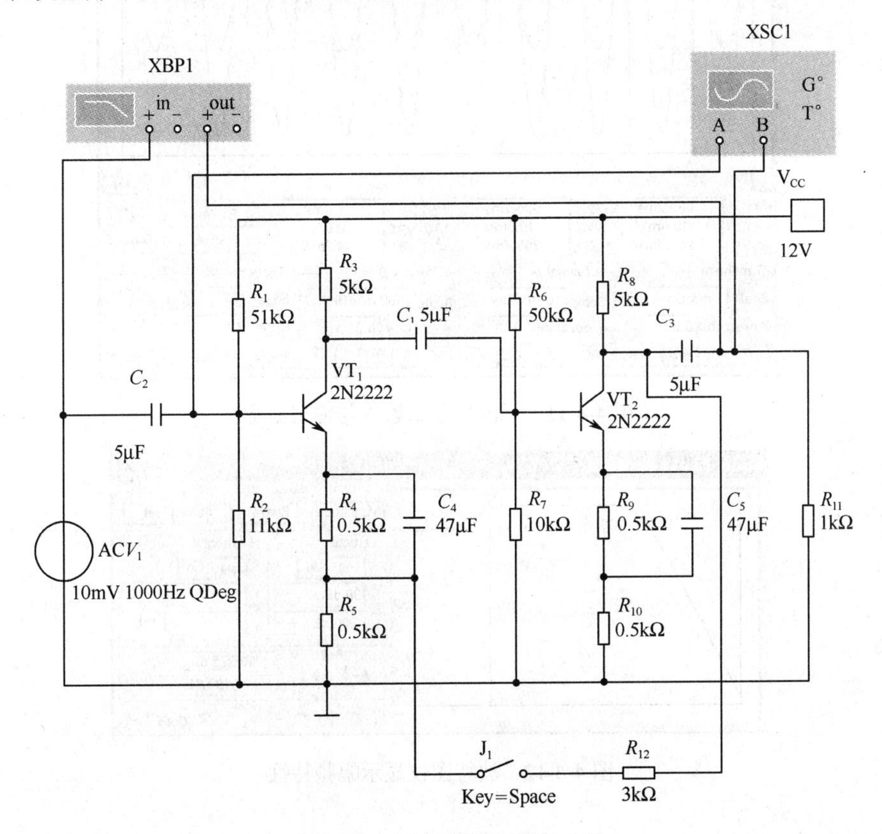

图 4-4-10　无负反馈时测量电路

4．实验结果

（1）在图 4-4-10 中 R_{12} 是负反馈电阻，先断开负反馈，即打开开关。

① 测 A_{u1}，用示波器测量。测量结果如图 4-4-11 所示。

② 测幅频特性，用波特图仪测量，测量结果如图 4-4-12 所示。

③ 测量输入电阻 R_i 方法如图 4-4-13 所示（电压表、电流表设为交流模式）。

④ 测量输出电阻 R_o 方法如图 4-4-14 所示（电压表、电流表设为交流模式）。

（2）在图 4-4-10 中连接负反馈，即闭合开关。

① 测 A_{u2}，用示波器测量。

② 测幅频特性，用波特图仪测量。

③ 测量输入电阻 R_i（电压表、电流表设为交流模式）。

④ 测量输出电阻 R_o（电压表、电流表设为交流模式）。

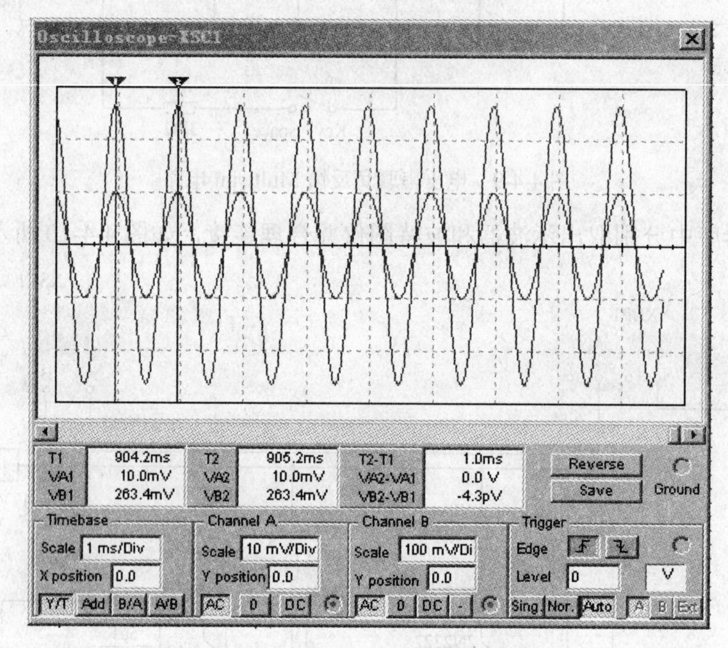

图 4-4-11　示波器显示输入与输出波形

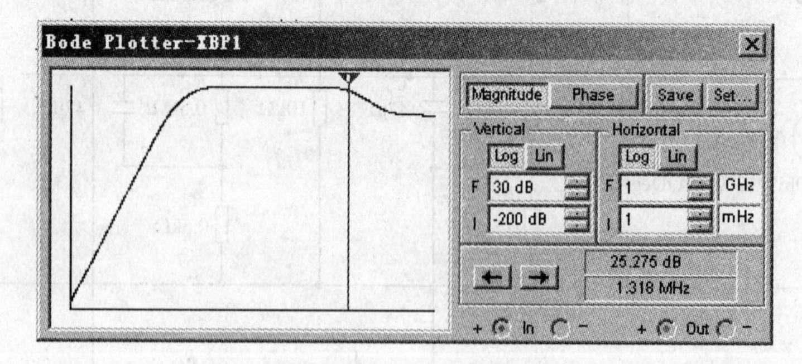

图 4-4-12　波特图仪显示幅频特性

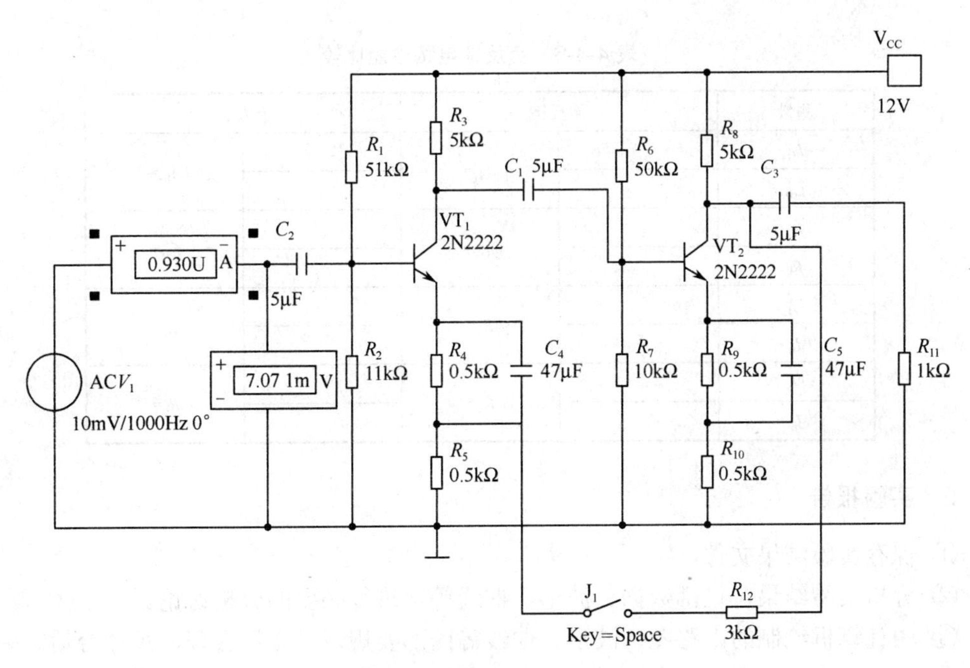

图 4-4-13　测量输入电阻 R_{i} 的电路图

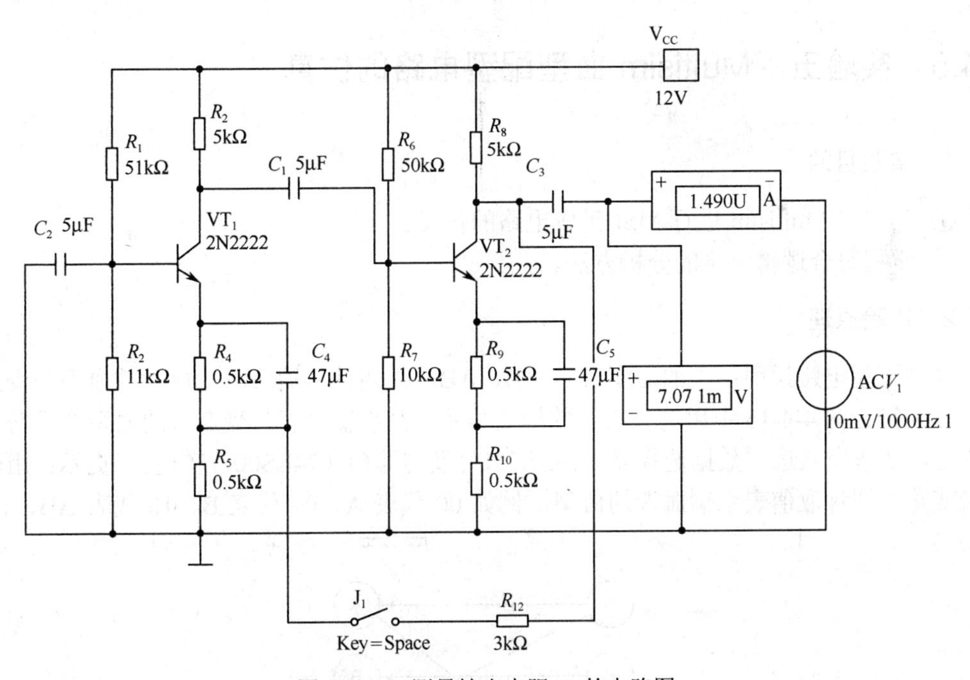

图 4-4-14　测量输出电阻 R_{o} 的电路图

（3）将实验结果填写在表 4-4-6 中。

表 4-4-6　负反馈电路性能比较

测量	无反馈		有反馈	
U_i		$A_{u_1}=$		$A_{u_2}=$
U_o				
f_L		$f_{bw}=$		$f_{bw}=$
f_H				
U_i		$R_i=$		$R_i=$
I_i				
U_o		$R_o=$		$R_o=$
I_o				

5．实验报告

① 保存实验结果文件。

② 分析实验结果，包括数据、波形、曲线等，进行必要的分析讨论。

③ 由计算机绘制的电路图、波形、曲线等图形要规范、布局合理、尺寸合适。

④ 总结实验中出现的问题，说明解决问题的方法和效果。

4.4.5　实验五　Multisim 血型配型电路的仿真

1．实验目的

① 学习用 Multisim 进行 MSI 集成电路的仿真。

② 掌握组合逻辑电路的分析方法。

2．实验原理

血型配型电路说明：人的血型有 A、B、AB、O 四种。输血时输血者的血型与受血者血型必须符合图 4-4-15 中用箭头指示的授受关系。判断输血者与受血者的血型是否符合上述规定，要求用八选一数据选择器（74LS151）及与非门（74LS00）实现。（提示：用两个逻辑变量的四种取值表示输血者的血型，例如 00 代表 A、01 代表 B、10 代表 AB、11 代表 O。）

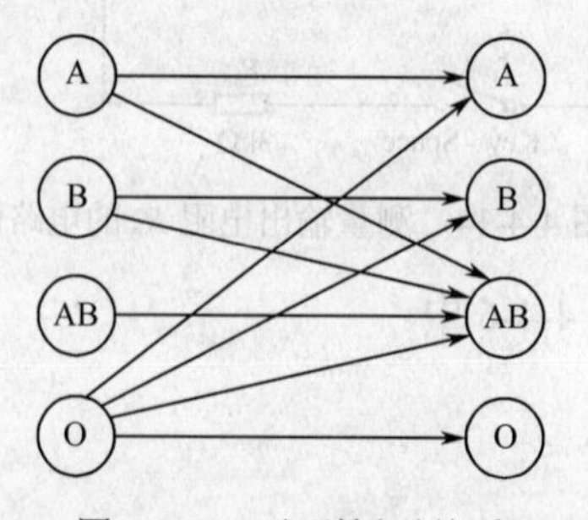

图 4-4-15　血型授受关系

以 *MN* 的 4 种状态组合表示输血者的四种血型，并以 *PQ* 的四种状态组合表示受血者的四种血型，*Z* 表示判断结果，*Z*=0 表示符合要求，*Z*=1 表示不符合要求。00 代表 A 型血，01 代表 B 型血，10 代表 AB 型血，11 代表 O 型血。

由血型匹配方式写出真值表，见表 4-4-7。

表 4-4-7　血型匹配方式

M	*N*	*P*	*Q*	*Z*	*M*	*N*	*P*	*Q*	*Z*
0	0	0	0	0	1	0	0	0	1
0	0	0	1	1	1	0	0	1	1
0	0	1	0	0	1	0	1	0	0
0	0	1	1	1	1	0	1	1	1
0	1	0	0	1	1	1	0	0	0
0	1	0	1	0	1	1	0	1	0
0	1	1	0	0	1	1	1	0	0
0	1	1	1	1	1	1	1	1	0

经过真值表计算，*Z* 的逻辑式是

$$Z = M'N'P'Q + M'N'PQ + M'NP'Q' + M'NPQ + MN'P'Q' + MN'P'Q + MN'PQ$$

选择八选一数据选择器来实现，如图 4-4-16 所示，以 MNP 为控制信号，则变换为

$$Z = m0 \cdot Q + m1 \cdot Q + m2 \cdot Q' + m3 \cdot Q + m4 \cdot 1 + m5 \cdot Q + m6 \cdot 0 + m7 \cdot 0$$

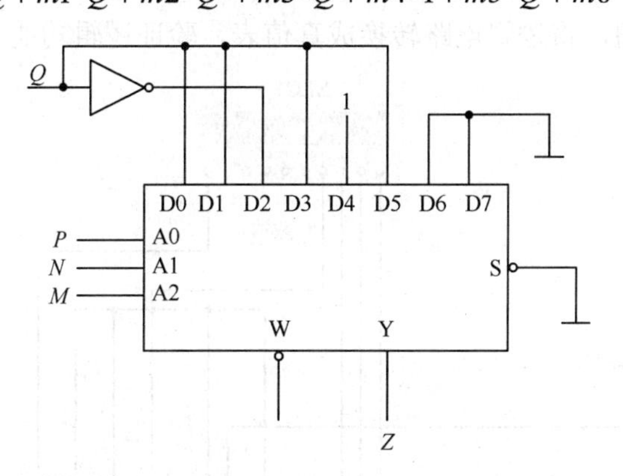

图 4-4-16　数据选择器实现的血型配型电路

3. 实验内容

1）仿真电路的输入

在工作区中输入仿真电路，如图 4-4-17 所示。

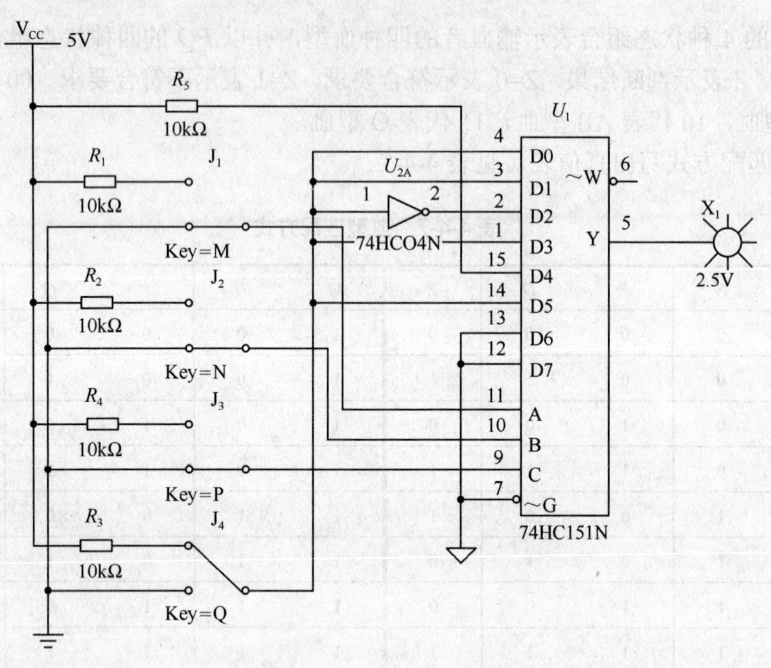

图 4-4-17　仿真电路图

2）将电路的输入设成开关 M、N、P、Q，输出用 LED 指示灯显示，观察电路的输出 Y，列出 Y 的真值表。

3）用逻辑转换器进行结果测试，如图 4-4-18 所示。双击逻辑转换器图标，单击 按钮，将逻辑电路转换成真值表，验证逻辑功能。

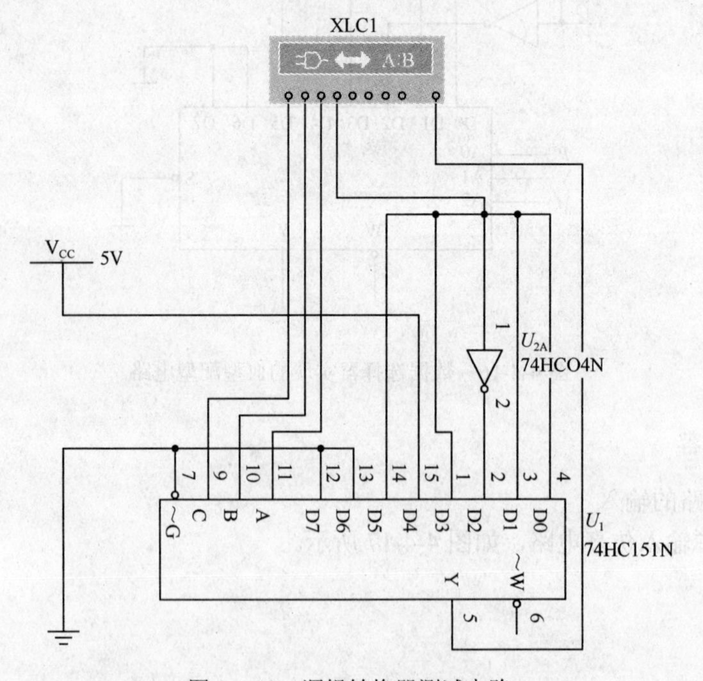

图 4-4-18　逻辑转换器测试电路

4．实验报告

① 保存实验结果文件。

② 分析实验结果，包括数据、波形、曲线等，将波形图转化为逻辑真值表，进行必要的分析讨论。

③ 由计算机绘制的电路图、波形、曲线等图形要规范、布局合理、尺寸合适。

④ 总结实验中出现的问题，说明解决问题的方法和效果。

4.4.6 实验六 Multisim 流水灯的仿真

1．实验目的

① 学习计数器的使用方法。

② 掌握 Multisim 的时序电路分析方法。

2．实验原理

流水灯电路实际上就是一个顺序脉冲发生器，CLK 端不断输入时钟脉冲时，输出端将依次输出正脉冲，并不断循环。如图 4-4-19 所示，使用集成计数器和译码器实现。

① 74LS161 构成八进制计数器，Q2Q1Q0=000～111，产生 74LS138 的译码输入。

② 74LS138 在 Q2Q1Q0 的作用下，依次从 Y0′～Y7′输出一个负脉冲。

③ CLK=↑时，Q2Q1Q0 准备好地址；CLK=↓（$\overline{\text{CLK}}$=↑）时，译码输出。

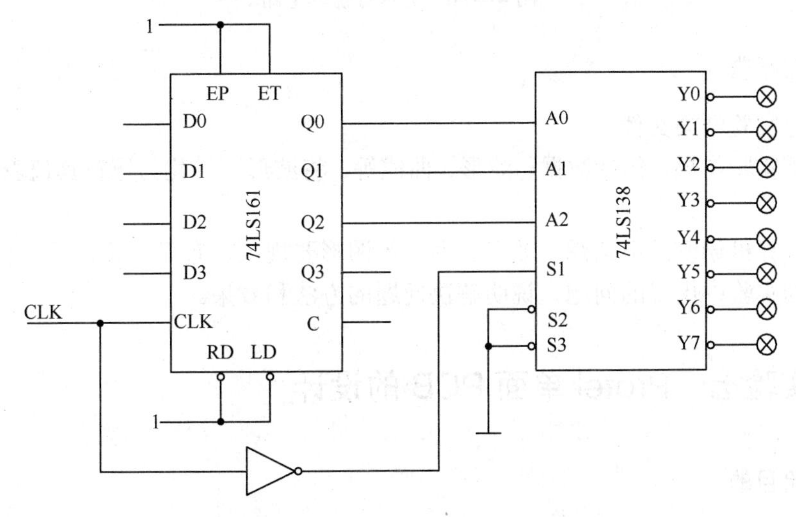

图 4-4-19 顺序脉冲发生器构成的流水灯

3．实验内容

1）仿真电路的输入

在工作区中输入仿真电路，CLK 接上 500Hz 的时钟源，输出接 LED 指示灯。观察电路的输出结果。

2）分析电路时序

使用逻辑分析仪，将 CLK 信号及各触发器输出端接入逻辑分析仪，如图 4-4-20 所示。记录逻辑分析仪的结果，注意 CLOCK/DIV 选择 16。

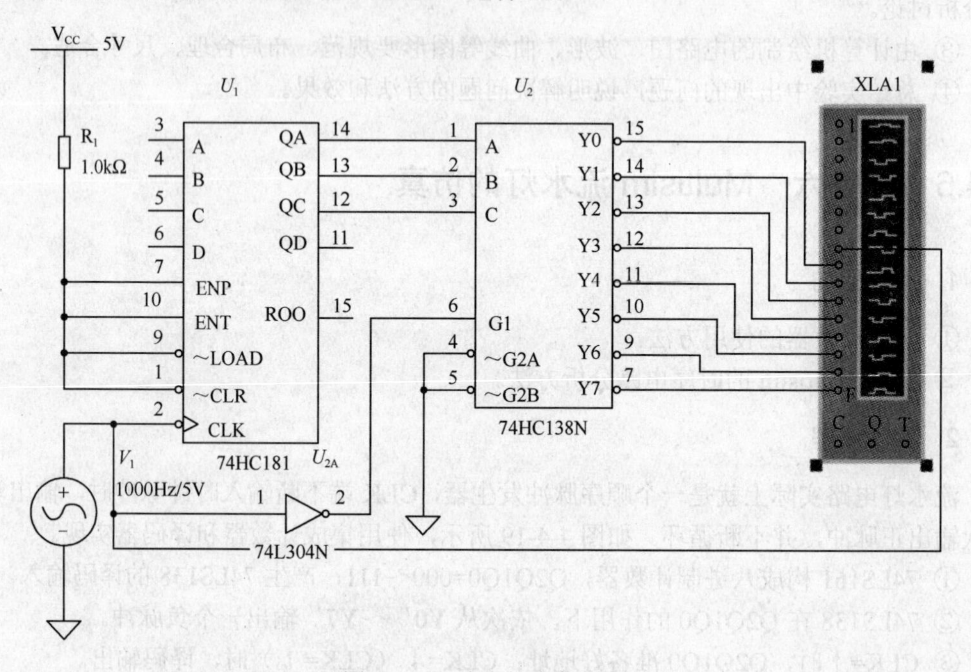

图 4-4-20　流水灯仿真电路

4．实验报告

① 保存实验结果文件。

② 分析实验结果，包括数据、波形、曲线等，将波形图转化为逻辑真值表，进行必要的分析讨论。

③ 由计算机绘制的电路图、波形、曲线等图形要规范、布局合理、尺寸合适。

④ 总结实验中出现的问题，说明解决问题的方法和效果。

4.4.7　实验七　Protel 单面 PCB 的设计

1．实验目的

① 学习 Protel 的使用方法。

② 掌握绘制单面板的方法。

2．实验原理

使用 Protel 原理图编辑器对如图 4-4-21 所示电路进行编辑，然后由原理图生成印制电路初始文件。使用 Protel 印制板编辑器进行元件布局、手工布线，最后使用 DRC 工具对印制板进行设计规则检查，以排除布线错误。

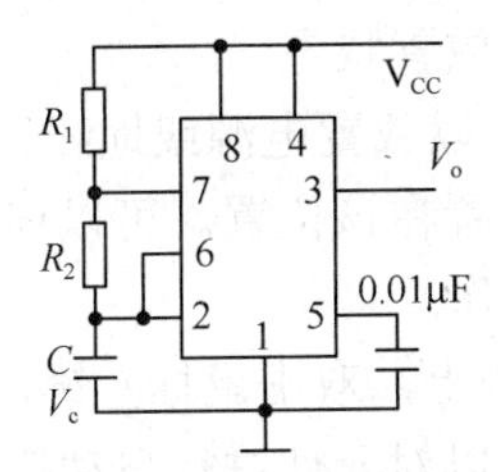

图 4-4-21 555 定时器构成多谐振荡器的电路原理图

3. 实验内容

1）启动 Protel

① 执行开始→程序→Protel99SE 命令，启动 Protel99。

② 在 Protel99 主界面，执行 File/New 命令，创建一个新的设计文件库（.ddb）。

③ 在 New Design Database 对话窗口，单击 location 标签，指定新设计文件库文件（.ddb）的存放路径，可通过单击 Browse 按钮选择目录路径，如 E:\My Document\Circuit，并在 Database File Name 文本框内输入新的设计文件库文件名为 MyProject。

④ 单击 OK 按钮，进入 Design Explorer-[E:\My Document\Circuit\My Project.ddb]（设计文件管理器）窗口，开始 Protel 的设计状态。

2）电路原理图的编辑

① 在设计文件管理器窗口，执行 File/New 命令，以创建原理图文件（.sch）。

② 在出现的 New Document 窗口，选择 Schematic Document（原理图文件），单击 OK 按钮，生成默认名为 sheetl.sch 的原理图文件。

③ 在设计文件管理器窗口，双击原理图文件 sheetl 图标，进入电路原理图编辑状态。

④ 执行 Place/Part 命令，出现 Place Part 对话框，以放置电路元件。

⑤ 单击 Browse 按钮，出现 Browse Libraries 对话框，以查找元件所在原理图符号库文件。

⑥ 选择 Libraries 列表中的器件库。如果所需元件库文件不在 Libraries 器件库列表中，则可单击 Add/Remove 按钮，以添加所需元件库至 Libraries 器件库列表中。

⑦ 选择 Components 列表中的器件符号，如 Miscellaneous Devices.lib 库中的电阻 RES、非极性电容 CAP 等。单击 Close 按钮，返回 Place Part 对话框。

⑧ 在 Place Part 对话框中的元件属性设置窗，有 4 项属性栏需填写：

LibRef 表示元件在原理图符号库中的名称，不用修改；

Designator 表示元件在电路中的编号；

PartType 表示元件型号名称；

Footprint 为元器件（印制板）封装图形。

⑨ 单击 OK 按钮，将所需元件符号拖到原理图编辑区内恰当位置处。

⑩ 在编辑区内，将所需元件符号移到指定位置后，必要时按下空格、X、Y 键旋转翻

转元件位置，然后单击鼠标左键，固定该元件，再单击鼠标右键，退出元件放置状态。

⑪ 连续执行步骤⑩与⑪，可以连续放置相同性质的元件符号。单击鼠标右键或 Esc 键以结束目前的操作，退出元件符号放置状态。

⑫ 执行 Place PowerPart 命令，以放置电源或地线符号。将所需电源或地线符号移到指定位置后，单击鼠标左键，将其放置在该位置。可以连续放置所需电源或地线符号，单击鼠标右键或 Esc 键以结束目前的操作。

⑬ 将鼠标移到电源或地线符号上，双击鼠标左键，对电源和地线进行属性设置。

⑭ 执行 Tools/Annotate 命令，以对元件进行自动编号。

⑮ 在元件自动编号设置窗，单击 OK 按钮，启动元件自动编号进程。在编号过程中将自动建立一个报告文件（.rep），记录编号前后元件序号的对应关系。

⑯ 元件属性修改（非必须步骤）。

将鼠标移到元件上，直接双击可以调出元件选项属性设置窗口。重新设定元件序号、型号（或大小）以及封装形式等选项参数。

⑰ 执行 Place/Wire 命令，以对各元件进行连线操作。

将光标移到连线起点，并单击鼠标左键固定，移动光标到导线拐弯处时，单击鼠标左键以固定导线的转折点。当光标移到连线终点时，单击鼠标左键以固定导线的终点，再单击鼠标右键结束本次连线。要退出连线状态，可再单击鼠标右键或按 Esc 键。

⑱ 执行 Tools/ERC…命令，进行原理图的电气规则检查。出现 Setup Electrical Rule Check 对话框，设置了检测项目后，单击 OK 接钮。

以文本编辑器形式显示的检测结果文件（.ERC），内容中可能包含非致命警告（Warning）、致命性错误（Error）两类错误报告。

⑲ 单击原理图文件标签，返回原理图编辑状态，更正原理图的错误，然后至步骤⑲再进行 ERC 测试，直至原理图无致命性错误。

⑳ 执行 File/Save 命令，保存原理图的编辑结果。

3）PCB 的编辑

① 在设计文件管理器窗口，执行 File/New 命令，以创建 PCB 文件（.PCB）。

② 在出现的 New Document 窗口，选择 PCB Document（PCB 文件），单击 OK 按钮。生成默认名为 sheet1.PCB 的 PCB 文件。

③ 双击 PCB 文件 sheet1 图标，进入 PCB 编辑状态。

④ 在 PCB 编辑环境下，执行 Design Options 命令，在弹出的 Document Options 窗内，单击 Layers 标签，选择 Visible Grid（可视栅格）为 100mil。

单击 Options 标签，选择 Snap（格点锁定距离）为 25mil、Component Snap 为 100mil. 然后单击 OK 按钮，关闭 Document Options 设置窗。

⑤ 单击 PCB 编辑器下边的 Keep OutLayer 标签。在禁止布线层上，执行 Place Track 命令，画封闭图形区（尺寸为 1800mil×1200mil），以确定 PCB 的边界。

⑥ 在 PCB 四个顶角分别放置一个直径为 118mil（3mm）的定位孔（焊盘）。执行 Place/Pad 命令，将焊盘移至 PCB 顶角，单击鼠标左键放置一个焊盘，连续移动，单击鼠标左键放置下一个焊盘，直至放置完四个焊盘。

⑦ 添加必需的 PCB 元件库。

执行 Design/Add/Remove Library 命令。在出现 PCB Libraries 窗口的查找范围中，双击 Library\PCB 下的 Connectors，再双击 3.96mm Connectors，单击 OK 按钮。

⑧ 单击 sheet1.Sch 文件标签，重新进入原理图编辑状态。

⑨ 在原理图编辑界面，执行 Design/Update PCB 命令。

⑩ 在 Update Design 对话窗口，单击 Preview Change 按钮，预览更新的改变情况。如果原理图中存在缺陷，则列表窗口内将给出错误原因，单击 Cancel 按钮，放弃更新，返回原理图编辑状态，更正后再执行更新操作。

如果原理图没有错误，则单击 Execute 按钮，更新 PCB（默认文件名 sheet1.PCB）。

⑪ 单击 sheet1.PCB 文件标签，进入 PCB 编辑状态。

⑫ 将元件封装图逐一移到电路板的布线区内，完成元件预布局。编辑丝印层上的元件序号、注释信息等字体及大小，调整其位置。

⑬ 定义设计规则。

执行 Design Rules 命令，在 Design Rules 窗口，单击 Routing 标签。

选择 Rule Classes 列表窗下的 Clearance Constraint，将 Connectivity 项置为 Different Nets Only，将 Gap 项置为 10mil（最小安全间距），单击 OK 按钮。

选择 Rule Classes 列表窗下的 Width Constraint，重新设置布线宽度。将 Minimum 项置为 10mil，将 Maximum 项置为 200mil，将 Preferred 项置为 100mmil（地线与电源布线宽度），单击 OK 按钮。

⑭ 单击 PCB 编辑器下边的 Bottom Layer 标签已选择在底面（焊锡层）连线。

⑮ 执行 Place/Track 命令，对地线及电源进行手工布线。

⑯ 执行 Place/Track 命令，对其他信号线进行手工布线。

按 Tab 键，激活 Track Properties 选项设置窗，设置导线宽度 Width 为 10mil，单击 OK 按钮，然后移动鼠标进行手工布线。

⑰ 完成了 PCB 初步设计后，必须进行设计规则检查。

执行 Tools/Design Rule Check 命令。在 Design Rule Check 窗内，单击 Run DRC 按钮启动设计规则检查进程。

PCB 编辑器产生并启动文本编辑器显示检查报告文件（.DRC）内容，单击 PCB 文件标签，返回 PCB 编辑状态。

修正所有致命性错误。然后再运行设计规则检查，直到不再出现错误信息，或至少没有致命性错误为止。

⑱ 执行 File/Save 命令，保存 PCB 的编辑结果。

4. 实验报告

① 保存实验结果文件，用学号命名后上交。

② 由计算机绘制的原理图和 PCB 图，要规范、布局合理、尺寸合适。

③ 总结实验中出现的问题，说明解决问题的方法和效果。

4.4.8 实验八 Protel PCB 图元件的创建

1．实验目的

① 学习 Protel 的使用方法。

② 掌握元件的创建方法。

2．实验原理

PCB 是电路设计的最终实现形式，PCB 元件封装图形的焊盘与其原理图元件符号的引脚严格对应。PCB 设计是通过使用印制导线、金属化过孔来实现元件引脚之间与电路原理图拓扑结构完全一致的电气互连。

许多常用的 PCB 元件封装图形可以在 Design Explorer 99 SE\Librar\PCB 路径下获得，但是也有相当数量的特殊元件封装图形未被包括。因此，在电路设计过程中有必要通过使用 PCB 图元件编辑器（PCBLib）来创建新的元件封装图形，或对原有的元件封装图形进行修改。

本实验对如图 4-4-22 所示电路进行编辑，创建元件继电器，并绘制 PCB 图。

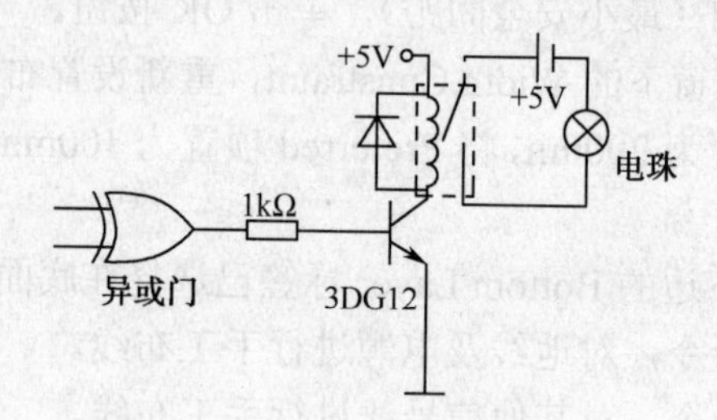

图 4-4-22 PCB 实验原理图

3．实验内容

1）PCB 元件封装图形的创建

（1）进入元件封装图形编辑状态

执行 File/New 命令，双击 PCB Library 图标，生成一个新的元件封装图形库文件（默认文件名为 PCBLbl.lib），出现 Component Wizard 窗口。在出现的 Component Wizard 窗口内，单击 Cancel 按钮，进入新元件封装图编辑状态。

（2）新元件封装名默认为 PCBCOMPONENT_1，可单击 Rename 按钮，对新元件重新命名

（3）放置焊盘

焊盘（Pad）即为元件封装图的引脚，应该与电原理图元件的引脚（Pin）相对应。

使用 Place/Pad 命令，可以在元件封装图编辑窗口中放置焊盘，随着鼠标的移动，在恰当位置上按鼠标左键放置一个，按元件需要可连续放置若干个焊盘，然后单击鼠标右键退出焊盘放置命令。

（4）设置焊盘的属性

用鼠标对准选定焊盘，双击鼠标左键，弹出 Pad 属性窗口。

在 Properties 标签下，输入 Designator 值，该值应该与电原理图元件的引脚（Pin）编号 Number 值相对应。

然后逐项填入焊盘形状 Shape 、焊盘外形尺寸 X-Size（Y-Size）、焊盘内孔径 Hole Size、焊盘所处 PCB 层面 Layer（穿透型为 MultiLayer，单面型为 TopLayer 或 BottomLayer）。

完成焊盘属性定义后，单击 OK 按钮。

（5）绘制元件封装丝印图形

元件丝印图形（如封装图形边框）一般情况下放在 PCB 元件面 TopOverlay。

在元件封装图编辑窗口下，选择 TopOverlay 标签分别执行 Place/Track、Place/Arc、PlaceString 等命令以绘制丝印线段、丝印圆弧、丝印字符串等元件丝印图形。

（6）执行 File/SAue 命令，保存元件封装图编辑结果

（7）执行 File/Close 命令，退出封装图编辑状态

本实验中，要创建继电器元件符号，如图 4-4-23 所示为继电器的原理图元件符号示意图，方框为继电器，方框内为圆形的焊盘。继电器的原理图元件符号以及印制板元件封装图形尺寸为上下两排焊盘(Pad)之间距离分别为 295.275mil 和 98.246mil，同排中两个相邻焊盘(Pad)之间距离为 206.2 mil。第 1～6 号焊盘（Pad）为圆形（Round）。所有焊盘尺寸为外直径为 Size=60 mil，内直径 Size=30 mil。元件图形（TopOverlay）外框尺寸为 300 mil×520 mil，上、下排焊盘距外框上、下边 59.41 mil，左（右）焊盘距外框左（右）边 58.78 mil。

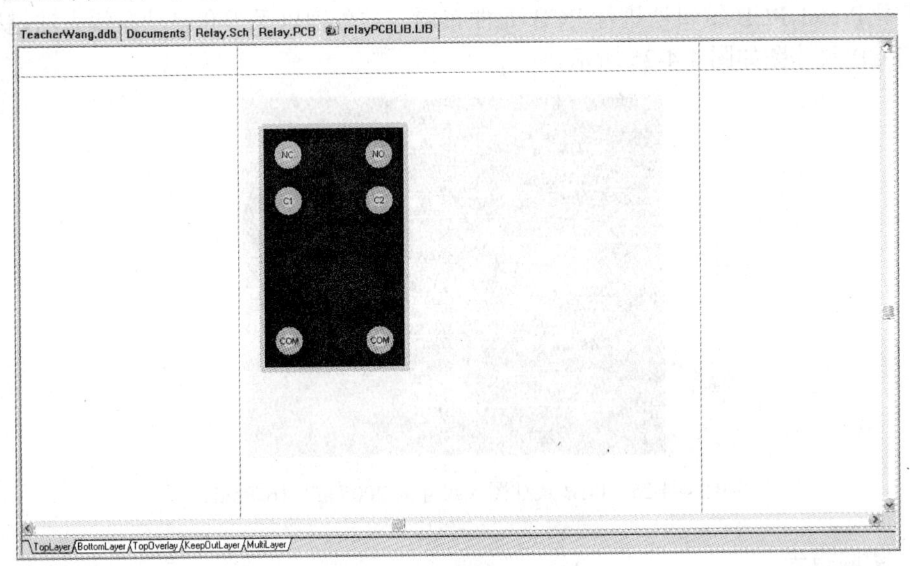

图 4-4-23　继电器的原理图元件符号示意图

2）继电器的 PCB 设计

（1）电路原理图编辑

如图 4-4-24 所示为由异或门的应用的显示电路原理图，使用 Protel 原理图编辑器进行电路编辑。

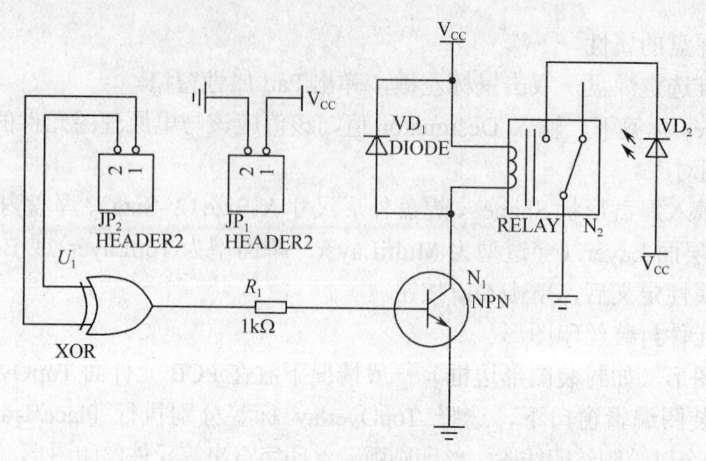

图 4-4-24 异或门的应用的显示电路原理图

原理图中，N_2 为继电器，JP_1 插针，U_1 为异或门，N_1 为晶体管，VD_1 和 VD_2 为发光二极管，R_1 为 1kΩ电阻。

（2）PCB 设计

① 生成 PCB 文件和导入元件和网络。

② 规划电路板。

根据要求，确定所要制作 PCB 的物理外形和电气边界。

③ 布局和连线。

使用 Protel PCB 编辑器进行 PCB 元件布局，并分别以手工和自动布线方法进行 PCB 设计。PCB 尺寸图如图 4-4-25 所示。

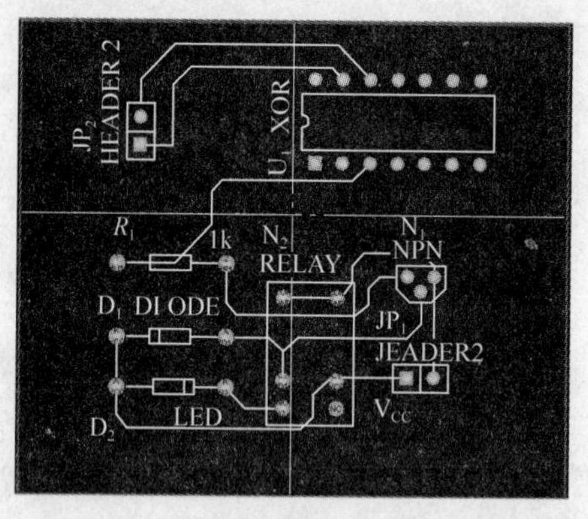

图 4-4-25 PCB 尺寸图（尺寸为 2005 mil×1679mil）

4．实验报告

① 保存实验结果文件，用学号命名后上交。

② 由计算机绘制的原理图和 PCB 图，要规范、布局合理、尺寸合适。

③ 总结实验中出现的问题，说明解决问题的方法和效果。

第 5 章　电子技术课程设计

5.1　电子技术课程设计的性质与任务

许多国家的经验表明，以教育为本，加速人才培养是实现现代化的关键。加强工程实践教育，注重学生能力的培养与提高，是人才培养的最重要内容之一。从事电子技术的大学生，既要具有扎实、宽广的理论基础知识，也要具有综合运用知识解决实际问题的能力及实践动手能力。

5.1.1　电子技术课程设计的性质

“模拟电子技术基础”、“数字电子技术基础”是电类专业必修的一门专业基础课，是电类专业十分重要的主干课程之一，是一门理论和实践紧密结合的课程。电子技术课程设计是电子技术实践性的一个体现，是一本电类专业重要的集基本技能、职业技能训练、理论知识的综合与应用于一体的教材，是对“电子技术”课程的巩固与提高。

电子技术课程设计包括电路设计、印制电路板设计、电路的组装和调试等实践内容，其中电路设计反映学生理论知识的实际应用能力，扎实的电子技术理论知识是成功设计电路的基础，课程设计不仅巩固理论知识，同时提高学生的实践能力，使理论和实践得到了统一。

电子技术课程设计具有三个性质：一是实践性，它属于实践教学环节；二是教学性，学生在教师指导下依据电子技术课程来学习工程设计的方法；三是创造性，课程设计以学生为主体，教师起指导作用，设计任务主要由学生独立完成，这样就能够调动学生的积极性，充分发挥学生的主观能动性，激发学生的学习热情。因此，电子技术课程设计有利于培养学生的职业能力、创新精神、实践能力和创业能力。

5.1.2　电子技术课程设计的任务

电子技术课程设计要求学生在教师指导下独立进行查阅资料、设计方案与组织实验等工作，并写出报告。通过课程设计要使学生将学过的理论知识再创造后用于工程实际，从而培养学生善于调查研究，勤于创造思维，勇于大胆开拓的学习和工作作风。电子技术课程设计的任务是使学生具有作为在电子与信息技术领域生产、服务和管理第一线工作的高级技术专门人才所需的基本理论知识、基本技能和初步职业技能，为学生学习专业知识增强工程能力打下一定的基础。

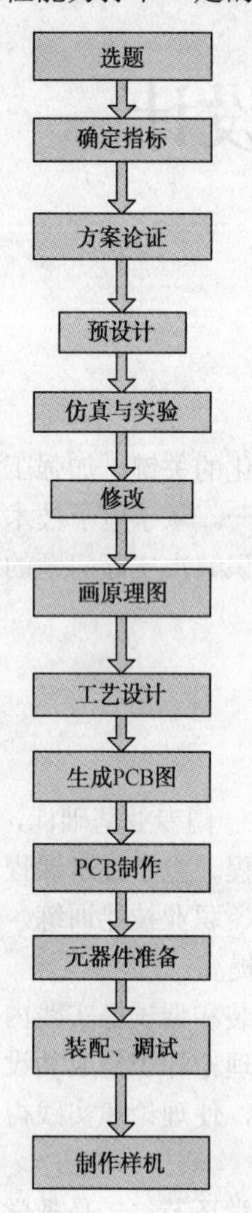

图 5-1-1　电子电路制作过程

电子电路制作的一般过程如图 5-1-1 所示。电子电路设计的质量对产品性能的优劣和经济效益具有举足轻重的作用。如果设计时所采用的方法和电路不当，选用的元器件太贵或筛选困难等，往往会造成产品性能差、生产困难、成本高、销路不畅、经济效益低等问题，甚至不得不重新设计，但那时会错失良机，以致造成整个研制工作的失败。

工艺设计包括印制电路板的布线、编写各部件（如插件板、面板等）之间的接线表、画出各插头、插座的接线图和机箱加工图等。

样机制作完成后，可根据具体情况试生产若干台，并交付使用单位试用。若发现问题，应及时改进，做出合格的定型产品，再进行鉴定。在确信有经济效益前提下，投入批量生产。

通过课程设计，学生应了解电子产品设计与制作的一般过程，掌握电子电路设计的基本方法和一般过程，能用仿真软件对电子技术进行仿真设计，能用 Protel 等软件绘制 PCB 图，掌握电子电路调试的方法，能正确使用电子仪器对电子电路进行调试，能独立解决设计与调试中出现的一般问题，能正确选用元器件与材料，能对所设计电路的指标和性能进行测试并提出改进意见，能查阅各种有关手册，能正确编写设计报告。

5.1.3　电子技术课程设计的要求

1. 纪律要求

课程设计属于实践性教学环节，是学生必修的教学环节，在课程和专业学习中占有重要位置。

第一，要求同学们在思想上重视课程设计，遵守课堂纪律，不迟到、不早退。电子技术课程设计是一门独立的课程，独立考核，课堂纪律也是成绩考核中的一项。

第二，要求同学们做事认真细心，具有实事求是的科学态度、严谨负责的工作作风和吃苦耐劳的敬业精神。

第三，要求同学们树立安全生产意识，养成良好的职业习惯。在任何情况下，不能用手触摸带电部分来判断是否有电；开关的熔断器烧断后不能用铜、铅导线代替；更换熔断器，要先切断电源，不能带电操作；焊接时注意电烙铁不能乱搁，以免烫伤自己或他人；酒精等易燃品不能放在明火附近；工作台面要保持干净整洁，剪下的线头要及时清理，东西不能乱堆乱放；仪器使用完毕后，记住切断电源，面板上各旋钮拨至合适的位置。

2. 知识要求

电子技术课程设计是在学完《模拟电子技术基础》、《数字电子技术基础》课程后进行，学生已经具有一定的理论基础、实践技能和自学能力，因此，课程设计通常采用以自学为主的学习方法。在设计之前教师给予学生必要的设计思路分析与提示，主要靠学生自己去解决问题，从而让学生在解决实际问题中得到提高。学生应开动脑筋，多思考，复习与课程设计任务有关的单元电路，按照电子电路的一般设计步骤进行设计。

3. 技能要求

选定具体的电路后，要求学生具有以下技能：

① 能进行简单的电路仿真。电路仿真及参数调整主要是在电子工作平台上画电路图，会使用 Multisim 中的各种仪器，并根据仪器显示的结果对电路进行修改，确定元器件的参数。

② 能生成简单的 PCB 图。了解印制板设计的基本知识和 Protel—PCB 的基本界面、基本操作方法，能将本课程设计的课题生成 PCB 图。

③ 具有一定的市场调查能力。购买元器件、制作 PCB 等过程需要在电子市场进行调查和购买。

④ 具有各元器件检测能力。元器件的准备主要是能识别各种元器件，并对各元器件的质量好坏进行检测。

⑤ 具有装配、调试和指标测量的能力。在老师的指导下，掌握元器件、紧固件等装配技术，能使用电子仪器对电路进行测试，能根据要求调试出较好的性能。

⑥ 具备一定的分析、总结能力，写出一份较为完备的课程设计报告。

4. 电子技术课程设计说明书的要求

编写课程设计的说明书是对学生写科学论文和科研说明书的能力训练，通过编写设计报告，不仅把设计、组装、调试的内容进行全面总结，以提高学生的文字组织表达能力，而且也把实践内容上升到理论高度。

课程设计结束后要在规定的时间内交一份设计说明书，要求课程设计说明书的设计观点、理论分析、方案结论、计算等必须正确，尽量做到纲目分明、逻辑清楚、内容充实、轻重得当、文字通顺、图样清晰规范。说明书的首页包括课题名称、课程设计时间、学生姓名、班级和指导教师等。

课程设计说明书主要内容：

① 选题：从所给出的题目范围中，选择设计题目或自选题目，但要先提交预设计报告，经指导教师批准后确定题目。

② 分析任务：主要指标及要求。

③ 方案论证：通过调查研究和查阅资料，拟定几种设计方案，分析比较，择优选用，确定总体设计方案。

④ 设计硬件电路：按总体方案设计电路，首先画出电路的功能框图，明确各功能单元电路要求，然后设计各单元电路（包括每块电路的逻辑分析，元器件参数及型号，选择元器件的依据），最后画出总体原理电路图。

⑤ 仿真和实验：使用 Multisim 对设计方案的各部分进行仿真调试，关键部分要进行实验测试，最后整体联调，完成整个系统。

⑥ 列出元器件清单。

⑦ 绘制 PCB 图或布线图。

⑧ 组装和调试：包括使用的主要仪器和仪表，调试电路的方法和技巧，测试的数据和波形并与计算结果比较分析，调试中出现的故障、原因及排除方法。

⑨ 结果汇总：记录仿真结果，包括示波器、逻辑分析仪等虚拟仪器的运行结果，并提交绘制的 PCB 图，以及上交电子制作实物作品。

⑩ 总结：总结设计电路的特点和方案的优缺点，指出课题的核心及实用价值，提出改进意见和展望。

⑪ 心得体会。

⑫ 列出参考文献。

5.2 常用电子电路的设计方法

5.2.1 总体方案的选择

设计电路的第一步就是选择总体方案。总体方案是根据所提出的任务、要求和性能指标，用具有一定功能的若干单元电路组成一个整体，来实现各项功能，满足设计题目的要求和技术指标。

由于符合要求的总体方案往往不止一个，应当针对任务、要求和条件，查阅有关资料，以广开思路，提出若干不同的方案，然后仔细分析每个方案的可行性和优缺点，加以比较，从中取优。在选择过程中，常用框图表示各种方案的基本原理。框图一般不必画得太详细，只要说明基本原理就可以了，但有些关键部分一定要画清楚，必要时需画出具体电路来加以分析。

5.2.2 单元电路的设计

在确定了总体方案、画出详细框图之后，便可进行单元电路设计。设计单元电路的一般方法和步骤：

① 根据设计要求和已选定的总体方案的原理框图，确定对各单元电路的设计要求，必要时应详细拟定主要单元电路的性能指标。应注意各单元电路之间的相互配合，但要尽量少用或不用电平转换之类的接口电路，以简化电路结构、降低成本。

② 拟定出各单元电路的要求后，应全面检查一遍，确认无误后方可按一定顺序分别设计各单元电路。

③ 选择单元电路的结构形式。一般情况下，应查阅有关资料，以丰富知识、开阔眼界，从而找到合用的电路。如确实找不到性能指标完全满足要求的电路时，也可选用与设计要求比较接近的电路，然后调整电路参数。

5.2.3　元器件的选择

从某种意义上讲，电子电路的设计就是选择最合适的元器件，并把它们最好地组合起来。因此，在设计过程中，经常遇到选择元器件的问题，不仅在设计单元电路和总体电路及计算参数时要考虑选哪些元器件合适，而且在提出方案、分析和比较方案的优缺点时，有时也需要考虑用哪些元器件以及它们的性价比等。怎样选择元器件呢？必须弄清两个问题。第一：根据具体问题和方案，需要哪些元器件，每个元器件应具有哪些功能和性能指标；第二：有哪些元器件实验室？有哪些在市场上能买到？性能如何？价格如何？体积多大？电子元器件种类繁多，新产品不断出现，这就需要经常关心元器件的信息和新动向。

1．一般优先选用集成电路

集成电路的应用越来越广泛，它不但减小了电子设备的体积、成本，提高了可靠性，安装、调试比较简单，而且大大简化了设计，使数字电路的设计非常方便。现在各种模拟集成电路的应用也使得放大器、稳压电源和其他一些模拟电路的设计比以前容易得多。例如，+5V 直流稳压电源的稳压电路，以前常用晶体管等分立元器件构成串联式稳压电路，现在一般都用集成三端稳压器 W7805 构成，二者相比，显然后者比前者简单得多，而且很容易设计制作，成本低、体积小、质量轻、维修简单。

但是，不要以为采用集成电路一定比用分立元器件好，有些功能相当简单的电路，只要用一只三极管或二极管就能解决问题，若采用集成电路反而会使电路复杂，成本增加。例如 5～10MHz 的正弦信号发生器，用一只高频三极管构成电容三点式 LC 振荡器即可满足要求。若采用集成运放构成同频率的正弦波信号发生器，由于宽频带集成运放价格高，成本必然高。因此，在频率高、电压高、电流大或要求噪声极低等特殊场合，仍需采用分立元器件，必要时可画出两种电路进行比较。

2．怎样选择集成电路

集成电路的品种很多，选用方法一般是“先粗后细”，即先根据总体方案考虑应该选用什么功能的集成电路，然后考虑具体性能，最后根据价格等因素选用某种型号的集成电路。例如，需要构成一个三角波发生器，既可用函数发生器 8038，也可用集成运放构成。为此就必须了解 8038 的具体性能和价格。若用集成运放构成三角波发生器，就应了解集成运放的主要指标，选哪种型号符合三角波发生器的要求，以及货源和价格等情况，综合比较后再确定是选用 8038，还是选用集成运放构成的三角波发生器。

选用集成电路时，除以上所述外，还必须注意以下几点：

① 应熟悉集成电路的品种和几种典型产品的型号、性能、价格等，以便在设计时能提出较好的方案，较快地设计出单元电路和总电路。

② 集成电路的常用封装方式有三种：扁平式、直立式和双列直插式。为便于安装、更换、调试和维修，一般情况下，应尽可能选用双列直插式集成电路。

③ 同一种功能的数字电路可能既有 CMOS 产品，又有 TTL 产品，而且 TTL 器件中有中速、高速、甚高速、低功耗和肖特基低功耗等不同产品，CMOS 数字器件也有普通型和高速型两种不同产品，选用时一般情况可参考表 5-2-1。对于某些具体情况，设计者可根据它们的性能和特点灵活掌握。

④ CMOS 器件可以与 TTL 器件混合使用在同一电路中，为使二者的高、低电平兼容，CMOS 器件应尽量使用+5V 电源。但与用+15V 供电的情况相比，某些性能有所下降，例如，抗干扰的容限减小，传输延迟时间增长等。因此，必要时 CMOS 仍需+15V 电源供电，此时，CMOS 器件与 TTL 器件之间必须加电平转换电路。

表 5-2-1 选用 TTL 或 CMOS 的原则

对器件性能的要求		推荐选用的期间种类
工作要求	其他要求	产品种类
不高（如 5MHz 以下）	使用方便，成本低，不易损坏	肖特基低功耗 TTL
高（如 30MHz）		高速 TTL
较低（如 1MHz 以下）	功耗小，输入电容大，抗干扰容限大，或高低电平一致性好	普通 CMOS
较高		高速 CMOS

3. 阻容元件的选择

电阻和电容是两种常用的分立元件，它们的种类很多，性能各异。阻值相同、品种不同的两种电阻或容量相同、品种不同的两种电容在同一电路中的同一位置，可能效果大不一样。此外，价格和体积也可能相差很大。

电路功能对电阻值稳定性有较高的要求，如精密衰减器、采样分压电路等，则应注意按电阻的不同负载条件来选用。工作于直流负载时，应绕线电阻、碳膜电阻、金属膜电阻、金属氧化膜电阻、合成膜电阻、合成实蕊电阻的顺序优选。电阻应用于交流负载时，均应考虑频率特性。当频率增高时，由于分布电容、集肤效应，介质损耗电阻体及引线所导致的电感效应等因素的影响，电阻值将显著偏离标称值。绕线电阻的工作频率一般不高于 50 kHz，无感绕线电阻的工作频率则可高达 1MHz 以上。

如图 5-2-1 所示反相比例放大电路，当它的输入信号频率为 100kHz 时，如果 R_1 和 R_f 采用两只 0.1%的绕线电阻，其效果不如用两只 0.1%的金属膜电阻的效果好，这是因为绕线电阻一般电感效应较大，且价格贵。

如图 5-2-2 所示直流稳压电源中的滤波电容的选择。图中 C_1 起滤波作用，C_3 用于改善电源的动态特性（即在负载电流突变时，可由 C_3 提供较大的电流），它们通常采用大容量的铝电解电容，这种电容的电感效应较大，对高次谐波的滤波效果差，通常需要并联一只 0.01～0.1μF 的高频滤波电容，即图中的 C_2 和 C_4。若选用两只 0.047μF 的聚苯乙烯电容作

为 C_2 和 C_4，不仅价格贵，体积大，而且效果差，即输出电压的纹波较大，甚至可能产生高频自激振荡，如用两只 0.047μF 的瓷片电容就可克服上述缺点。

所以，设计者应当熟悉各种常用电阻和电容的种类、性能和特点，以便根据电路的要求，进行选择。

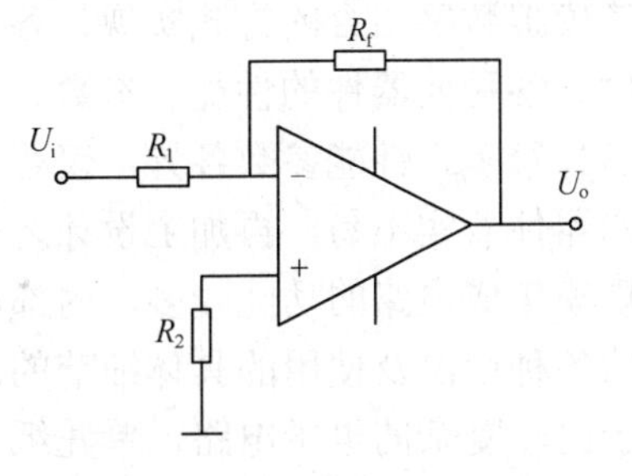

图 5-2-1　反相比例放大电路

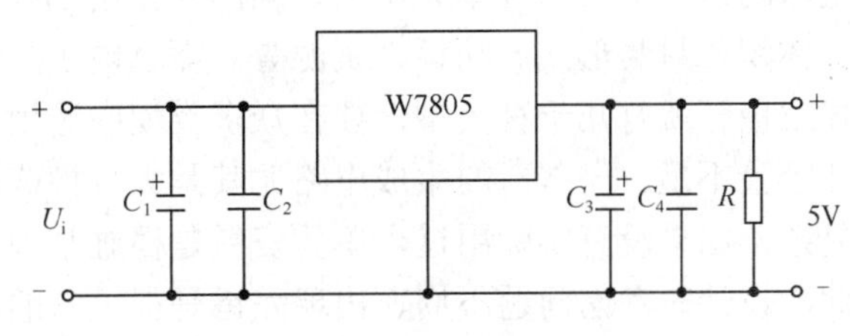

图 5-2-2　集成稳压电源

5.2.4　计算参数

在电子电路的设计过程中，常需计算一些参数。例如，在设计积分电路时，不仅要求出电阻值和电容值，而且还要估算出集成运放的开环电压放大倍数、差模输入电阻、转换速率、输入偏置电流、输入失调电压和输入失调电流及温漂，才能根据计算结果选择元器件。至于计算参数的具体方法，主要在于正确运用在“模拟电子技术基础”和“数字电子技术基础”中已经学过的分析方法，弄清电路原理，灵活运用计算公式。对于一般情况，计算参数应注意以下几点：

① 各元器件的工作电压、电流、频率和功耗等应在允许的范围内，并留有适当余量，以保证电路在规定的条件下，能正常工作，达到所要求的性能指标。

② 对于环境温度、交流电网电压等工作条件，计算参数时应按最不利的情况考虑。

③ 涉及元器件的极限参数（如整流桥的耐压）时，必须留有足够的余量，一般按 1.5 倍左右考虑。例如，如果实际电路中三极管 U_{CE} 的最大值为 20V，挑选三极管时应按 $U_{(BR)CEO}$ ≥30V 考虑。

④ 电阻值尽可能选在 1MΩ范围内，最大一般不应超过 10MΩ，其数值应在常用电阻标称值系列之内，并根据具体情况正确选择电阻的品种。

⑤ 非电解电容尽可能在 100pF～0.1μF 范围内选择，其数值应在常用电容器标称值系列之内，并根据具体情况正确选择电容的品种。

⑥ 在保证电路性能的前提下，尽可能设法降低成本，减少元器件品种，减小元器件的功耗和体积，为安装调试创造有利条件。

⑦ 应把计算确定的各参数值标在电路图的恰当位置。

5.2.5 仿真和实验

电子产品的研制或电子电路的制作都离不开仿真和实验。设计一个具有实用价值的电子电路，需要考虑的因素和问题很多，既要考虑总体方案是否可行，还要考虑各种细节问题。例如，用模拟电路实现，还是用数字电路实现，或者模拟数字结合的方式实现；各单元电路的组织形式与各单元电路之间的连接用哪些元器件？各种元器件的性能、参数、价格、体积、封装形式、功耗、货源等。而且电子元器件品种繁多，性能参数各异，仅普通晶体三极管就有几千种类型，要在众多类型中选用合适的器件着实不易，再加上设计之初往往经验不足。一些新的集成电路尤其是大规模或超大规模集成电路的功能较多，内部电路复杂，如果没有实际用过，单凭资料是很难掌握它们的各种用法及使用的具体细节的。因此，设计时考虑问题不周、出现差错是很正常的。对于比较复杂的电子电路，单凭纸上谈兵就能使自己设计的原理图正确无误并能获得较高的性价比，往往是不现实的，所以，必须通过仿真和实验来发现问题，解决问题，不断完善电路。

随着计算机的普及和 EDA 技术的发展，电子电路设计中的实验演变为仿真和实验相结合。电路仿真与传统的电路实验相比较，具有快速、安全、省材等特点，可以大大提高工作效率。

1．仿真的优越之处

① 对电路中只能依据经验来确定的元器件参数，用电路仿真的方法很容易确定，而且电路的参数容易调整。

② 由于设计的电路中可能存在错误，或者在搭接电路时出错，可能损坏元器件，或者在调试中损坏仪器，从而造成经济损失。而电路仿真中也会损坏元器件或仪器，但不会造成经济损失。

③ 电路仿真不受工作场地、仪器设备、元器件品种、数量的限制。

④ 在 EWB 软件下完成的电路文件，可以直接输出至常见的 PCB 排版软件，如 Protel，OrCAD 和 TANGO 等软件，自动排出 PCB，加速产品的开发速度。

尽管电路仿真有诸多优点，但其仍然不能完全代替实验。仿真的电路与实际的电路仍有一定差距，尤其是模拟电路部分，由于仿真系统中元件器库的参数与实际器件的参数可能不同，可能导致仿真时能实现的电路而不能实现。对于比较成熟的有把握的电路可以只进行仿真，而对于电路中关键部分或采用新技术、新电路、新器件的部分，一定要进行实验。

2．仿真和实验要完成的任务

① 检查各元器件的性能、参数、质量是否满足设计要求。

② 检查各单元电路的功能和指标是否达到设计要求。

③ 检查各个接口电路是否起到应有的作用。

④ 把各单元电路组合起来，检查总体电路的功能，检查总电路的性能是否最佳。

5.2.6 绘制总体原理图和 PCB 图

原理电路设计完成后，应画出总体电路图（包括原理图和 PCB 图）。总体电路图不仅是 PCB 等工艺设计的主要依据，而且在组装、调试和维修时也离不开它。在 Protel 中，绘制电路图和 PCB 图要注意以下几点：

① 布局合理，排列均匀，稀密恰当，图面清晰，美观协调，便于看图，便于对图的理解和阅读。

② 注意信号的流向，一般从输入端或信号源画起，由左至右或由上至下按信号的流向依次画出各单元电路。一般不要把电路图画成很长的窄条，电路图的长度和宽度比例要合适。

③ 绘图时应尽量把总电路画在一张纸上，如果电路比较复杂，需绘制几张图，则应把主电路画在同一张图纸上，而把一些比较独立或次要的部分（如直流稳压电源）画在另外的图纸上，并在图的断口两端做上标记，标出信号从一张图到另一张图的引出点和引入点，以说明各图纸在电路连线之间的关系。

④ 每一个功能单元电路的组件应集中布置在一起，便于看清各单元电路的功能关系。

⑤ 连接线应为直线，连线通常画成水平线或竖线，一般不画斜线。十字连通的交叉线，应在交叉处用圆点标出。连线要尽量短，少折弯。有的连线可用符号表示，如果把各元器件的每一根连线都画出来，容易使人眼花缭乱，用符号表示简洁明了。例如，器件的电源一般只标出电源电压的数值（如+5V，+15V，−12V），地线用符号⊥表示。

⑥ 图形符号要标准，图中应加适当的标注。图形符号表示器件的项目或概念。电路图上的中、大规模集成电路器件，一般用方框表示，在方框中标出它的型号，在方框的边线两侧标出每根线的功能名称和引脚号。除中、大规模器件外，其余元器件符号应当标准化。

⑦ 数字电路中的门电路、触发器在总电原理图中建议用门电路符号、触发器符号来画，而不按接线图形式画。

以上只是总电路图的一般画法，实际情况千差万别，应根据具体情况灵活掌握。

5.2.7 安装与调试

1. 安装

确定了设计电路的总体 PCB 图之后，需要 PCB，在制好的 PCB 上进行安装。PCB 使用方便，结构紧凑，是制造电子产品时不可缺少的构件，其最大优点是接触可靠，缺点是制作有些麻烦。有时我们的电路简单、所用元器件不多时，也可以不制作 PCB，而使用万能板来安装电路。

1）使用 PCB

PCB 设计合理与否不仅关系到电路在装配、焊接、调试和检验过程中是否方便，而且直接影响到产品的质量与电气性能，甚至影响到电路功能的实现。掌握 PCB 的设计制作方法十分重要。PCB 的设计是电子知识的综合运用，需要有一定的技巧和丰富的经验。对于初学者来说，要熟练掌握电路的原理和一些基本布局、布线原则，然后通过大量的实践，在实践中摸索、领悟、积累经验，才能不断提高PCB的设计水平。

手工制作的PCB通常采用的是单面PCB和双面PCB。

单面PCB是最早使用的PCB，仅一个表面具有导电图形，主要用于一般电子产品中。

双面PCB两个表面都具有导电图形，并且用金属化孔使两面的导电图形连接起来。双面PCB的布线密度比单面PCB高，使用更为方便，主要用于较高档的电子产品和通信设备中。

2）使用万能板

使用万能板时，万能板上具有间隔2.54mm（100mil）的孔，数字集成电路封装的标准尺寸中，DIP型的引线间距一般是2.54mm，这对于数字电路的实验是非常方便的。在安装时，需要根据电路板上的空间，合理选择适当的器件和位置。例如，电阻可以横插也可以竖插，需要根据空间和位置来选择安装方法。

以上两种方法，都需要把元器件焊接在电路板上。在电子产品的安装过程中，焊接是一种主要的连接方法，也是一项重要的基础工艺技术和基本操作技能。在电子产品制造过程中的每个阶段，都要考虑和处理与焊接有关的问题。要使电路安全稳定的运行，就要焊接点牢固、稳定、质量高。

对于组装与焊接质量的检验，主要采用自测检验法和指触检验法。自测检验法主要是检查元器件安装是否与装配图或样机相同、元器件有无装错；焊点有无虚焊、假焊、搭焊、拉尖、砂眼气泡；焊点是否均匀光亮、焊料是否适当等。对自测检验中有怀疑的焊点可采用指触检验法，即用适当的力拉拔，检查是否有松动、拔出及电路板铜箔起翘等现象，还可利用仪器仪表进一步检查电路的性能。

2．调试

测试和调整电子电路的一些操作技巧称为电子电路的调试技术。测试是指对电子电路有关的参数及工作状态进行测量，调整是指在测试的基础上对电路的参数进行修正。电子电路的调试，也就是依据设计技术指标的要求对电路进行“测量—分析—判断—调整—再测量”的一系列操作过程。“测量”是发现问题的过程，而“调整”则是解决问题、排除故障的过程。通过调试，应使电子电路达到预期的技术指标。

调试工作的主要内容：明确调试的目的和要求；正确合理地使用测量仪器仪表；按调试工艺对电路进行调整和测试；分析和排除调试中出现的故障；调试时，应做好调试记录，记录电路各部分的测试数据和波形，以便于分析和运行时参考；编写调试总结，提出改进意见。

电子电路调试的一般程序：先分调后总调、先静态后动态。

1）调试电子电路的一般方法

调试电子电路一般有两种方法，第一种是分调—总调法，即采用边安装边调试的方法。这种方法是把复杂的电路按功能分块进行安装和调试，在分块调试的基础上逐步扩大安装和调试的范围，最后完成整机的综合调试。对于新设计的电子电路，一般会采用这种方法，以便及时发现问题并加以解决。第二种称为总调法，这是在整个电路安装完成之后，进行一次性的统一调试。这种方法一般适用于简单电路或已定型的产品及需要相互配合才能运行的电路。

一个复杂的整机电路，如果电路中包括模拟电路、数字电路、微机系统，由于它们的输出幅度和波形各异，对输入信号的要求各不相同，如果盲目地连在一起调试，可能会出现不应有的故障，甚至造成元器件损坏。因此，应先将各分部调好，经信号和电平转换电路，再将整个电路连在一起统一调试。

2）调试电子电路的一般步骤

对于大多数电子电路，不论采用哪种调试方法，其过程一般包含下面几个步骤：

步骤 1　电源调试与通电观察

如果被测电子电路没有自带电源部分，在通电前要对所使用的外接电源电压进行测量和调整，等调至电路工作需要的电压后，方可加到电路上。这时要先关掉电源开关，接好电源连线后再打开电源。

如果被测电子电路有自带电源，应首先进行电源部分的调试。电源调试通常分为以下步骤：

① 电源的空载初调。电源的空载初调是指在切断该电源的一切负载的情况下的初调。存在故障而未经调试的电源电路，如果加上负载，会使故障扩大，甚至损坏元器件，故对电源应先进行空载初调。

② 等效负载下的细调。经过空载初调的电源，还要进一步进行满足整机电路供电的各项技术指标的细调。为了避免对负载电路的意外冲击，确保负载电路的安全，通常采用等效负载（如接入等效电阻）代替真实负载对电源电路进行细调。

③ 真实负载下的精调。经过等效负载下细调的电源，其各项技术指标已基本符合负载电路的要求，这时就可接上真实负载电路进行电源电路的精调，使电源电路的各项技术指标完全符合要求并调到最佳状态，此时可锁定有关调整元器件（如调整专用电位器），使电源电路可稳定工作。

被测电路通电之后不要急于测量数据和观察结果。首先要观察有无异常现象，包括有无冒烟，是否闻到异常气味，手摸元器件是否发烫，电源是否有短路现象等。如果出现异常，应该立即关掉电源，待排除故障后方可重新通电。然后测量各路电源电压和各器件的引脚电压，以保证元器件正常工作。通过通电观察，认为电路初步工作正常，方可转入后面的正常调试。

步骤 2　静态调试

一般情况下，电子电路处理、传输的信号是在直流的基础上进行的。电路加上电源电压而不加入输入信号（振荡电路无振荡信号时）的工作状态称为静态；电路加入电源电压和输入信号时的工作状态称为动态。电子电路的调试有静态调试和动态调试之分。静态调试一般是指在没有外加信号的条件下所进行的直流测试和调整过程。例如，通过静态测试模拟电路的静态工作点、数字电路的各输入端和输出端的高低电平值及逻辑关系等，可以及时发现已经损坏的元器件，判断电路工作情况，并及时调整电路参数，使电路工作状态符合设计要求。

对于运算放大器，静态检查除测量正、负电源是否接上外，主要检查在输入为零时，输出端是否接近零电位，调零电路起不起作用？如果运算放大器输出直流电位始终接近正电源电压值或者负电源电压值时，说明运算放大器处于阻塞状态，可能是外电路没有接好，也可能是运算放大器已经损坏。如果通过调零电位器不能使输出为零，除了运算放大器内部对称性差外，也可能运算放大器处于振荡状态，所以，直流工作状态的调试时最好接上示波器进行监视。

步骤 3　动态调试

动态调试是在静态调试的基础上进行的。动态调试的方法是：在电路的输入端加入合适的信号或使振荡电路工作，并沿着信号的流向逐级检测各有关点的波形、参数和性能指标。如果发现故障现象，应采取不同的方法缩小故障范围，最后设法排除故障。

测试过程中不能凭感觉和印象，要始终借助仪器观察。使用示波器时，最好把示波器的信号输入方式置于“DC”挡，通过直流耦合方式，可同时观察被测信号的交、直流成分。

通过调试，最后检查功能块和整机的各项指标（如信号的幅值、波形形状、相位关系、增益、输入阻抗和输出阻抗等）是否满足设计要求，如有必要，再进一步对电路参数提出合理的修正。

在定型的电子整机调试中，除了电路的静态、动态调试外，还有温度环境实验、整机参数复调等调试步骤。

3. 调试过程中需注意的问题

调试结果是否正确，很大程度上受测量正确与否和测量精度的影响。为了保证调试的效果，必须减小测量误差，提高测量精度。为此，电子电路调试过程中需要注意以下几点：

1）正确使用测量仪器的接地端

电子仪器的接地端应和放大器的接地端连接在一起，否则机壳引入的电磁干扰不仅会使电路（如放大电路）的工作状态发生变化，而且将使测量结果出现误差。例如，在调试发射极偏置电路时，若需测量 U_{ce}，不应把仪器的两测试端直接连在集电极和发射极上，而应分别测 U_c 与 U_e，然后将二者相减得出此 U_{ce}。若使用干电池供电的万用表进行测量，由于电表的两个输入端是浮动的（没有接地端），所以，允许直接接到测量点之间。

2）在信号比较弱的输入端，尽可能用屏蔽线连线

屏蔽线的外屏蔽层要接到公共地线上。在频率比较高时要设法隔离连接线分布参数的影响，例如，用示波器测量时应该使用有探头的测量线，以减小分布电容的影响。

3）要注意测量仪器的输入阻抗与测量仪器的带宽

测量仪器的输入阻抗必须远大于被测量电路的等效阻抗，测量仪器的带宽必须大于被测电路的带宽。

4）要正确选择测量点

用同一台测量仪器进行测量时，测量点不同，仪器内阻引进的误差大小将不同。

5）测量方法要方便可行

如需要测量某电路的电流时，一般尽可能测电压而不测电流，因为测电压不必改动被测电路，测量方便。若需测量某一支路的电流大小，可以通过测取该支路上电阻两端的电压，经过换算而得到。

6）调试过程中，不但要认真观察和测量，还要善于记录

记录的内容包括实验条件、观察到的现象、测量的数据、波形和相位关系等。只有有了大量实验记录，并与理论结果加以比较，才能发现电路设计上的问题，完善设计方案。

7）调试时一旦发现故障，要认真查找故障原因

切不可一遇故障解决不了就拆掉线路重新安装，因为重新安装的线路仍可能存在各种问题，如果是原理上的问题，即使重新安装也解决不了。应当把查找故障并分析故障原因看成一次好的学习机会，通过它来不断提高自己分析问题和解决问题的能力。

5.3 课程设计举例

设计题目：设计一个数字秒表，要求测量范围为 0～60s，有效数字达到 0.01s，同时具有计时开始、计时停止、复位（整体时间清零）三种功能，并且显示测量时间的数字。

5.3.1 总体方案的选择

1. 分析设计题目要求

由给出的设计技术指标可知，数字秒表是用来测量时间的电子仪器，它的基本功能应该是：

① 准确的测定时间，测量范围为 0～100s，有效数字达到 0.01s。

② 具有开始、停止、复位三种功能。

③ 结果需数字显示出来。

2. 选择总体方案

1）提出方案

满足上述设计功能的方案很多，现提出下面两种方案。

方案一：如图 5-3-1 所示，图中各部分的作用如下：

① 计数电路。

② 基准时间的脉冲信号需分频产生。

③ 针对开始、停止和复位三种控制方式设置的控制电路。

④ 由开始、停止和复位开关构成的输入电路。

⑤ 译码、显示电路用来读出秒数，并以十进制数的形式由数码管显示出来。

⑥ 电源电路按电路要求提供符合要求的直流电源。

方案二：利用专用计数器集成电路制作。

因方案一需使用较多集成电路芯片，焊接点、连线非常多，制作时也容易发生错误。故方案二使用了专用计数器集成电路。大大减少了使用的集成电路的个数，同时功能齐全。

使用一片 ICM7217A 配 4 只共阴极 LED 数码管，可构成 4 位十进制可逆计数器，计数范围是 0～9999。UP/DOWN 开关为加/减计数选择开关。DISPLAY CONTROL 为显示方式选择开关，接高电平时强迫显示器消隐，接低电平时不消隐无效零，悬空时，能正常计数并自动消隐无效零。

该方案是首先使用专用计数芯片4位十进制的计数器完成计数部分，此方案的传感器、基准时钟、输入、显示电路等部分与方案一完全相同，如图 5-3-2 所示，现将各部分的功能描述如下：

① 4位十进制的计数器。

② 基准脉冲发生电路需分频产生周期为0.01s的基准脉冲信号。

③ 输入电路主要控制开始和停止计数，复位信号使用计数器自身的。

④ 由于芯片中带有数码管的驱动电路，不需要显示译码电路。

2）方案比较

方案一结构简单，易于实现，使用器件为通用器件，但集成电路庞大，不易调试；方案二使用专用集成电路，电路内部结构复杂，成本高，不易购买、更换，但电路简单、易于调试。根据设计要求，两电路都能满足设计要求，应尽量使用通用器件，降低成本，故选择方案一。

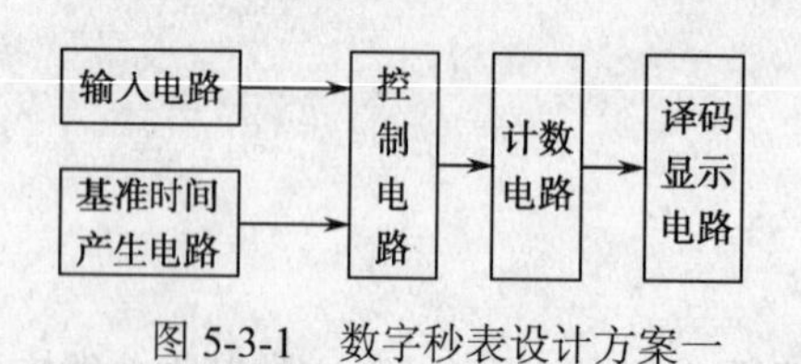

图 5-3-1　数字秒表设计方案一

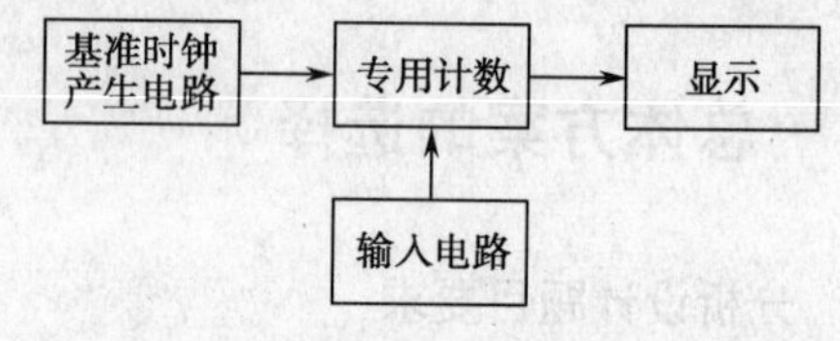

图 5-3-2　数字秒表设计方案二

5.3.2　单元电路的设计

1．计数电路

由测量范围为0～100s，有效数字达到0.01s，判断出计数范围为0000～9999，确定要做10000进制计数器。

74HC160是十进制计数器芯片，可以由0～9计数，到9时产生进位信号。利用进位信号，可以用4片74HC160构成10000进制计数器。使用并行进位的方式来完成计数器的扩展。计数电路如图5-3-3所示。

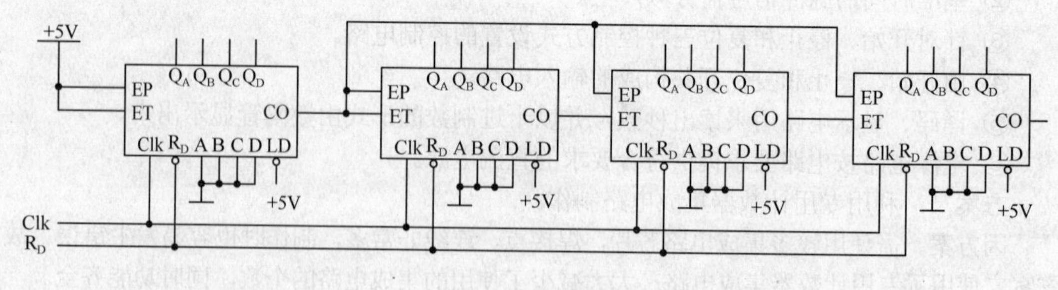

图 5-3-3　计数电路

2．基准时间的脉冲信号

秒表的性能要求首先是能够准确的测量时间。因此，如何准确的产生1/100s的脉冲是电路设计的要点。为了获得准确而稳定的振荡电路，必须采用石英晶体振荡器。使用 1/100s 即 100Hz 的石英晶体就可以了。但这样的石英晶体振荡器很难得到。比较容易买到的石英晶体振荡器的频率通常是数百 kHz 至数十 MHz 的范围。这样，选择 1MHz 的晶振分频得到 100Hz 的振荡脉冲，分频比为 1/10000。实现这一功能的方案很多，采用十进制计数器 74HC160 进行分频。由于分频比为 1/10000，需要用 4 个计数器。实际上分频的电路与上一步计数的电路基本相同，如图 5-3-4 所示。

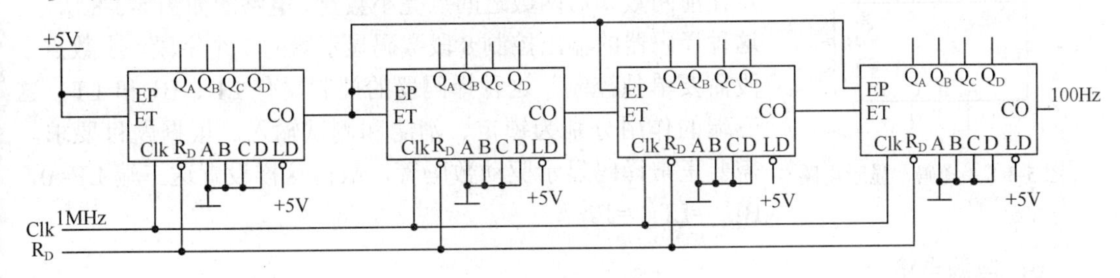

图 5-3-4　基准时间产生的电路图

为了使晶振中的 1MHz 的脉冲符合逻辑电平的标准，需要把晶振放入多谐振荡电路中，如图 5-3-5 所示。

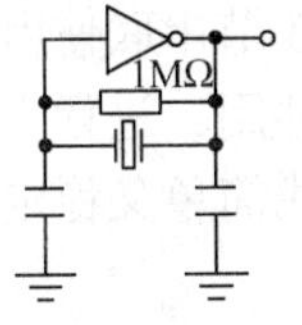

图 5-3-5　多谐振荡电路

3．针对开始、停止和复位三种控制方式设置的控制电路

分析开始与停止为一对互补电平，需要用它来控制基准时钟的输入，故使用与门将它和基准时钟连接起来形成计数部分的时钟 Clk。

复位的操作，目的是使秒表清零，可以用计数部分 74HC160 的异步清零端来实现。

4．由开始、停止和复位开关构成的输入电路

开关电路需使开关动作变成需输入的高低电平，原理图如图 5-3-6 所示。图示电路中机械式开关中存在着噪声源。由于开关的接点是利用弹簧力接触的，在接触时由于弹簧力的反弹作用，在接触的瞬间会离开接点，经过多次跳动最后稳定下来。这种噪声就称为颤动，它会形成错误的计数动作。用很多方法都能消除噪声，使用 SR 锁存器能防止产生噪声，如图 5-3-7 所示。

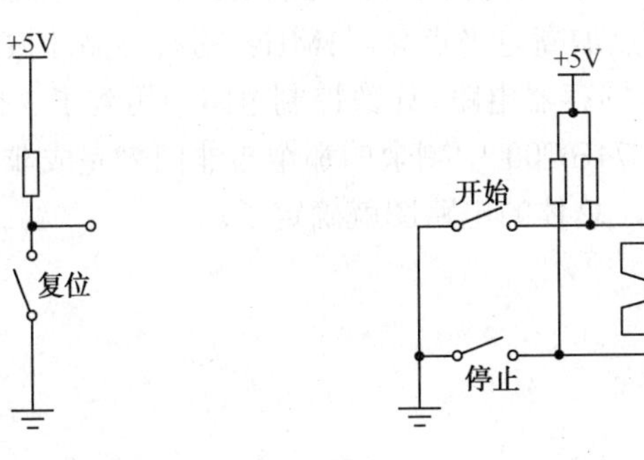

图 5-3-6　开关电路

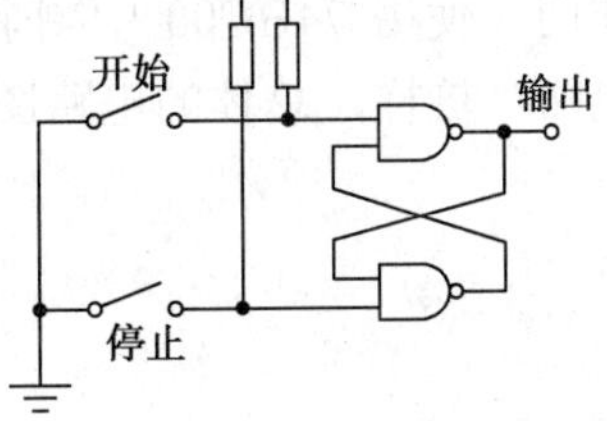

图 5-3-7　防颤开关

5．译码、显示电路用来读出秒数，并以十进制数的形式由数码管显示出来

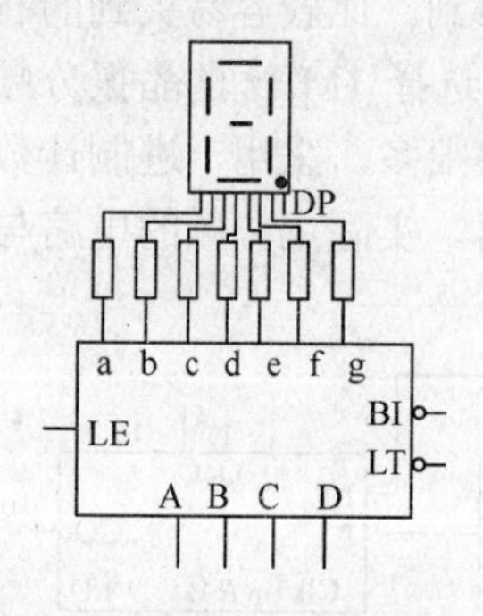

图 5-3-8　译码、显示电路

为了能够看到计数器中的内容，需要使用 8 段 LED 数码显示器。8 段数码显示器使用 8 个 LED 字段，用它们的不同组合表示数字。74HC 系列中没有适合的显示译码器，故使用显示译码器+LED 驱动功能的集成电路 CD4511BP。同时要注意在前两数和后两数之间点亮小数点。电路图如图 5-3-8 所示。这种译码器的输出控制 8 段数码显示器的 7 个字段，小数点字段需要单独控制。这种译码器的控制端有 LE、BI 和 LT。这三端的作用分别为锁定、消隐和测试输入。根据题目要求，需要正常译码显示驱动数码管，故需这样设置这三端 LE=0，BI′=LT′=1。

6．电源电路

按电路要求提供符合要求的直流电源，最简单的方式是电池。普通的锰电池每节 1.5V，可以 3 节串联使用。4.5V 的电压对于可以在 2～6V 范围内使用的 74HC 系列电路来说，应该足够用。进行实验时最好使用专用的电源。将市售的电源和三端稳压器结合起来，就可以组成简单又稳定的电源，如图 5-3-9 所示。

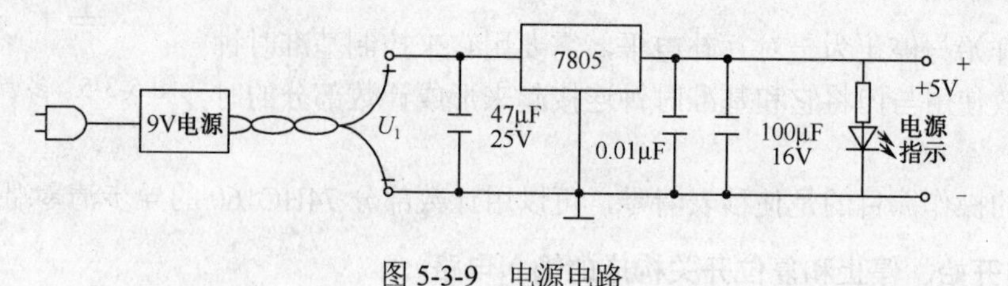

图 5-3-9　电源电路

5.3.3　画出总电路图

确定总体电路图如图 5-3-10 所示。

总体电路图中的计数部分和分频部分没有任何改动。将输入电路、显示电路连接上，显示电路中第二位数字的小数点加高电平点亮。1MHz 的石英晶体振荡电路中的非门改成用与非门来完成，原因是在 SR 锁存器电路、计数控制电路中用到了 3 个与非门，而 74HC00 是四个二输入的与非门，使用 74HC00 中剩余的那个与非门来完成非门的工作，就可以省掉 1 个非门的集成电路。这样，总体的电路图就确定了。

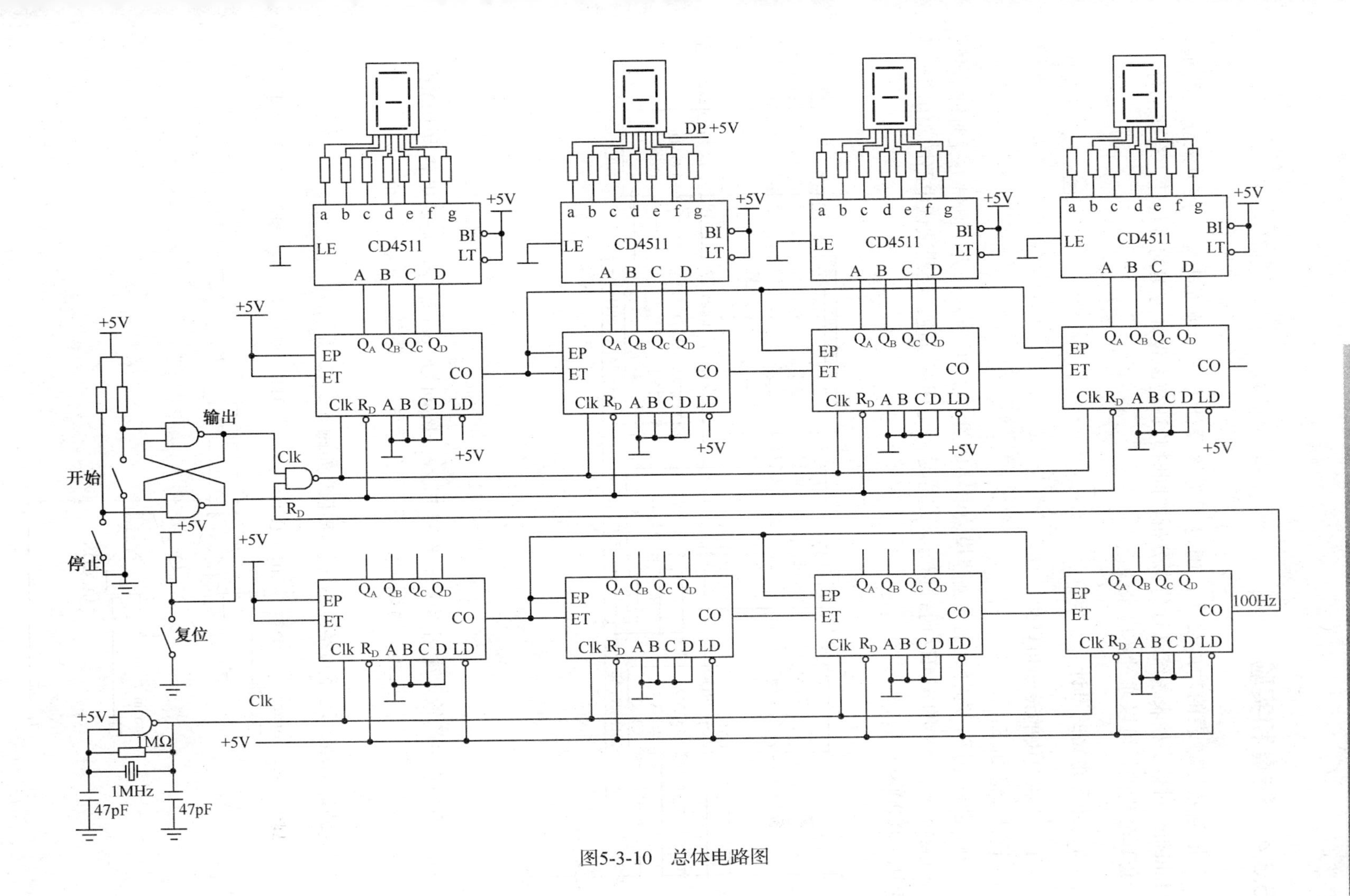
DP +5V
+5V
a b c d e f g
CD4511
LE
BI
LT
A B C D
EP
ET
Q_A Q_B Q_C Q_D
CO
Clk R_D A B C D LD
输出
开始
停止
复位
Clk
R_D
100Hz
1MΩ
1MHz
47pF

图5-3-10 总体电路图

5.3.4 仿真和实验

根据数字秒表的功能要求，确定了总体设计方案和单元电路，接下来就需要通过 Multisim 对数字秒表系统进行仿真分析，同时验证前面设计方案的可行性。有些部分不适合仿真分析的，可以通过实验来验证。

1. 单元电路的设计

1）分频模块的设计和封装

设计步骤如下：

① 创建电路。选择元器件创建模块电路如图 5-3-11 所示。为了测试方便时钟信号引入的是仿真系统中的 1MHz 时钟信号。这样是为了调试方便。经测试该电路的输出符合分频比 1/10000。

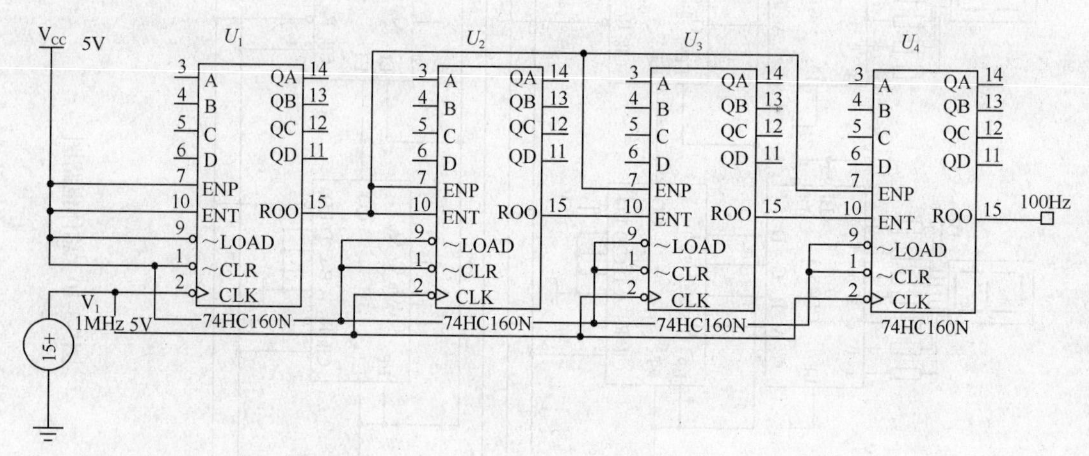

图 5-3-11 分频电路

② 添加模块的输入/输出引脚。选择 Place—Input/Output 命令，将其更名为 100Hz。

③ 单击“保存”按钮，将编辑的图形文件存盘，文件名为 fenpin.msm。

2）控制模块

① 创建电路。选择元器件创建模块电路如图 5-3-12 所示。

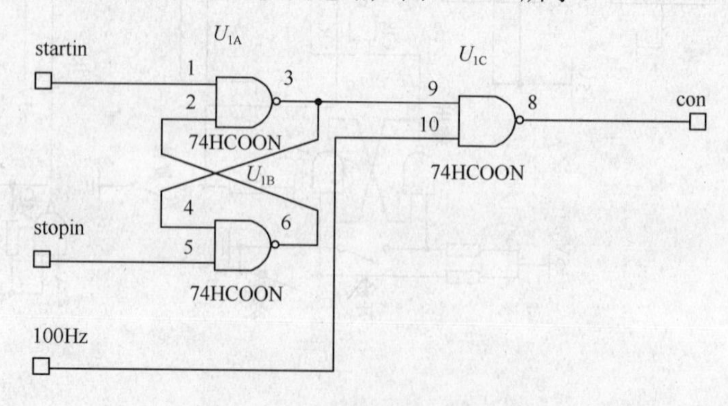

图 5-3-12 总体电路的设计和仿真

② 添加模块的输入/输出引脚。选择 Place—Input/Output 命令，将其更名为 startin、stopin、100Hz 和 con 几个引脚。

③ 单击“保存”按钮，将编辑的图形文件存盘，文件名为 kongzhi.msm。

2．总体电路的设计

设计步骤如下：

① 创建电路。选择元器件创建模块电路如图 5-3-13 所示。对主要计数、显示电路进行仿真测试。给控制信号位置添加一个时钟信号，给复位位置增加开关，观察电路的输出结果是否正确。测试完之后去掉调试用的信号源。

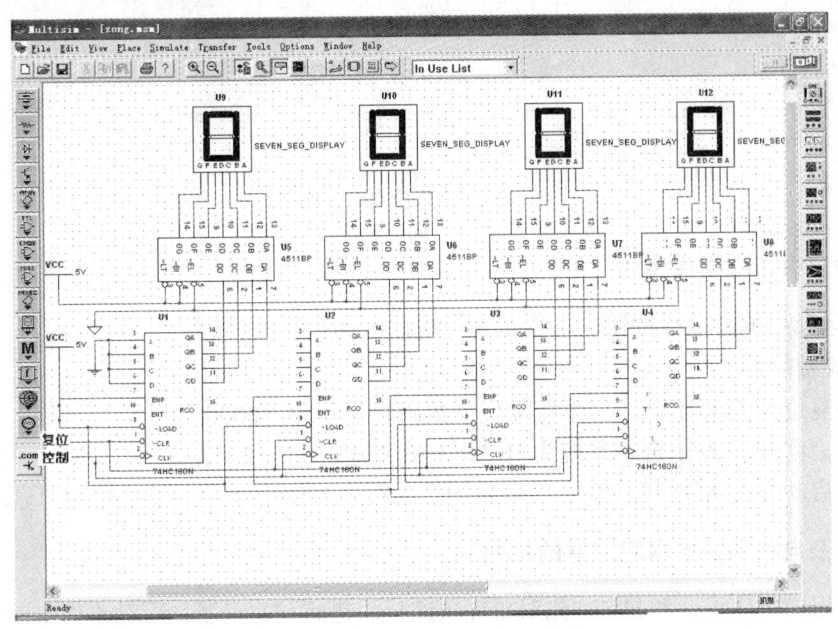

图 5-3-13　创建电路

② 放置模块电路。选择 Place—Hierarchial Block 命令。

③ 在弹出的“打开”对话框中选择要封装的模块电路文件，如刚做好的 fenpin.msm。

④ 单击“打开”按钮，即可实现对电路文件的封装。封装模型如图 5-3-14 所示。

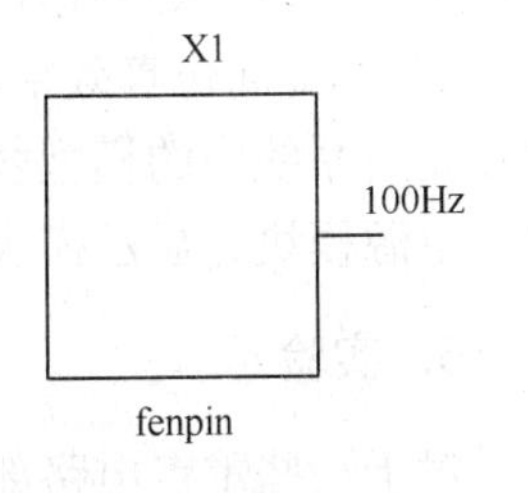

图 5-3-14　模块电路的封装

⑤ 在模块图标上双击，选择 Edit Symbol 命令，可对模块内部电路重新调整和编辑。

⑥ 依次放置其他电路模块，在元器件库中选择输入开关、输出数码管和其他的元器件，创建数字秒表系统总体电路，如图 5-3-15 所示。

⑦ 单击“保存”按钮，将编辑的图形文件存盘，文件名为 zong.msm。

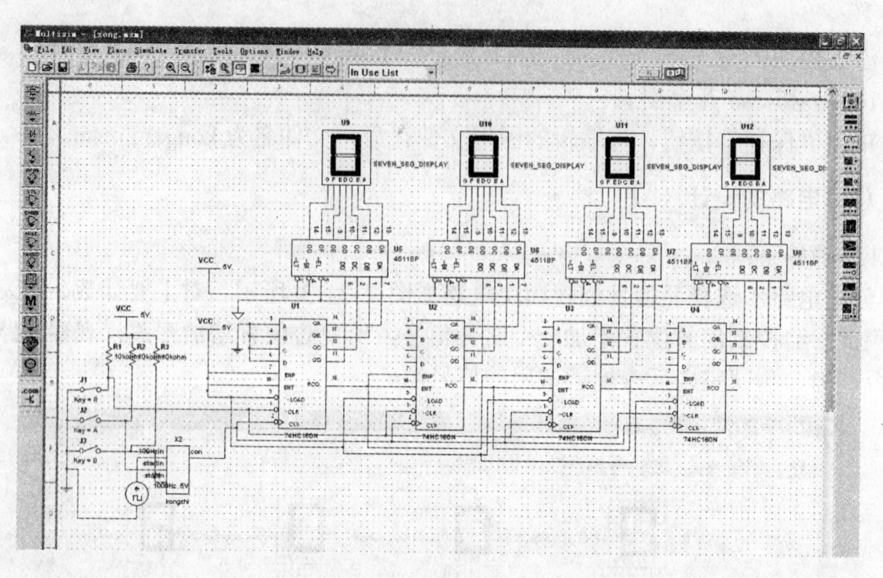

图 5-3-15　总仿真电路图

3. 仿真分析和操作说明

仿真运行：单击运行按钮，进行仿真分析，观察仿真结果。

操作说明：

① 将复位开关 R 闭合，对系统复位，数码管显示为“0000”。

② 将启动开关 A 闭合，系统为自动运行。观察时间牌显示。

③ 将启动开关 A 打开，停止开关 B 闭合，秒表为停止运行。观察时间牌显示。

4. 复杂电路系统仿真应注意的事项

① 采用模块化设计和封装，先对单元电路模块进行仿真分析，再对总体电路进行仿真分析，以提高仿真效率，并使总体电路简单。

② 在进行电路设计时，对于输入部件（如开关）、输出部件（如 LED 数码管、指示灯、虚拟测量仪器）等不进行封装操作，以便在总体电路中，容易观察和调整输入/输出结果。

③ 为提高仿真效率，对于电路系统需要用到的时钟脉冲、电源、输出显示部件，设计时可先用系统中的模型替代。等仿真结果满足要求以后，再将自己设计的脉冲产生电路模块、电源模块、显示模块接入总体电路中。

5. 实验

对于一些重点电路部分，仿真通过后还可以通过实验来验证。

5.3.5　制作 PCB 与安装准备

仿真结束后，将总体设计方案确定下来，之后开始做安装的准备，即绘制 PCB 图。利用 Protel 软件，将设计电路的原理图和 PCB 图生成，如图 5-3-16 和图 5-3-17 所示。

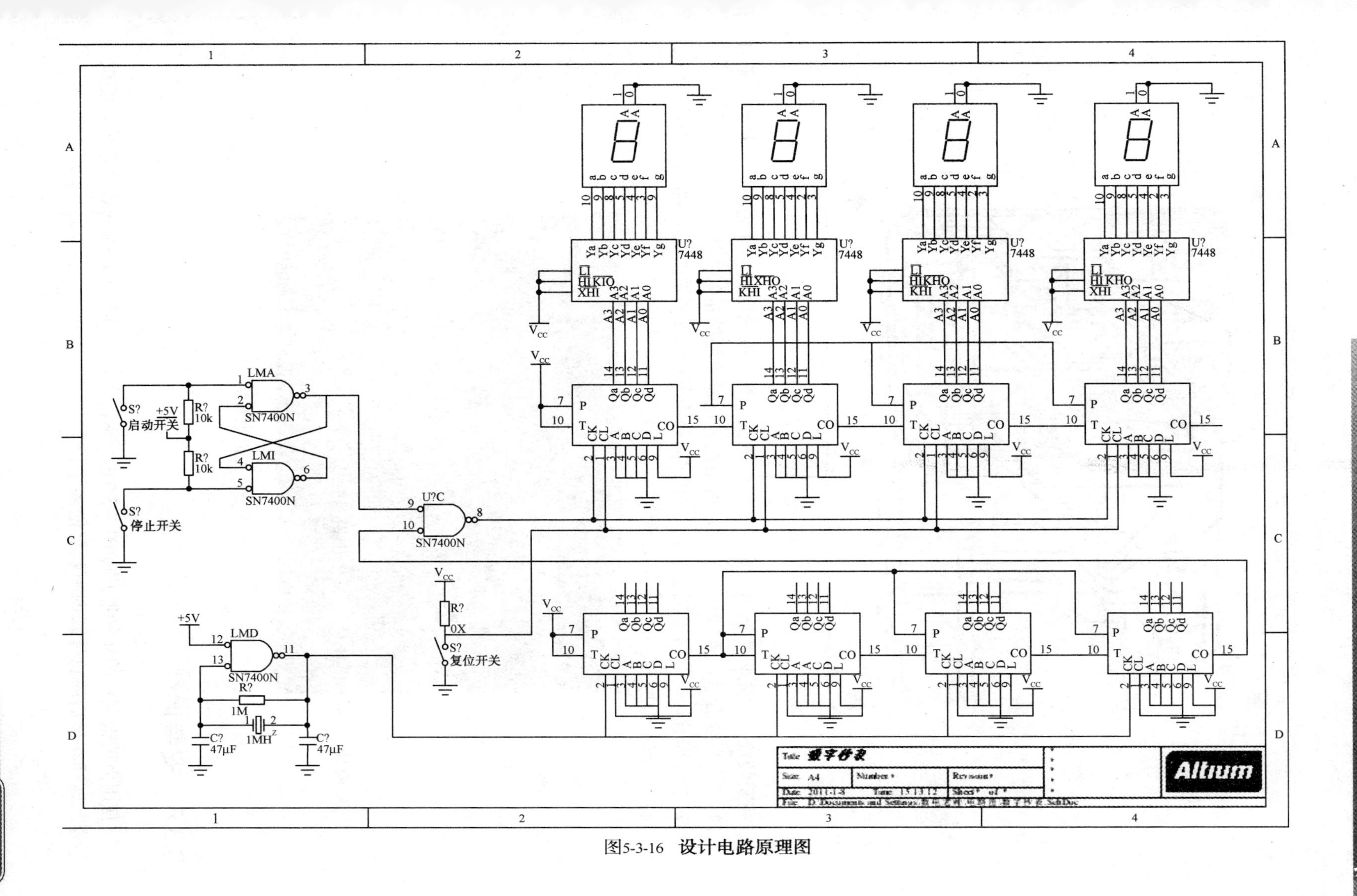

图5-3-16　设计电路原理图

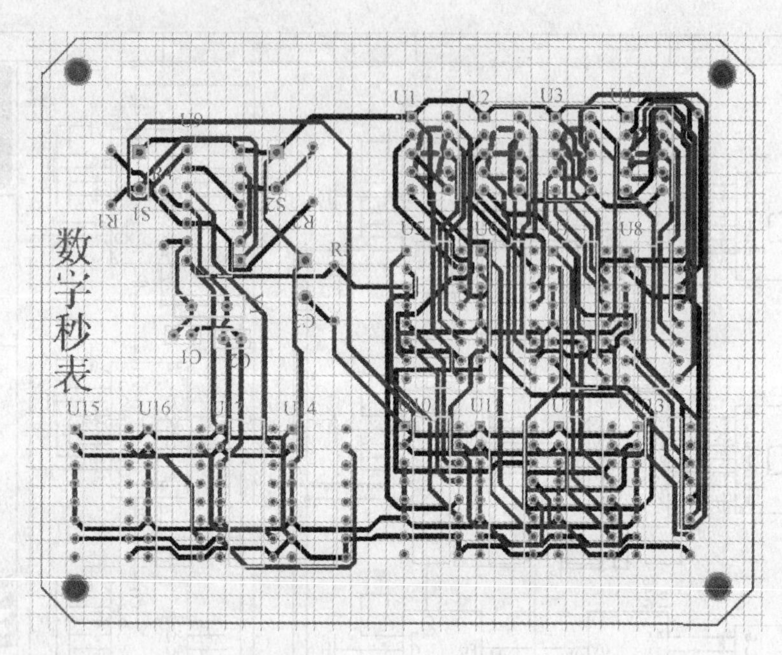

图 5-3-17　PCB 图

在安装前，应先将所选用的电子元器件测试一遍，以确保元器件完好。在进行元器件安装时，布局要合理，连线尽可能短，所用测量仪器也要准备好。

对于课程设计，有时不用去制作 PCB，而是用万能板来连接电路，如图 5-3-18 所示。但绘制 PCB 的方法，是每个学生必须掌握的。

图 5-3-18　万能板实物照片

5.3.6　安装调试

使用万能板制作的实物照片如图 5-3-18 所示。在安装过程中，每安装一部分，测试一部分，这样在最后的总体联调中就轻松多了。

5.4 课程设计题目

5.4.1 数字秒表

在课程设计举例中，介绍了由 74HC160、CD4511 等通用集成电路构成数字秒表的方法。现在要求用方案二来设计数字秒表。

1. 设计要求与性能指标

① 设计数字秒表电路。
② 测量范围：0～99.99s。
③ 组装调试数字秒表。
④ 画出数字秒表电路图。
⑤ 发挥部分：改变计数范围。

2. 集成芯片介绍

ICM7217 的引脚图见图 5-4-1，其应用举例如图 5-4-2 所示。使用一片 ICM7217 配 4 只共阴极 LED 数码管，可构成 4 位十进制可逆计数器，计数范围是 0～9999。UP/DOWN 开关为加/减计数选择开关。DISPLAY/CONTROL 为显示方式选择开关，接高电平时强迫显示器消隐，接低电平时不消隐无效零，悬空时，能正常计数并自动消隐无效零。

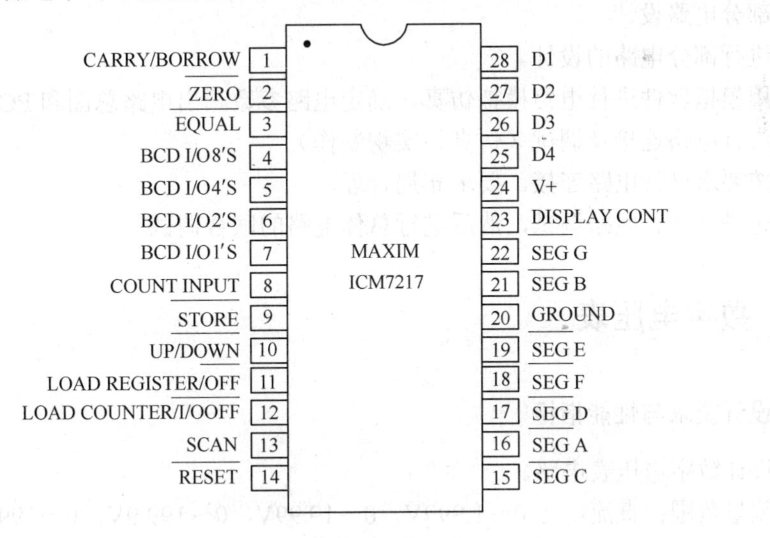

图 5-4-1　ICM7217 引脚图

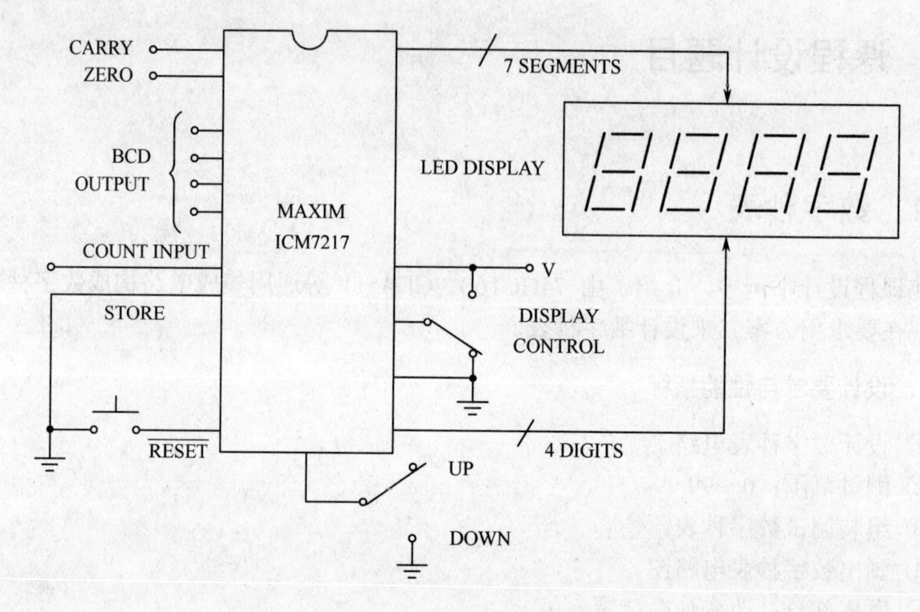

图 5-4-2 ICM7217 应用举例

3．设计内容

1）设计方案的确定

① 实现方法的系统方框图

② 系统中的输入/输出变量以及控制信号。

2）部分电路设计

① 进行部分电路的设计。

② 用模拟软件进行电路模拟仿真，确定电路参数画出电路总图和 PCB 图。

3）进行电路连接及调试（仿真、实物制作）

① 按要求进行电路连接，要求布局合理。

② 先进行部分电路调试，然后进行总体电路的联合调试。

5.4.2 数字电压表

1．设计要求与性能指标

① 设计数字电压表电路。

② 测量范围：直流电压 0～1.999V，0～19.99V，0～199.9V，0～1999V。

③ 组装调试 $3\frac{1}{2}$ 位数字电压表。

④ 画出数字电压表电路图。

⑤ 发挥部分：自动切换量程。

2．数字电压表的基本原理

数字电压表是将被测模拟量转换为数字量，并进行实时数字显示的仪表。

该系统如图5-4-3所示，可采用MC14433即$3\frac{1}{2}$位A/D转换器、MC1413七路达林顿驱动器阵列、CD4511 BCD到七段锁存-译码-驱动器、能隙基准电源MC1403和共阴极LED发光数码管组成。

本系统是$3\frac{1}{2}$位数字电压表。$3\frac{1}{2}$位是指十进制数0000～1999，所谓3位是指个位、十位、百位，其数字范围均为0～9。所谓半位是指千位数，它不能从0变化到9，而只能由0变到1，即二值状态，所以，称为半位。

各部分的功能如下。

① $3\frac{1}{2}$ A/D转换器：将输入的模拟信号转换成数字信号。

② 基准电源：提供精密电压，供A/D转换器作参考电压。

③ 译码器：将二-十进制（BCD）码转换成七段信号。

④ 驱动器：驱动显示器的a，b，c，d，e，f，g七个发光段，驱动发光数码管（LED）进行显示。

⑤ 显示器：将译码器输出的七段信号进行数字显示，读出A/D转换器的转换结果。

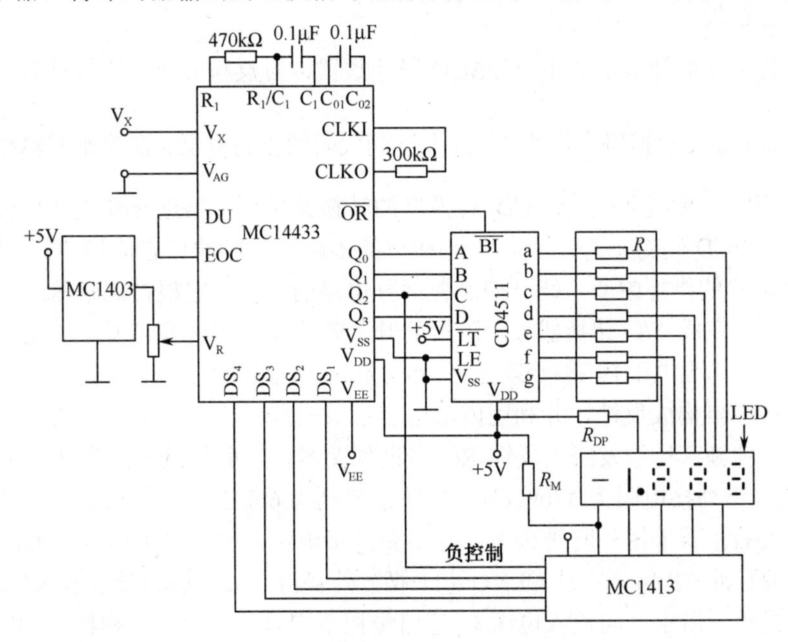

图5-4-3　位半数字电压表原理图

3．元器件简介

1）$3\frac{1}{2}$ 位 A/D 转换器 MC14433

在数字仪表中，MC14433 电路是一个低功耗、$3\frac{1}{2}$ 位双积分式 A/D 转换器。MC14433 电路总框图如图 5-4-4 所示。由图 5-4-4 可知，MC14433 中 A/D 转换器主要由模拟部分和数字部分组成。使用时只要外接两个电阻和两个电容就能执行 $3\frac{1}{2}$ 位的 A/D 转换。

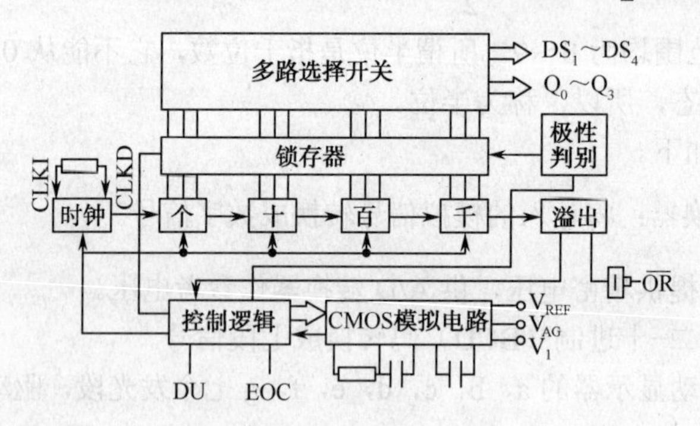

图 5-4-4．MC14433 内部结构

（1）工作原理

其中 4 位十进制计数器为 $3\frac{1}{2}$ 位 BCD 码计数器，对反积分时间进行计数（0～1999），并送到数据寄存器。数据寄存器为 $3\frac{1}{2}$ 位十进制代码数据寄存器，在控制逻辑相实时取数信号（DU）作用下，锁定和存储 A/D 转换器的转换结果。多路选择开关从高位到低位逐位输出多路调制 BCD 码 Q_0～Q_3，并输出相应位的多路选通脉冲标志信号 DS_1～DS_4。控制逻辑是 A/D 转换器的指挥中心，统一控制各部分电路的工作，它根据比较器的输出极性接通电子模拟开关，完成 A/D 转换器 6 个阶段的开关转换和定时转换信号，以及过量程等功能标志信号，在对基准电压 V_R 进行积分时，令 4 位计数器开始计数，完成 A/D 转换。时钟发生器通过外接电阻构成反馈，并利用内部电容形成振荡，产生节拍时钟脉冲，使电路统一动作。这是一种施密特触发式正反馈 RC 多谐振荡器，一般外接电阻为 360kΩ时，振荡频率为 100kHz；当外接电阻为 470kΩ时，振荡频率则为 66kHz；当外接电阻为 750kΩ时，振荡频率为 50kHz；若采用外时钟频率，则不要外接电阻，时钟频率信号从 CLKI（10 脚）端输入，时钟脉冲 CP 信号可从 CLKO（11 脚）外获得。极性检测显示输入电压 V_x 的正负极性。过载指示（溢出）当输入电压 V_x 超出量程范围时，输出过量程标志 OR′。

MC14433 中 A/D 转换器是双斜积分，采用电压-时间间隔（V/T）方式，通过先后对被测电压模拟量和基准电压 V_R 的两次积分，将输入的被测电压转换成与其平均值成正比的时间间隔，用计数器测出这个时间间隔内的脉冲数目，即可得到被测电压的数字值。

双积分过程可以由下面的式子表示为

$$V_{o1} = -\frac{1}{R_1C_1}\int_{T_2}^{T_1} V_x \mathrm{d}t = -\frac{V_x}{R_1C_1}T_1$$

$$V_{o2} = -\frac{1}{R_1C_1}\int_{T_2}^{T_3} V_R \mathrm{d}t = -\frac{V_R}{R_1C_1}T_x$$

因 $V_{o1} = V_{o2}$，故有

$$V_x = \frac{T_x}{T_1}V_R$$

式中：T_1=4000T_{CP}；T_1 为定时间；T_x 为变时间。

由 R_1C_1 定斜率，若用时钟脉冲数 N 来表示时间 T_x，则被测电压就转换成了相应的脉冲数，实现了 A/D 转换。

（2）正确选择积分回路元器件的参数值 R_1 C_1 的方法

积分电阻电容的选择应根据实际条件而定，若时钟频率为 66kHz，C_1 一般取 0.1 μF，R_1 的选取与量程有关，量程为 2V 时，取 R_1=470 kΩ；量程为 200mV 时，取 R_1=27 kΩ。

选取 R_1 和 C_1 的计算公式为

$$R_1 = \frac{V_{x(\max)}}{C_1}\frac{T}{\Delta V_c} \tag{5-4-1}$$

式中：ΔV_c 为积分电容上充电电压幅度，$\Delta V_c = V_{DD} - V_{x(\max)} - \Delta V$，$\Delta V$ =0.5V，$T = 4000\times\frac{1}{f_{CLK}}$。

例如，假设 C_1=0.1 μF，V_{DD}=5V，f_{CLK}=66kHz。当 $V_{x(\max)}$=2V 时，代入式（5-4-1）可得 R_1=480 kΩ，取 R_1=470 kΩ。$3\frac{1}{2}$ A/D 转换器中有自动调零线路，其中缓冲器和积分器采用模拟调零方式，而比较器采用数字调零方式。在自动调零时，把缓冲器和积分器的失调电压存放在 1 个失调补偿电容 C 上，而比较器的失调电压用数字形式存放在内部的寄存器中，A/D 转换系统自动扣除电容上和寄存器中的失调电压，就可得到精确的转换结果。

A/D 转换周期约需 16000 个时钟脉冲数，若时钟频率为 48kHz，则每秒可转换 3 次；若时钟频率为 86kHz，则每秒可转换 4 次。

（3）MC14433 的封装

MC14433 采用 24 引线双列直插式封装，外引线排列如图 5-4-5 所示，各引脚端功能说明如下。

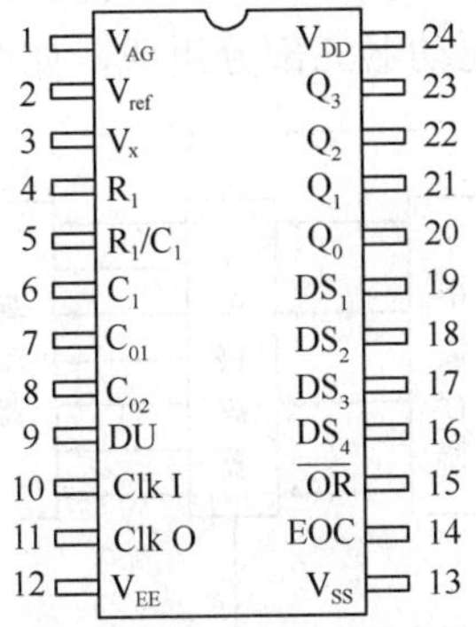

引脚	名称	名称	引脚
1	V_{AG}	V_{DD}	24
2	V_{ref}	Q_3	23
3	V_x	Q_2	22
4	R_1	Q_1	21
5	R_1/C_1	Q_0	20
6	C_1	DS_1	19
7	C_{01}	DS_2	18
8	C_{02}	DS_3	17
9	DU	DS_4	16
10	Clk I	$\overline{OR}$	15
11	Clk O	EOC	14
12	V_{EE}	V_{SS}	13

图 5-4-5　MC14433 引脚排列

① V_{AG}端为模拟地，是高阻输入端，作为输入被测电压 V_x 和基准电压 V_{ref} 的参考点地。

② Vref 为基准电压端，是外接基准电压输入端，若此端加 1 个大于 5 个时钟周期的负脉冲（V_{EE} 电平），则系统复位到转换周期的起点。

③ V_x 端为被测电压输入端。

④ R_1 端为外接积分电阻端。

⑤ R_1/C_1 端为外接积分元件电阻和电容的接点。

⑥ C_1 端为外接积分电容端，积分波形由该端输出。

⑦ C_{01} 和 C_{02} 端为外接失调补偿电容端。推荐该两端外接失调补偿电容 C。取 0.1μF。

⑧ DU 端为实时输出控制端，主要控制转换结果的输出，若在双积分放电周期即阶段 5 开始前，在 DU 端输入一正脉冲，则该周期转换结果将被送入输出锁存器并经多路开关输出，否则输出端继续输出锁存器中原来的转换结果。若该端通过一电阻和 EOC 短接，则每次的结果都将被输出。

⑨ CLKI 端为时钟信号输入端。

⑩ CLKO 端为时钟信号输出端。

⑪ V_{EE} 端为负电源端，是整个电路的电源最负端，主要作为模拟电路部分的负电源，该端典型电流约为 0.8mA，所有输出驱动电路的电流不流过该端，而是流向 V_{ss} 端。

⑫ V_{ss} 端为负电源端。

⑬ EOC 端为转换周期结束标志输出端，每一 A/D 转换周期结束，EOC 端输出一正脉冲，其脉冲宽度为时钟信号周期的 1/2。

⑭ $\overline{OR}$ 端为过量程标志输出端，当 $|V_x| > V_{ref}$ 时，$\overline{OR}$ 输出低电平，正常量程内 $\overline{OR}$ 为高电平。

⑮ DS_4～DS_1 端分别是多路调制选通脉冲信号个位、十位、百位和千位输出端。当 DS 端输出高电平时，表示 Q_0～Q_3 端输出的 BCD 代码是该对应位上的数据。

⑯ Q_0～Q_3 端分别是 A/D 转换器的转换结果数据输出 BCD 代码的最低位（LSB）、次低位、次高位和最高位输出端。

⑰ V_{DD} 端为整个电路的正电源端。

2）7 段锁存-译码-驱动器 CD4511

CD4511 是专用于将二-十进制代码（BCD）转换成 7 段显示信号的专用标准译码器，它由 4 位门锁器、7 段译码器和驱动器三部分组成，如图 5-4-6 所示。

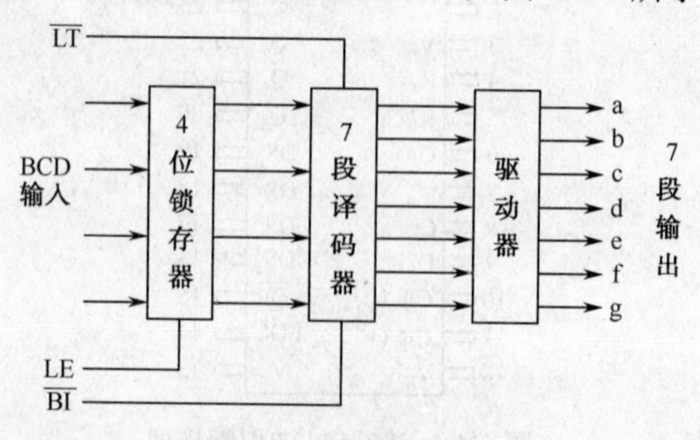

图 5-4-6　的内部结构

（1）4位锁存器：它的功能是将输入的A，B，C和D代码寄存起来，该电路具有锁存功能。当LE=1时，锁存处于锁存状态，4位锁存器封锁输入，它的输出为前一次LE=0时输入的BCD码。当LE=0时，锁存器处于选通状态，输出即为输入的代码。

（2）7段译码器：将来自4位门锁器输出的BCD代码译成7段显示码输出，MC4511中的7段译码器有两个控制端。

① $\overline{LT}$ 灯测试端。当 $\overline{LT}$=O时，7段译码器输出全1，发光数码管各段全亮显示；当 $\overline{LT}$=1时，译码器输出状态由BI端控制。

② $\overline{BI}$ 消隐端。当 $\overline{BI}$=0时，控制译码器为全0输出，发光数码管各段熄灭；当 $\overline{BI}$=1时译码器正常输出，发光数码管正常显示。

上述两个控制端配合使用，可使译码器完成显示上的一些特殊功能。

（3）驱动器：利用内部设置的NPN管构成的射极输出器，加强驱动能力，使译码器输出驱动电流可达20mA。

CD4511电源电压 V_{DD} 的范围为5～15V。它可与NMOS电路或TTL电路兼容工作。CD4511采用16引线双列直插式封装如图5-4-7所示。使用CD4511时，输出端不允许短路，应用时电路输出端需外接限流电阻。

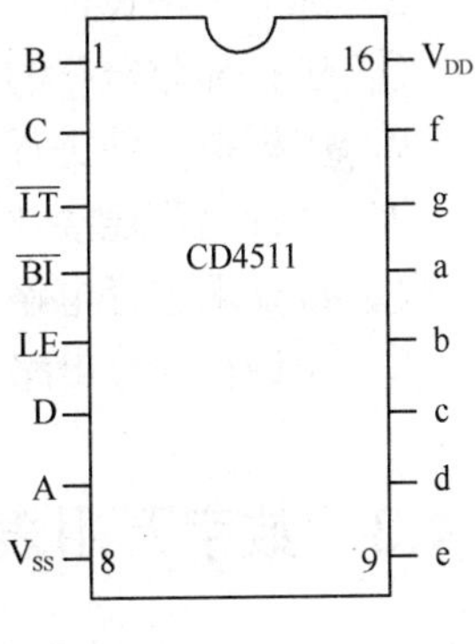

图5-4-7　4511引脚排列图

3）路达林顿驱动器阵列MC1413

MC1413采用NPN达林顿复合晶体管的结构，因此，具有很高的电流增益和很高的输入阻抗，可直接接受MOS或CMOS集成电路的输出信号，并把电压信号转换成足够大的电流信号驱动各种负载。该电路内含有7个集电极开路反相器（也称OC门）MC1413电路结构和引脚如图5-4-8所示，它采用16引脚的双列直插式封装。每一驱动器输出端均接有一释放电感负载能量的抑制二极管。

4）高精度低漂移能隙基准电源NC1403

NC1403的输出电压 V_0 的温度系数为0，即输出电压与温度无关。NC1403用8条引线双列直插标准封装，如图5-4-9所示。

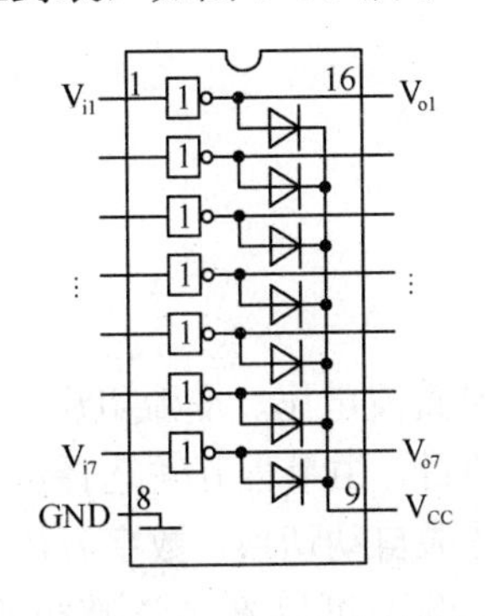

图5-4-8　MC1413电路结构图

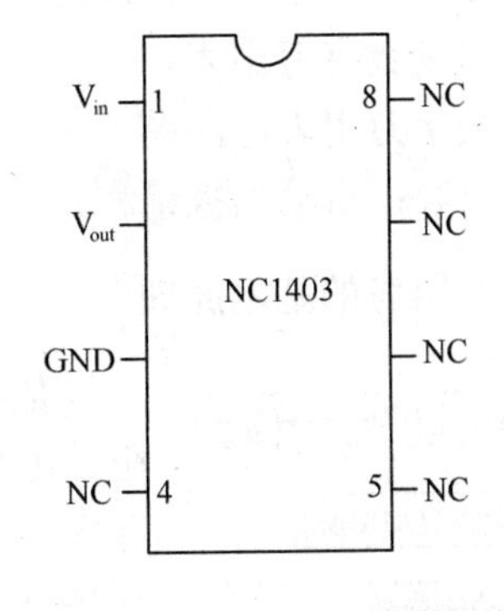

图5-4-9　NC1403引脚排列图

该电路的特点如下：

① 温度系数小；

② 噪声小；

③ 输入电压范围大，稳定性能好，当输入电压从+4.5V 变化到+15V 时，输出电压值变化量ΔV_o<3mV；

④ 输出电压值准确度较高，一般在 2.475～2.525V 以内；

⑤ 压差小，适用于低压电源；

⑥ 负载能力小，该电源最大输出电流为 10mA。

4．设计内容

1）设计方案的确定

① 实现方法的系统方框图。

② 系统中的输入/输出变量以及控制信号。

2）部分电路设计

① 进行部分电路的设计。

② 用模拟软件进行电路模拟仿真，确定电路参数画出电路总图和 PCB 图。

3）进行电路连接及调试（仿真、实物制作）

① 按要求进行电路连接，要求布局合理。

② 先进行部分电路调试，然后进行总体电路的联合调试。

5.4.3 数字万用表

1．设计要求及技术指标

① 设计数字万用表电路。

② 多量程直流电压测量范围：2V，20V，200V，2000V。

③ 多量程交流电压测量范围：2V，20V，200V，2000V。

④ 多量程直流电流测量范围：2mA，20mA，200mA，2A。

⑤ 多量程电阻测量范围：2kΩ，20kΩ，200kΩ，2MΩ。

⑥ 组装调试数字万用表。

⑦ 画出数字万用表电路图。

⑧ 发挥内容：自动切换量程。

2．数字万用表的基本原理

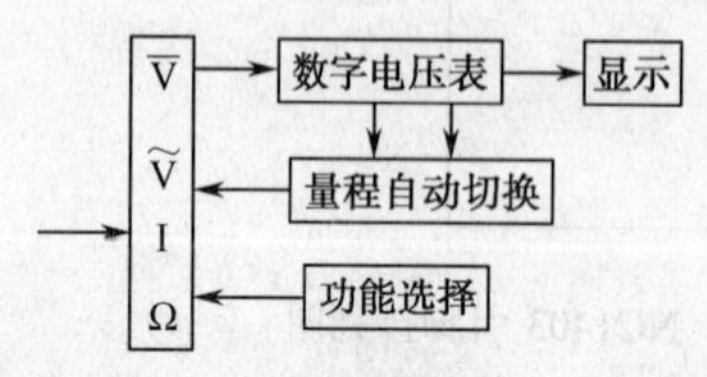

图 5-4-10 数字万用表组成框图

数字万用表能测量直流电压、交流电压、直流电流、电阻，由功能选择开量项目，由量程开关选择测量项目的量程范围，各量程可以设计成自动切换。数字万用表的组成框图如图 5-4-10 所示。从图中可以看到该整机系统的核心是图 5-4-4 所示的$3\frac{1}{2}$位数字电压表，其原理参看 5.4.2 节的

“数字电压表”的基本原理。

1）多量程数字电压表

为了测量大于 2V 的电压，在电压测量网络中必须加衰减器扩大量程。衰减器应根据量程要求设计。元器件应采用精密电阻以提高仪表的测量精度。根据被测信号大小，选择量程将被测信号送入数字电压表的输入端，衰减器（分压器）为电压测量提供了 4 种分压比，可把 20V，200V，2000V 电压分别衰减到 2V 以内。

2）多量程数字电流表

被测电流流过取样电阻时，电流量就转换成电压量（I/V），输入到$3\frac{1}{2}$位 A/D 转换器的输入端V_x，就能实现被测电流的测量。

多量程数字电流表的量程，由取样电阻 R_s 构成的分流器的分流系数而定。

显示读数=$(R_s I_{IN}/V_R)\times 2000$

式中：I_{IN}为被测电流；V_R为基准电压，为 2V。

分流器为电流测量提供了 4 个分流系数（2V/2mA，2V/20mA，2V/200mA，2V/2A）。

3）交流电压测量

交流电压测量是通过在$3\frac{1}{2}$位数字电压表的电路中增加一个交直流变换器（AC/DC）而实现的。交直流变换器可以用精密整流电路实现，要求高阻输入，保证有一定的频带范围。

4）电阻测量

电阻测量电路可用分压器原理组成，将被测电阻转换成电压进行测量，也可以利用运算放大器采用反相比例运算的方法进行测量。

5）量程自动切换控制电路

量程自动切换电路的作用是根据输入条件信号（过量程、在量程、欠量程信号）和时间信号（EOC，DS_1，DS_2）产生相应的量程信号，其电路如图 5-4-11 所示。电路的核心是一块双向移位寄存器 CC4O194，移位方向由 MC14433 过量程输出信号$\overline{OR}$控制，当被测电压超过量程（$\overline{OR}$=0）时，完成对“过量程”右移（向高量程变化），“欠量程”时（$\overline{OR}$=1）左移（向低量程变化），在量程范围之内，移位寄存器保持原来状态不变。

移位寄存器 CC40194 的时钟信号由 D 触发器 CC4013 和与门 CC4073 产生，在DS_1有效期间，当被测电压不在量程（超量程或欠量程）时，Q_0=l，CC4073 输出一个脉冲，CC4O194 接到脉冲后移位；在量程时，Q_0=0，CC4O73 输出恒为 0，D 触发器利用 EOC 和 DS′ 的控制，保证每个测量周期只产生一个宽度等于 DS′ 周期的信号。这个信号再跟 DS′ 和 Q。相遇，其输出控制 CC40194 不移位。总之，凡是被测电压不在量程时，便产生一个信号，使 CC40194 移位，移位方向由 OR 控制。若被测电压在量程之内，则Q_0=0，经过与门后不产生移位时钟信号。

移位寄存器输出经过四异或门 CC4070 译码，使之产生 A，B，C，D，E 等 5 个控制信号，最低、最高量程控制信号 A 和 E，能满足已在极限量程仍欠或过量程的控制。保持在原量程状态不变的条件，每次转换周期用 EOC 接通 CC4073，使只在第一个 DS′ 阶段，有量程状态输出，用第一个 DS′ 信号把 D 触发器置零，关闭 CC4073，使以后的量程状态不再变换，保证一个周期内量程状态只变换一次。

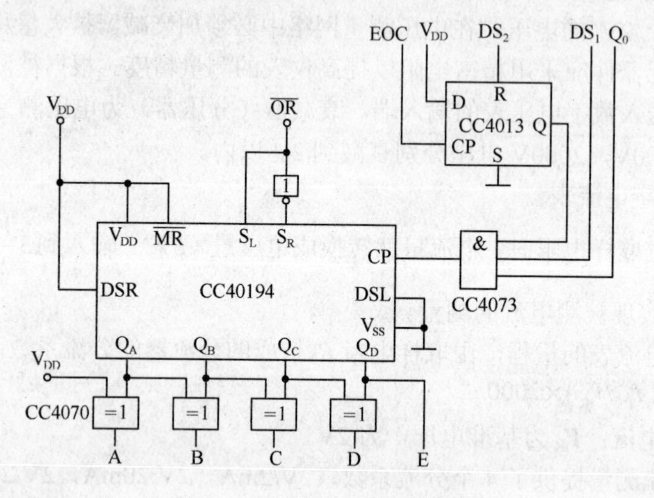

图 5-4-11　量程自动切换电路

有了量程信号以后，就可按量程要求实现对基准电路、积分器、显示电路和功能/量程开关电路的控制。

功能转换开关和量程切换开关，可以用按键、继电器或无触点模拟开关做成。根据被测信号的要求，电路把被测输入电压、电流、电阻信号处理为 MC14433 电路能够接受的 2V 量程的电压信号。

小数点显示：根据功能和量程，由自动切换量程的控制信号来决定小数点的亮暗，其逻辑关系式为

$$\begin{cases} DP_1=B+I\cdot A \\ DP_2=C \\ DP_3=D+\bar{I}\cdot A \\ DP_4=E \end{cases}$$

式中：DP_1 对应最高位显示器的小数点，显示结果为最低量程；DP_4 对应最低位显示器的小数点，显示结果为最高位量程。逻辑值为“1”，则点亮小数点；I 表示功能；I=1 表示电流测量；$\bar{I}$=1 表示电压、电阻测量。

3．设计内容

1）设计方案的确定

① 实现方法的系统方框图

② 系统中的输入/输出变量以及控制信号。

2）部分电路设计

① 进行部分电路的设计。

② 用模拟软件进行电路模拟仿真，确定电路参数画出电路总图和 PCB 图。

3）进行电路连接及调试（仿真、实物制作）

① 按要求进行电路连接，要求布局合理。

② 先进行部分电路调试，然后进行总体电路的联合调试。

5.4.4 数字温度计

1. 设计要求及技术指标

① 设计数字温度计电路。

② 测量范围 0～200℃。

③ 组装、调试数字温度计电路。

④ 画出数字温度计的电路图。

⑤ 发挥内容：数字体温计。

2. 数字温度计的基本原理

CMOS $3\frac{1}{2}$ 位单片 A/D 转换器 CC7106/7、CC7116/7 和 CC7126 都是双积分型的 A/D 转换器。这些单片 A/D 转换器具有大规模集成的优点，它们将双积分型 A/D 转换器的模拟部分电路，如缓冲器、积分器、电压比较器、正负电压参考源和模拟开关，以及数字电路部分如振荡器、计数器、锁存器、译码器、驱动器利控制逻辑电路等全部集成在一片芯片上，使用时只需外接少量的电阻、电容元件和显示器件，就可以完成模拟量至数字量的转换。

1）以 CC7107 为例介绍此类 AD 的工作原理

CC7107 采用双积分的方法实现 A/D 转换，以 4000 个计数脉冲周期，即用 4000 个脉冲的时间作为 A/D 转换器的转换的一个周期，每个转换周期分成自动稳零（AZ）、信号积分（INT）和反积分（DE）3 个阶段。通常使用 CC7107A/D 转换器时，电源电压 $V+=+5V$，$V-=-5V$，显示器采用共阳极显示器。

CC7107 采用塑料双列直插 40 引线封装，引线排列如图 5-4-12 所示，

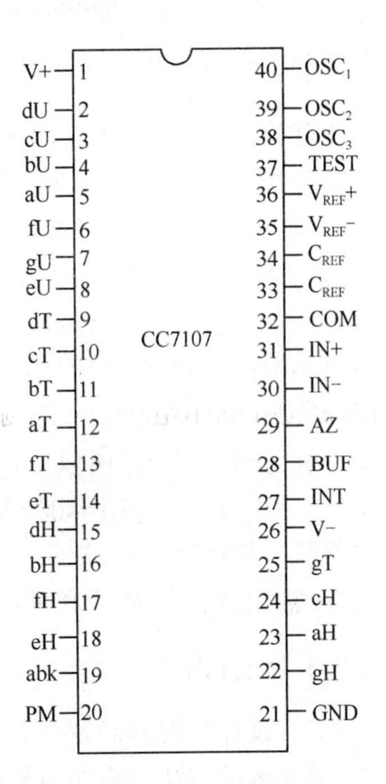

图 5-4-12　CC7107 引脚排列图

aU～gU，aT～gT，aH～gH 为个、十、百位的字段驱动信号

abk 为千位的驱动信号，接千位 LED 的 a 段和 b 段对应笔画。

PM 为负数指示信号，接千位 LED 的 g 段笔画或负号段，当信号为负值时，该段点亮；PM 为正数，则不显示。

GND 为逻辑线路地电位端。

OSC_1 和 OSC_2 为时钟脉冲发生器的接线端。

V_{REF+}和 V_{REF-}为参考电压的接线端。

C_{REF+}和 C_{REF-}为参考电容的接线端。

COM 为公共模拟地端。

IN+和 IN-为模拟信号输入端。

BUF 为缓冲器输出端，接积分电阻。

AZ 为积分器和比较器的反相输入端，接自动稳零电容。

INT 为积分器输出端，接积分电容。

TEST 为灯光测试端，在检查 LED 时该端通过 500Ω电阻与 GND 相接，则各段均显示。

V+为电源正极，通常接+5V。

V-为电源负极，通常接-5V。

2）CC7107 的应用

CC7107A/D 转换器的用途非常广泛，利用它可以组装成$3\frac{1}{2}$位数字电压表、数字电子秤、数字温度计、数字压力计、数字式水平仪等各种具有体积小、质量轻的数字仪表。

CC7107 组成的数字电压表是双积分类型的数字电压表，被测电压 V_{IN} 与参考电压 V_{REF} 之间有着严格的比例关系。

输出读数=$\frac{V_{IN}}{V_{REF}}\times 2000$

根据这个关系，V_{REF} 应设定为 2000mV，使被测电压和标准电压成对应关系。但是，在许多测试仪器中，只要求其最终读数能反映被测对象的量，并不要求其读数与标准电压之间建立完全对等的关系。数字温度计就是根据这个关系把被测的温度经过传感器和放大器送给 CC7107 进行转换，最后用数字显示读数与被测量之间的对应关系的仪表。利用被测电压 V_{IN} 与参考电压 V_{REF} 的比例关系来设计电路，可以大大简化放大器的设计和调试工作。

3）数字温度计的构成原理

简单的数字温度计可由温度传感器、$3\frac{1}{2}$位 A/D 转换器和显示器等组成，有些数字温度计还有放大器，以提高测量范围。数字温度计在测量温度时，把温度信号通过传感器转换成电压信号，该电压信号经过 A/D 转换器把模拟量转变成数字量，数字量送显示器显示温度。

数字温度计的传感器使用一个对温度敏感的硅热敏晶体管组成，在温度发生变化时，热敏晶体管的 b-e 结正向压降的温度系数为-2mV/℃，利用这个特性可以测量温度的变化。由于在 0℃时晶体管的基极存在一个电压 V_{be}，因此，需要设计一个调零电路，调节调零电路使热敏晶体管在 0℃的环境中温度计输出为 0，也就是显示器的读数显示为 0。温度计满度读数为 200.0(200℃)，调节时，热敏晶体管放置在 200℃的环境中，由于热敏晶体管的温度系数为-2mV/℃，所以，在 200℃的环境下，热敏晶体管的 b-e 结压降增量为-400mV。调节参考电压，使 V_{REF}=400mV 时，输出读数为 200.0，这样，就可使数字温度计实现 0～200℃的测量，其精度为 0.1℃。一般系统只要把 0℃和满标度两点调好，输出读数与温度成对应关系，输出读数与 V_{REF} 和 V_{IN} 之间仍保持比例的关系。小数点用第二个数码管的 dp 段显示。

3．设计内容

1）设计方案的确定

① 实现方法的系统方框图。

② 系统中的输入/输出变量以及控制信号。

2）部分电路设计

① 进行部分电路的设计。

② 用模拟软件进行电路模拟仿真，确定电路参数画出电路总图和 PCB 图。

3）进行电路连接及调试（仿真、实物制作）

① 按要求进行电路连接，要求布局合理。

② 先进行部分电路调试，然后进行总体电路的联合调试。

5.4.5　数字逻辑笔

在数字电路测试、调试和检修时，经常要对电路中的某点的逻辑状态进行测试，有时需要对某点施加逻辑电平，若使用万用表、示波器、电源和信号发生器等实现上述工作很不方便，而简单方便、灵活多用的数字逻辑笔是将上述仪器集中于一体的逻辑测试工具，其外形与钢笔相似，使用逻辑探头进行测试或输出。利用数字逻辑笔可大大缩短数字电路的测试时间。因此，数字逻辑笔已越来越受到使用者的喜爱。本课题就是要完成用于 TTL 逻辑门电路的数字逻辑笔的电路设计。

1．设计要求及技术指标

设计一个数字逻辑笔，功能如下：

① 基本功能测试、输出高电平、低电平或高阻。用按键循环选择测试或输出工作状态的切换（输出低电平→测试→输出高电平→测试），用一个发光二极管显示工作状态（测试或输出），用蜂鸣器（或另一个发光二极管）发出不同频率的音响（或闪动），指示测试结果及输出状态。

② 扩展功能（选做）测试、输出正或负脉冲或连续脉冲，过载保护和报警显示。

③ 技术指标测试、输出高电阻≥10kΩ，高电平≥2.4V，低电平≤0.8V。

2．设计内容

1）设计方案的确定

① 实现方法的系统方框图。

② 系统中的输入输出变量以及控制信号。

2）部分电路设计

① 进行部分电路的设计。

② 用模拟软件进行电路模拟仿真，确定电路参数画出电路总图和 PCB 图。

3）进行电路连接及调试（仿真、实物制作）

① 按要求进行电路连接，要求布局合理。

② 先进行部分电路调试，然后进行总体电路的联合调试。

5.4.6 数字频率计

数字频率计是用数字显示出被测信号频率的一种仪器，被测信号可以是正弦信号、方波或尖脉冲信号等。此外，若配以适当的传感器还可以对许多物理量进行测量，如机械振动的频率、转速、声音的频率以及单位时间生产的产品数量等。因此，数字频率计是一种应用范围很广的仪器。

1. 设计要求及技术指标

设计一个数字频率计，技术指标如下：

① 频率范围：10～9999Hz。

② 输入信号电压：50mV～5V。

③ 输入信号波形：正弦波、方波。

2. 数字频率计的工作原理

数字频率计的原理框图如图 5-4-13 所示，它主要由时基单元、控制单元、计数单元、延时单元、主控门和输入单元组成。

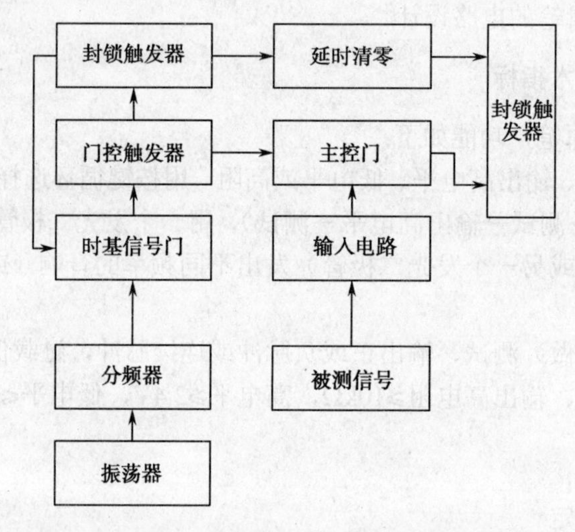

图 5-4-13 数字频率计的原理框图

① 时基单元包括振荡器和多级分频器用来产生周期为 1s 或 6s 的脉冲信号，称为时基信号。振荡器可用晶体振荡器或集成电路、电阻和电容构成多谐振荡器，然后用分频器产生所需的时基信号。

② 控制单元有两个作用：其一是经过门控电路对时基信号进行一次二分频，得到宽度为 1s 或 6s 的方波，称为闸门信号，用该信号的宽度控制主控门的开门时间（取样时间），在取样时间里允许被测信号通过；其二是每次取样后封锁主控门和时基信号的输入门，使计数器显示的数字停留一段时间，以便观察和读取数据。所以，控制单元的任务就是打开主控门计数，关闭主控门显示，然后清零，这个过程不断重复进行。

③ 计数单元把通过主控门的被测信号输入计数器、寄存器、译码器和显示电路，由显示器显示取样时间接收的脉冲数，即被测频率。

④ 延时单元取样时间结束后，计数器中的数送入寄存器中，由寄存器送入译码显示电路，数据要显示一段时间，其时间长短取决于延时电路，故延时时间即为显示时间，然后清零，再读取新的数据。

⑤ 主控门起控制被测信号通过的作用，在取样时间内主控门打开，清零和显示时间内主控门关闭。

⑥ 输入单元将接收的各种信号加以放大、整形，变换成脉冲信号。

3. 设计内容

1）设计方案的确定

① 实现方法的系统方框图。

② 系统中的输入/输出变量以及控制信号。

2）部分电路设计

① 进行部分电路的设计。

② 用模拟软件进行电路模拟仿真，确定电路参数画出电路总图和PCB图。

3）进行电路连接及调试（仿真、实物制作）

① 按要求进行电路连接，要求布局合理。

② 先进行部分电路调试，然后进行总体电路的联合调试。

5.4.7 数字电子钟

高精度的计时仪器多数采用石英晶体振荡器，由于电子钟表采用了石英技术，因而具有走时准确，稳定性好，使用方便且不用经常调校等优点。数字电子钟表是采用液晶显示器（LCD）或发光二极管（LED）直接显示时、分、秒，具有直观性。除此之外，还具有整点报时，按作息时间自动报时等功能，所以，得到了广泛应用。

1. 设计要求及技术指标

设计一个数字电子计时器，其技术指标如下：

① 具有时（显示00～23）、分（显示00～59）、秒（显示00～59）显示。

② 具有校时功能。

③ 具有整点报时功能。

2. 数字电子钟的工作原理

① 计数部分数字计时器一般由振荡器、分频器、计数器、译码显示等部分组成，如图5-4-14所示。

石英晶体振荡器产生的标准信号送入分频器，分频器将时标信号分频为每秒一次的方波作为秒信号送入计数器进行计数，并把累计的结果以“时”、“分”、“秒”的数字显示出来，其中“秒”的显示由两级计数器和译码器组成的六十进制计数器实现，“分”的显示相同，而“时”的显示则由两级计数器和译码器组成的二十四进制计数电路实现。

② 校时电路当刚接通电源或钟表走时出现误差时，需进行时间校准。

③ 整点报时电路是利用分频器输出的500Hz和1000Hz的信号加到音响电路中，用以模仿电台报时的频率，前四响为低音，后一响为高音，共鸣响五次。控制电路可以采用译码器或用与非门接到分计数器和秒计数器相应的输出端，以使得计数器运行到差10s整点时自动发出鸣叫声。若需产生其他（如音乐）报时时，则将音乐信号改变为相应的音响信号即可实现。

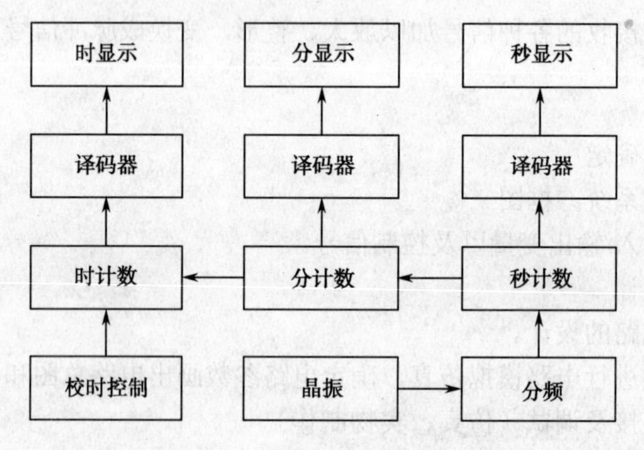

图 5-4-14　数字电子钟结构框图

3．设计内容

1）设计方案的确定

① 实现方法的系统方框图。

② 系统中的输入输出变量以及控制信号。

2）部分电路设计

① 进行部分电路的设计。

② 用模拟软件进行电路模拟仿真，确定电路参数画出电路总图和PCB图。

3）进行电路连接及调试（仿真、实物制作）

① 按要求进行电路连接，要求布局合理。

② 先进行部分电路调试，然后进行总体电路的联合调试。

5.4.8　交通信号灯控制电路

在经济飞速发展的今天，城乡交通自动指挥越来越显得重要，为了确保安全，保证正常的交通秩序，应对十字路口的红黄绿灯进行自动控制，以便于车辆行人能顺利通过十字路口。

1．设计要求及技术指标

① 设计一个十字路口交通灯定时自动控制电路。设：

a——南北方向绿灯接通；

b——东西方向绿灯接通；
c——南北方向红灯接通；
d——东西方向红灯接通；
e——南北方向黄灯接通；
f——东西方向黄灯接通。

以上设定的 6 种状态，按交通规则两个方向的信号灯还必须交叉并行工作。设：

A——a 和 d 交叉并行；
B——e 和 d 交叉并行；
C——b 和 c 交叉并行；
D——f 和 c 交叉并行。

工作顺序为 A→B→C→D→A，要求各状态的工作时间如图 5-4-15 所示。

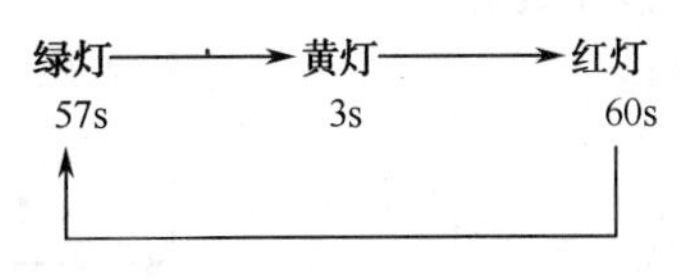

图 5-4-15 红绿灯状态转换过程

显示时间为 60s，即红灯时间为 60s，绿黄灯时间共为 60s，在绿灯变红灯前从第 3s 开始黄灯以 2Hz 的频率闪动，至红灯亮起。

② 至少在一个方向中设置时间显示。
③ 设置手动复位开关。
④ 发挥部分：红绿灯显示时间可由 20～60s 以 10s 间隔手动设置。

2．设计内容

1）设计方案的确定
① 实现方法的系统方框图。
② 系统中的输入输出变量以及控制信号。
2）部分电路设计
① 进行部分电路的设计。
② 用模拟软件进行电路模拟仿真，确定电路参数画出电路总图和 PCB 图。
3）进行电路连接及调试（仿真、实物制作）
① 按要求进行电路连接，要求布局合理。
② 先进行部分电路调试，然后进行总体电路的联合调试。

5.4.9 多路抢答器

在进行智力竞赛抢答题比赛时，各参赛者考虑好后都想抢先回答，如果没有合适的设备，主持人难以分清抢答者的先后。为了使比赛能顺利进行，需要有一个能判断抢答者先后的设备，这种设备称为多路抢答器。

1．设计要求及技术指标

设计一个智力竞赛抢答器，功能如下：

① 最多可容纳 8 名选手参加比赛，他们的编号分别是 1～8，各用一个抢答按钮，其编号与参赛者的号码一一对应。此外，还有一个按钮给主持人用来系统清零。

② 抢答器具有数据锁存功能，并将锁存的数据用 LED 数码管显示出来。在主持人将系统清零后，若有参赛者的手指触及抢答触摸按钮，数码管立即显示出最先动作的选手的编号，同时用蜂鸣器发出间歇式声响（即输出给压电陶瓷蜂鸣片如图 5-4-16 所示的电压波形），声音维持时间约 1s。

③ 抢答器对抢答选手动作的先后有很强的分辨能力，即使他们动作的先后只相差几毫秒，也能分辨出抢答者的优先。也就是说，数码管不显示后动作选手的编号，只显示先动作选手的编号，并保持到主持人清零为止。

④ 在各抢答按钮在常态时，主持人可用清零按钮将数码管变为零状态，直至有人使用按钮为止。

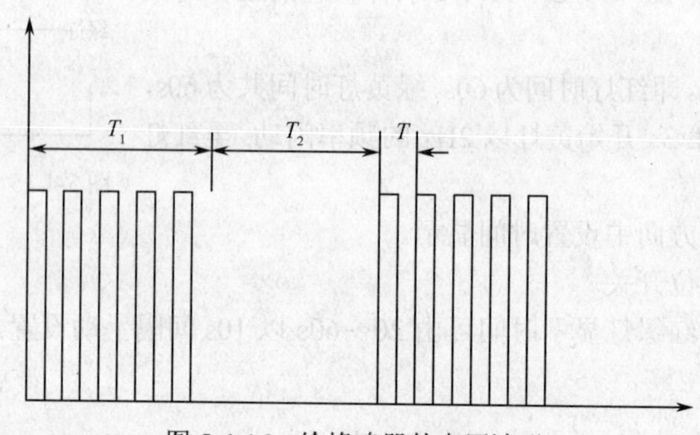

图 5-4-16　给蜂鸣器的电压波形

其中，T=1ms，T_1、T_2=0.5s。

2．设计内容

1）设计方案的确定

① 实现方法的系统方框图。

② 系统中的输入/输出变量以及控制信号。

2）部分电路设计

① 进行部分电路的设计。

② 用模拟软件进行电路模拟仿真，确定电路参数画出电路总图和 PCB 图。

3）进行电路连接及调试（仿真、实物制作）

① 按要求进行电路连接，要求布局合理。

② 先进行部分电路调试，然后进行总体电路的联合调试。

5.4.10　乒乓球比赛游戏机

1．设计要求及技术指标

设计一个乒乓球比赛游戏机，功能如下：

① 设计一个甲、乙双方参赛，裁判参与的乒乓球比赛游戏模拟机。

② 用8个发光二极管排成一条直线，以中点为界，两边各代表参赛双方的位置，其中点亮的发光二极管代表“乒乓球”的当前位置，点亮的发光二极管依次由左向右或由右向左移动。

③ 当球运动到某方的最后一位时，参赛者应立即按下自己一方的按钮，即表示击球，若击中，则“球”向相反方向运动，若未击中，则对方得1分。

④ 设置自动计分电路，双方各用二位数码管来显示计分，每局10分。到达10分时产生报警信号。

2．设计内容

1）设计方案的确定

① 实现方法的系统方框图。

② 系统中的输入/输出变量以及控制信号。

2）部分电路设计

① 进行部分电路的设计。

② 用模拟软件进行电路模拟仿真，确定电路参数画出电路总图和PCB图。

3）进行电路连接及调试（仿真、实物制作）

① 按要求进行电路连接，要求布局合理。

② 先进行部分电路调试，然后进行总体电路的联合调试。

5.4.11 光电计数器

在啤酒、汽水、罐头和卷烟等生产线上，常装有自动计数器，以便计算产量或为生产过程自动化和计算机管理系统提供数据。计数器的种类较多，光电计数器是较常见的一种。它的输入装置有光源和光敏元件等，实用的光电输入装置一般还需要有合适的镜头等。为了教学方便，本题用槽形光电传感器代替实用的光电输入装置。而且计数器只有两位（实用的光电计数器一般位数较多）。

1．设计要求及技术指标

设计并制作一个光电计数器，要求如下：

① 用槽形光电传感器作为光电输入元件。若将纸片从它的槽内插进（即挡住射向光敏元件的光线），取出一次，则计数器加1。

② 用两只LED数码管作为显示元件，可显示的最大数字为99，而且数码管所显示的数字与计数器的状态总是保持一致。

③ 用蜂鸣器作为电声元件。当计数器的状态为99（即数码管显示99）时，蜂鸣片发出间歇式声响，即输出给蜂鸣器的电压波形，其原理已在多路抢答器课题中给出。当数码管显示的数字小于99时，蜂鸣片不发出声响。

④ 用触摸按钮作为清零按钮，即当人的手指触及触摸按钮时，计数器即变为零状态。人的手指离开触摸按钮时，计数器才能正常计数。

⑤ 希望抗干扰能力强，可靠性高。当太阳光、白炽灯或日光灯的光线照射在光敏元件上升并发生由暗到亮或由亮到暗的变化（其频率低于 200Hz）时，计数器的状态不变，数码管所显示的数字也不变。

2．设计内容

1）设计方案的确定

① 实现方法的系统方框图。

② 系统中的输入/输出变量以及控制信号。

2）部分电路设计

① 进行部分电路的设计。

② 用模拟软件进行电路模拟仿真，确定电路参数画出电路总图和 PCB 图。

3）进行电路连接及调试（仿真、实物制作）

① 按要求进行电路连接，要求布局合理。

② 先进行部分电路调试，然后进行总体电路的联合调试。

5.4.12 广告灯

循环彩灯的电路很多，循环方式更是五花八门，而且有专门的可编程彩灯集成电路。绝大多数的彩灯控制电路都是用数字电路来实现的，例如，用中规模集成电路实现的彩灯控制电路主要用计数器、译码器、分配器和移位寄存器等集成。本课题要求双色循环彩灯控制器用计数器和译码器来实现的，其特点利用双色发光二极管，能发红色和绿色两色光，如图 5-4-17 所示。

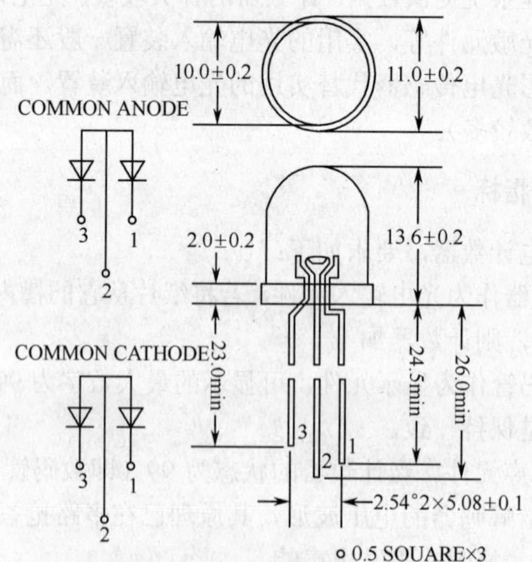

图 5-4-17　双色发光二极管示意图和封装

1. 设计要求及技术指标

设计一个由 LED 灯组成的广告招牌控制电路，如图 5-4-18 所示，对于 LED 灯的个数不做具体要求，技术指标如下：

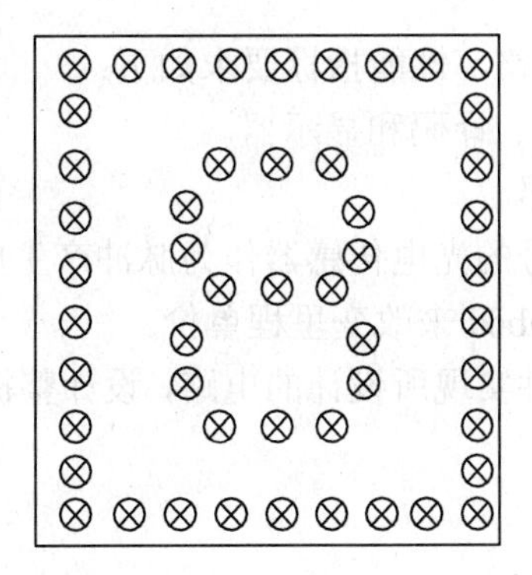

图 5-4-18　广告牌示意图

① 周围灯循环控制：单绿右移→单绿闪烁→单红右移→单红闪烁，如图 5-4-19 所示。

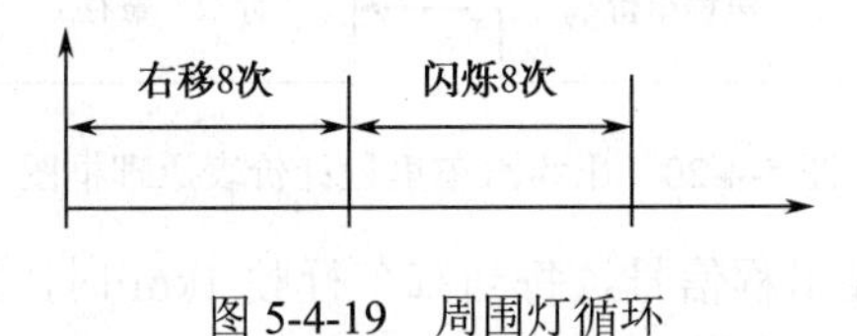

图 5-4-19　周围灯循环

② 中间灯围成 8 字，每秒变换，显示“0～9”10 个数字。

③ 发挥部分：显示方法可以多种变换，增加手动控制。

2. 设计内容

1）设计方案的确定

① 实现方法的系统方框图。

② 系统中的输入/输出变量以及控制信号。

2）部分电路设计

① 进行部分电路的设计。

② 用模拟软件进行电路模拟仿真，确定电路参数画出电路总图和 PCB 图。

3）进行电路连接及调试（仿真、实物制作）

① 按要求进行电路连接，要求布局合理。

② 先进行部分电路调试，然后进行总体电路的联合调试。

5.4.13　出租汽车里程计价器

在出租汽车上，只要启动计价器则随着行驶里程的增加，数字计价器的读数就逐渐增大，自动显示出该收的车费，继续增加里程费，到达目的地后，便可按显示的数字收费。

如果要开收据，司机只要按一下“开票”键，打印机即可在收据上打印出钱数，作为报销凭证。

1．设计要求及技术指标

设计一个出租车计价器电路，性能指标要求如下：

① 设计四级 BCD 码计数、译码和显示器。

② 选用十进制系数乘法器。

③ 选用产生行驶里程信号的光电传感器作为脉冲产生电路。

④ 根据乘法器输入系数 abcd 来改变里程单价。

⑤ 选用中小规模集成器件实现所设计的电路，设计整机电路，画出详细框图和总电原理图。

2．计价器工作原理

图 5-4-20 所示为出租汽车里程计价器的原理框图。

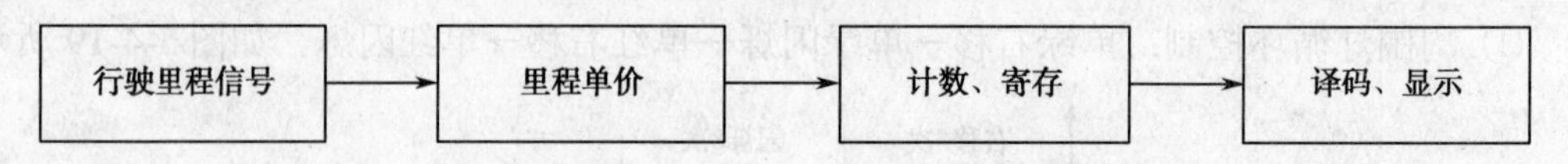

图 5-4-20　出租汽车里程计价表原理框图

由光电传感器获得行驶里程信号，每当汽车行驶 1km 时，发出 1000 个脉冲，经 1/10 分频后，行驶里程信号和里程单价相乘后送入计数器中。例如，设每公里应收费 0.45 元，则汽车每行驶 1km，就有 45 个脉冲送入计数器，计数器的第 1、2 位即记录“45”，四位显示器的前后两位间设小数点，会显示出 0.45 元，表示行车 1km，应收费 0.45 元。因为每前进 10m 就产生一个脉冲，显示的收费会随着行驶里程的增加不断增大。

传感器可选用光电传感器，一般装在汽车车轮旁，保证汽车每前进 1m，就从传感器旁经过一次，发出一个信号。

3．设计内容

1）设计方案的确定

① 实现方法的系统方框图。

② 系统中的输入/输出变量以及控制信号。

2）部分电路设计

① 进行部分电路的设计。

② 用模拟软件进行电路模拟仿真，确定电路参数画出电路总图和 PCB 图。

3）进行电路连接及调试（仿真、实物制作）

① 按要求进行电路连接，要求布局合理。

② 先进行部分电路调试，然后进行总体电路的联合调试。

5.4.14 函数发生器

1．设计要求及技术指标

① 设计多用信号发生器电路。

② 要求输出波形为正弦波、方波和三角波；频率范围为 1～100kHz；输出幅度可调；方波脉宽可调。

③ 画出逻辑电路图。

2．多用信号发生器的基本原理

多用信号发生器如图 5-4-21 所示，本电路的核心是 ICL8038 单片函数发生器，可以产生方波、三角波、正弦波等波形，其频率范围从 1Hz 至几百 kHz，频率的大小与 R_A、R_B，和电容有关。

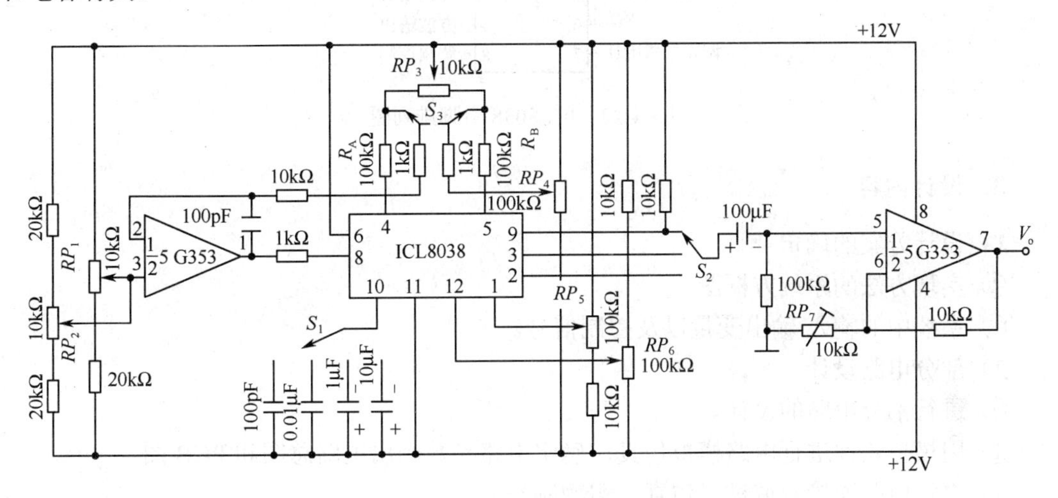

图 5-4-21 多用信号发生器

电路由 3 个切换开关、7 个调节电位器、2 块集成电路构成。调频控制端通过 5G353 控制，输出信号通过另一个 5G353 低阻输出。该电路需加±12V 电源。

调节 RP_1 和 RP_2，通过 5G353 控制 ICL8038 起振。当开关 S_3 断开时调 RP_3，以改变方波的占空比，可使方波的占空比为 50%。调节 RP_5，使正弦波线性度调节端 1 为 3Vs/5(Vs=Vcc+Vss)，调节 RP_6 使另一个正弦波线性度调节端口为 2Vs/5 就可得理想的正弦波信号。RP_4 用做低频端线性校正。RP_4、RP_5 和 RP_6 反复调整才能得到一个好的正弦波。RP_7 用做增益调节，改变 RP_7，可以得到需要的输出幅值。

ICL8038 单片函数发生器，外接少量元器件不仅可产生上述波形，同时还可以组成其他电路。如图 5-4-22 所示是 ICL8038 的框图及引脚排列，供读者参考使用。图中缓冲器 I 是电压跟随器，缓冲器 I_1 是反相器。电压比较器 A_1 和 A_2 的阈值分别为电源电压 V_s(指 $V_{cc}+V_{ss}$)的 2/3 和 1/3，电流源电流 I_1 与 I_2 的大小可通过外接电阻调节，但 I_2 必须大于 I_1。当触发器的输出为低电平时，电流源 I_2 断开，电流源 I_1 给电容 C 充电，它两端的电压 V_c 随时间增加线性上升；当 V_c 达到电源电压的 2/3 时，电压比较器 A_1 的输出电压发生跳变，使触发器的输出由低电平变为高电平，电流源 I_2 接通。由于电流源的电流 I_2 大于 I_1，因此，电容放电，V_c 随时间增加线性下降。当它下降到电源电压的 1/3 时，电压比较器 A_2 的输出电压发生跳变，使触发器的输出由高电平跳变为低电平，电流源 I_2 断开，电流源 I_1 再给电容充电，V_c 又随时间增加线性上升。如此周而复始，产生振荡。若 $I_2=2I_1$，则触发器的输出为方波，经缓冲器 I_1 输出到引脚 9。在 $I_2=2I_1$ 的条件下，V_c 上升与下降的时间相等，输出为三角波，经缓冲器 I 输出到引脚 3，并通过三角波变正弦波的变换电路得到正弦波，从引脚 2 输出。当 $I_1<I_2<2I_1$ 时，V_c 上升与下降的时间不相等，引脚 3 输出锯齿波。

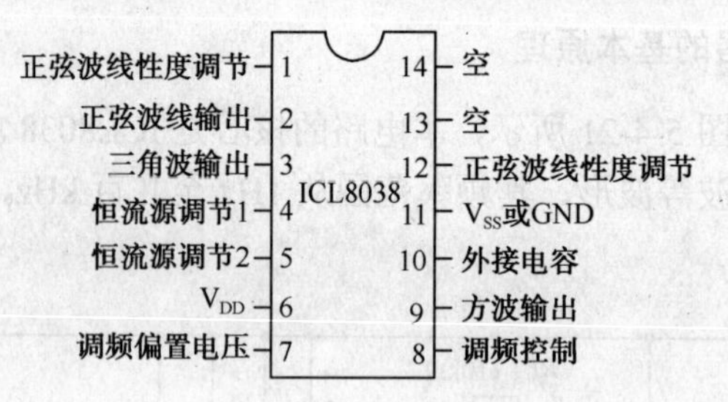

图 5-4-22　ICL8038 引脚排列图

3．设计内容

1）设计方案的确定

① 实现方法的系统方框图。

② 系统中的输入/输出变量以及控制信号。

2）部分电路设计

① 进行部分电路的设计。

② 用模拟软件进行电路模拟仿真，确定电路参数画出电路总图和 PCB 图。

3）进行电路连接及调试（仿真、实物制作）

① 按要求进行电路连接，要求布局合理。

② 先进行部分电路调试，然后进行总体电路的联合调试。

5.4.15　多踪示波器

1．设计要求及技术指标

① 设计一个将普通示波器改造为四踪示波器的电路。

② 设计四踪示波器的位移电路。

③ 设计时钟电路。

④ 输入信号为 0～10V，设计衰减和放大电路。

⑤ 画出四踪示波器的电路图。

2．多踪示波器的工作原理

普通电子示波器实现多波形显示会给电子测量工作带来很多方便。将普通示波器改造为四踪示波器的框图如图 5-4-23 所示。它主要由衰减放大电路、传输门、电子开关控制电路、时序脉冲电路和普通示波器组成。

由于被测信号的幅值大小相差较远，为了使被测信号顺利通过传输门，应合理地设计衰减放大电路。

传输门（通道）电路使 4 路被测信号在电子开关控制脉冲作用下，轮流输出被测波形。

传输门（位移）电路在电子开关控制脉冲作用下对各路被测信号的时间基线提供相应的可调直流电平，这样，在任何具有时基输出的示波器上都可以同时显示 4 个输入信号的轨迹。

时序脉冲电路提供时钟信号，供给电子开关控制电路，以便分别控制传输门的信号传送，时序脉冲电路的振荡频率可以根据被测信号的频率选择高频或者低频。

电子开关控制电路在时序脉冲信号作用下构成 4 时序发生器，控制 4 个输入信号通过传输门电路顺序地送入显示器。同时，另一个传输门（位移）电路也在 4 时序脉冲的同步作用下选择由电位器调节的直流电平来改变信号轨迹在显示器上的位置，使得输入信号和直流电平相叠加，起到示波器上 Y 轴垂直位移的作用。

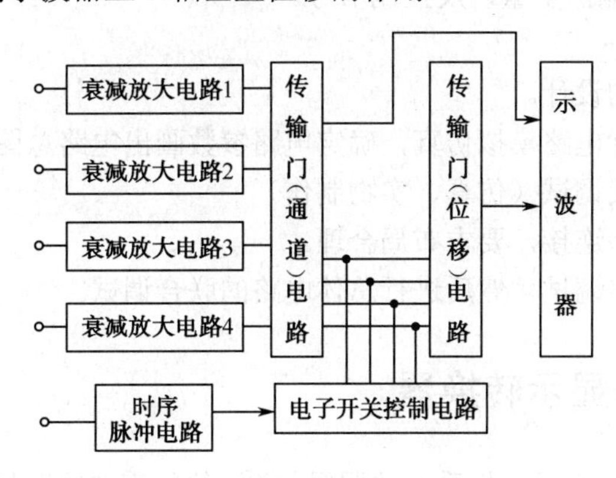

图 5-4-23　四踪示波器的原理框图

3．设计内容

1）设计方案的确定

① 实现方法的系统方框图。

② 系统中的输入/输出变量以及控制信号。

2）部分电路设计

① 进行部分电路的设计。

② 用模拟软件进行电路模拟仿真，确定电路参数画出电路总图和 PCB 图。

3）进行电路连接及调试（仿真、实物制作）

① 按要求进行电路连接，要求布局合理。

② 先进行部分电路调试，然后进行总体电路的联合调试。

5.4.16 温度监控装置

某些车间和实验室里，对温度有一定要求，尤其是夏天温度太高，对工件人员的身体健康和仪器设备都有一定影响，为此需要对高温进行控制，当温度高于某一数值时，就必须驱动冷风机进行降温，同时进行报警。

1. 设计要求及技术指标

设计一个温度控制系统，主要指标如下：

① 温度测量范围：15～30℃，分辨率为 0.05℃。

② 温度控制范围：（20±5）℃，夏天使用，由本装置驱动冷风机降温。交流接触器线圈的工作电流为 100μA。

③ 报警指示，当温度大于 25℃时，用红灯报警。

2. 设计内容

1）设计方案的确定

① 实现方法的系统方框图。

② 系统中的输入/输出变量以及控制信号。

2）部分电路设计

① 进行部分电路的设计。

② 用模拟软件进行电路模拟仿真，确定电路参数画出电路总图和 PCB 图。

3）进行电路连接及调试（仿真、实物制作）

① 按要求进行电路连接，要求布局合理。

② 先进行部分电路调试，然后进行总体电路的联合调试。

5.4.17 多路信号显示转换器

在数字电路测试中，为了分析系统的逻辑关系，往往需要同时显示几个点的电压波形，以便于观察和比较。为了使单踪示波器能同时显示多路被测信号波形，可在单踪示波器的输入端接入一个多路转换电路，实现对多路信号的同时观察。

1. 设计要求及技术指标

设计一个多路信号转换器，与单踪示波器配合使用，同时显示多路被测信号，其技术指标如下：

① 同时显示八路信号波形且清晰稳定。

② 被测信号上限频率不小于 2000Hz。

2. 设计内容

1）设计方案的确定

① 实现方法的系统方框图。

② 系统中的输入/输出变量以及控制信号。
2）部分电路设计
① 进行部分电路的设计。
② 用模拟软件进行电路模拟仿真，确定电路参数画出电路总图和 PCB 图。
3）进行电路连接及调试（仿真、实物制作）
① 按要求进行电路连接，要求布局合理。
② 先进行部分电路调试，然后进行总体电路的联合调试。

5.4.18　光电越限报警器

在有珍贵文物及危险物品存放的场所，如有人超越规定的界线，造成危险或损坏公物。在这些场所若安装光电越限报警器，当有人超越规定的界限时，立即发出报警，就能引起人们的注意，有利于保护文物或减少事故。

1．设计要求及技术指标

设计一个光电报警器，具有以下两种功能之一：
① 有光照时，在一个 1/4W，8Ω的喇叭上发出音频（1000Hz 左右）报警信号，无光照时不发信号。
② 无光照时发出音频报警信号，有光照时不发出信号。

2．设计内容

1）设计方案的确定
① 实现方法的系统方框图。
② 系统中的输入/输出变量以及控制信号。
2）部分电路设计
① 进行部分电路的设计。
② 用模拟软件进行电路模拟仿真，确定电路参数画出电路总图和 PCB 图。
3）进行电路连接及调试（仿真、实物制作）
① 按要求进行电路连接，要求布局合理。
② 先进行部分电路调试，然后进行总体电路的联合调试。

5.4.19　运放构成的函数发生器

在测量技术、计算技术、自动控制、遥测遥控等领域中，广泛采用着各种类型的信号发生器。常用的信号有正弦波、矩形波（方波）、三角波和锯齿波。随着集成电路技术的发展，已有能同时产生同频率的方波、三角波和正弦波的专用集成电路芯片。本课题要求采用运算放大器和各种无源元件，根据振荡原理和波形转换原理设计能灵活产生不同波形的函数发生器。

1．设计要求和技术指标

设计一个函数发生器，技术指标如下：

① 能输出频率 f=20～2000Hz 连续可调的正弦波、三角波和方波。

正弦波：输出电压峰-峰值 U_{pp}=3V，非线性失真小于 5%；

三角波：U_{pp}=5V；

方波：U_{pp}=14V。

② 能输出频率 f=20～500Hz 连续可调的矩形波和锯齿波。

矩形波：U_{pp}=12V，占空比为 50%～95%，连续可调；

锯齿波：U_{pp}=5V，斜率连续可调。

2．设计内容

1）设计方案的确定

① 实现方法的系统方框图。

② 系统中的输入/输出变量以及控制信号。

2）部分电路设计

① 进行部分电路的设计。

② 用模拟软件进行电路模拟仿真，确定电路参数画出电路总图和 PCB 图。

3）进行电路连接及调试（仿真、实物制作）

① 按要求进行电路连接，要求布局合理。

② 先进行部分电路调试，然后进行总体电路的联合调试。

5.4.20　数字显示电容测试仪

电容测量仪是用来测量电容的仪器，它是电容器制造厂家和实验室必备的测量仪器之一。过去采用交流电桥测量电容值的方法既麻烦又不准确。近年来，随着数字集成电路的发展，广泛地采用数字电路的方法进行测量。

1．设计要求及技术指标

设计一个数字显示电容测试仪。主要指标如下：

① 测量范围：100pF～100HF。

② 数字显示被测电容值。

③ 测量误差：±10%。

2．设计内容

1）设计方案的确定

① 实现方法的系统方框图。

② 系统中的输入/输出变量以及控制信号。

2）部分电路设计

① 进行部分电路的设计。

② 用模拟软件进行电路模拟仿真，确定电路参数画出电路总图和 PCB 图。

3）进行电路连接及调试（仿真、实物制作）

① 按要求进行电路连接，要求布局合理。

② 先进行部分电路调试，然后进行总体电路的联合调试。

5.4.21　半导体三极管β值数字显示测试电路

半导体三极管的β值可用晶体管特性图示仪测量。但存在读数不直观和误差较大等缺点。本题目要求用数字显示测量电路测量三极管的β，既直观又方便，而且误差小。

1．设计要求及技术指标

设计一个半导体三极管β值数字显示测量电路，其功能指标如下：

① 可测量 NPN 硅三极管的直流电流放大系数β（设β<200），测试条件为

a．I_B=10μA，允许误差±2%。

b．14V≤U_{CE}≤16V，且对不同β值的三极管，U_{CE}的值基本不变。

② 在测量过程中不需要进行手动调节，便可自动满足上述测试条件。

③ 用两只 LED 数码管和一只发光二极管构成数字显示器。发光二极管用来表示最高位，它的亮状态和暗状态分别代表 1 和 0，而两只数码管分别用来显示个位和十位，即数字显示器可显示不超过 199 的正整数和零。

④ 测量电路设有被测三极管的三个插孔，分别标上 e、b、c，当三极管的发射极、基极和集电极分别插入 e、b、c 插孔时，开启电源后，数字显示器自动显示出被测三极管的β值，响应时间不超过 2s。

⑤ 在温度不变的条件下（20℃），本测量电路的误差之绝对值不超过 5N/100+1。这里的 N 是数字显示器的读数。

⑥ 数字显示器所显示的读数应清晰，并注意避免出现“叠加现象”。

2．设计内容

1）设计方案的确定

① 实现方法的系统方框图。

② 系统中的输入/输出变量以及控制信号。

2）部分电路设计

① 进行部分电路的设计。

② 用模拟软件进行电路模拟仿真，确定电路参数画出电路总图和 PCB 图。

3）进行电路连接及调试（仿真、实物制作）

① 按要求进行电路连接，要求布局合理。

② 先进行部分电路调试，然后进行总体电路的联合调试。

5.4.22 稳压管稳压值数字显示测试电路

与三极管的β值类似，稳压管的稳压值 U_Z 分散性较大，即使是同一厂家生产的用一种型号的两只稳压管，它们的稳压值可能相差很大。例如，2CW55，U_Z的最小值为 6.2V，最大值为 7.5V，有时需要比较准确、直观地测出稳压管的稳压值，就需要采用数显式测试电路进行测试。本题目就是为此目的提出的。

1. 设计要求及技术指标

设计一个稳压管稳压值数字式测量电路，其功能及技术指标如下：

① 能测量稳压管的稳定电压 $U_Z<20V$，测试条件是：流过稳压管的电流是 5mA，允许误差为±0.1mA。该测试电路在测试过程中不需要进行手动调节，便可自动满足其测试条件。

② 用一只发光二极管和两只 LED 数码管构成数字显示器。用发光二极管显示最高位，它的亮状态和暗状态分别代表 1 和 0，两只数码管之间显示出小数点，即数字显示的最大值为 19.9。

③ 该测试电路设有被测稳压管的两个插孔，当被测稳压管按规定方向插入这两个孔时，接通电源后，数字显示器自动显示出被测稳压管的稳定电压值，响应时间不超过 2s。

④ 在环境温度为 15～25℃的条件下，测量误差不超过 n/100+0.1。这里的 n 是显示器的读数（包括小数点）。

⑤ 数码管显示的数字应清晰，并注意避免出现“叠加现象”。

⑥ 用压电陶瓷峰鸣片作为电声元件，若被测稳压管的稳定电压 U_Z 大于 19.9V，则蜂鸣片发出间歇式的“滴——滴——”声响，原理已在多路抢答器课题中给出。

2. 设计内容

1）设计方案的确定

① 实现方法的系统方框图。

② 系统中的输入/输出变量以及控制信号。

2）部分电路设计

① 进行部分电路的设计。

② 用模拟软件进行电路模拟仿真，确定电路参数画出电路总图和 PCB 图。

3）进行电路连接及调试（仿真、实物制作）

① 按要求进行电路连接，要求布局合理。

② 先进行部分电路调试，然后进行总体电路的联合调试。

5.4.23 数控直流电源

目前，实验室中使用的直流稳压电源绝大部分是用指针式表头指示其输出电压，既不直观，精度也比较低。本课题设计的稳压电源的输出电压 0～15V 可调，且输出电压用数字显示。

1．设计要求及技术指标

设计一个直流稳压电源，技术指标如下：

① 输出电压可调电位器在 0～15V 范围内连续可调，最大输出电流不大于 80mA。

② 具有过流保护功能，过电流的临界值在 100～300mA 范围内。

③ 在调压电位器动端位置不变时条件下，当发生下列情况之一时，输出电压变化量的绝对值应小于 0.03V，条件如下：

a．电网电压在 220V 的基础上变化±10%；

b．输出电流在 0～80mA 范围内变化；

c．环境温度在 15～35℃范围内变化。

④ 输出电压的纹波电压（峰-峰值）不超过 10mV；

⑤ 用两个 LED 数码管和一个发光二极管作为输出电压的显示器，用发光二极管显示最高位数字，用亮状态和暗状态分别表示 1 和 0。当输出电压为+15V 时，显示器应显示出数字为“15.0”。

⑥ 显示器显示的数值与输出电压实际值之误差的绝对值不超过 0.1V。

2．设计内容

1）设计方案的确定

① 实现方法的系统方框图。

② 系统中的输入/输出变量以及控制信号。

2）部分电路设计

① 进行部分电路的设计。

② 用模拟软件进行电路模拟仿真，确定电路参数画出电路总图和 PCB 图。

3）进行电路连接及调试（仿真、实物制作）

① 按要求进行电路连接，要求布局合理。

② 先进行部分电路调试，然后进行总体电路的联合调试。

5.4.24　声光控延时开关

声光双控延时开光不仅适用于住宅区的楼道，而且也适用于工厂、办公室、教学楼等公共场所，它是公共场所照明开关的理想选择，被人们称为“长明灯的克星”。本课题设计的是一个灵敏度较高的声光控制开关，行人只要拍个巴掌就能电路触发，将电灯打开。它不需要发送关闭信号，由电路自身的延时电路将灯关闭。当灯被打开后，延时电路延时约 25s 后将灯自动关闭。该电路还具有自动光控作用，在白天由光敏电阻器控制着电路。即使受到声音信号的触发，开关也不会打开。

1．设计要求及技术指标

① 以白炽灯作为控制对象。

② 声、光、触摸三种方式可感应开关闭合，使电灯点亮。

③ 灯亮后延时一定时间（30～60s）后自动熄灭。

④ 带负载能力：小于 60W。

2．设计内容

1）设计方案的确定

① 实现方法的系统方框图。

② 系统中的输入/输出变量以及控制信号。

2）部分电路设计

① 进行部分电路的设计。

② 用模拟软件进行电路模拟仿真，确定电路参数画出电路总图和 PCB 图。

3）进行电路连接及调试（仿真、实物制作）

① 按要求进行电路连接，要求布局合理。

② 先进行部分电路调试，然后进行总体电路的联合调试。

参 考 文 献

[1] 贾默伊，等. 现代电子技术实验与开发应用[M]. 北京：机械工业出版社，2002.

[2] 毕满清. 电子技术实验与课程设计[M]. 北京：机械工业出版社，1995.

[3] 董平，等. 电子技术实验[M]. 北京：电子工业出版社，2003.

[4] 冼月萍. 电子技术实验[M]. 广东：华南理工大学出版社，2005.

[5] 王萍. 电子技术实验教程[M]. 北京：机械工业出版社，2009.

[6] 宋万年，等. 模拟与数字电路实验[M]. 上海：复旦大学出版社，2006.

[7] 杨明丰. 数字逻辑基础[M]. 北京：机械工业出版社，2007.

[8] 杜桂芳. 基础电子学实验——电子线路 EDA 实验[M]. 甘肃：兰州大学出版社，2005.

[9] 孔庆生，等. 模拟与数字电路基础实验[M]. 上海：复旦大学出版社，2005.

[10] 戴伏生，等. 基础电子电路设计与实践[M]. 北京：国防工业出版社，2002.

[11] 青木英彦著，周南生译. 模拟电路设计与制作[M]. 北京：科学出版社，2005.

[12] 汤山俊夫著，彭军译. 数字电路设计与制作[M]. 北京：科学出版社，2005.

[13] 张玉璞. 电子技术课程设计[M]. 北京：北京理工大学出版社，1994.

[14] 梁宗善.电子技术基础课程设计[M]. 湖北：华中科技大学出版社，2009.

[15] 陈晓文.电子线路课程设计[M]. 北京：电子工业出版社，2005.

[16] Paul Scherz 著，夏建生等译. 实用电子元器件与电路基础（第 2 版）[M]. 北京：电子工业出版社，2009.

举报电话：（010）88254396；（010）88258888

传　　真：（010）88254397

E-mail：　dbqq@phei.com.cn

通信地址：北京市万寿路 173 信箱

　　　　　电子工业出版社总编办公室

邮　　编：100036